"十三五"国家重点出版物出版规划项目

岩石力学与工程研究著作丛书

高堆石坝变形宏细观机制
与数值模拟

周 伟 常晓林 马 刚 著

科学出版社

北京

内 容 简 介

本书以高堆石坝变形宏细观机制与全过程控制为主题,重点阐述高堆石坝变形宏细观机制与全过程控制理论与方法,提出堆石体材料细观结构特征的精细化描述方法、细观变形演化过程的组构分析方法、考虑细观劣化效应的堆石体材料宏观演化模型、堆石体细观随机颗粒不连续变形分析方法、基于连续-离散耦合的堆石颗粒体破碎和细观流变数值模拟技术、堆石料缩尺效应的细观机理以及基于流固耦合效应的心墙堆石细观变形模拟方法,建立了高堆石坝结构变形分析的大型 FEM/DEM 耦合数值分析平台,依托高堆石坝工程,从堆石体材料的结构特征、力学性能和工程特性等多角度提出了高堆石坝全过程动态预测与反馈分析相结合的变形预测和控制方法。在论述高堆石坝变形宏细观机制与全过程控制及数值模拟方面,既以作者及团队的研究成果为主,又力图兼顾国内外的研究现状与主要成果。

本书适用于水利、水电、岩土等行业从事水工结构和岩土力学的科研人员使用,也可作为高等院校和科研院所相关专业的研究生教学用书。

图书在版编目(CIP)数据

高堆石坝变形宏细观机制与数值模拟 / 周伟,常晓林,马刚著. —北京:科学出版社,2017

(岩石力学与工程研究著作丛书)

"十三五"国家重点出版物出版规划项目

ISBN 978-7-03-051036-5

Ⅰ.高⋯ Ⅱ.①周⋯ ②常⋯ ③马⋯ Ⅲ.高坝-堆石坝-变形-数值模拟 Ⅳ.TV641.4

中国版本图书馆 CIP 数据核字(2016)第 303870 号

责任编辑:魏英杰 / 责任校对:桂伟利
责任印制:张 伟 / 封面设计:陈 敬

科 学 出 版 社 出版

北京东黄城根北街 16 号
邮政编码:100717
http://www.sciencep.com

北京教图印刷有限公司 印刷
科学出版社发行 各地新华书店经销

*

2017 年 1 月第 一 版 开本:720×1000 B5
2017 年 1 月第一次印刷 印张:19 1/2
字数:392 000

定价:98.00 元

(如有印装质量问题,我社负责调换)

《岩石力学与工程研究著作丛书》编委会

名誉主编：孙　钧　　王思敬　　钱七虎　　谢和平

主　　编：冯夏庭

副 主 编：何满潮　　黄润秋　　周创兵

秘 书 长：黄理兴　　刘宝莉

编　　委：(以姓氏汉语拼音顺序排列)

蔡美峰	曹　洪	戴会超	范秋雁	冯夏庭
高文学	郭熙林	何昌荣	何满潮	黄宏伟
黄理兴	黄润秋	金丰年	景海河	鞠　杨
康红普	李　宁	李　晓	李海波	李建林
李世海	李术才	李夕兵	李小春	李新平
廖红建	刘宝莉	刘汉东	刘汉龙	刘泉声
吕爱钟	栾茂田	莫海鸿	潘一山	任辉启
佘诗刚	盛　谦	施　斌	谭卓英	唐春安
王　驹	王金安	王明洋	王小刚	王学潮
王芝银	邬爱清	徐卫亚	杨　强	杨光华
岳中琦	张金良	赵　文	赵阳升	郑　宏
周创兵	周德培	朱合华		

《岩石力学与工程研究著作丛书》序

随着西部大开发等相关战略的实施,国家重大基础设施建设正以前所未有的速度在全国展开:在建、拟建水电工程达 30 多项,大多以地下硐室(群)为其主要水工建筑物,如龙滩、小湾、三板溪、水布垭、虎跳峡、向家坝等,其中白鹤滩水电站的地下厂房高达 90m、宽达 35m、长 400 多米;锦屏二级水电站 4 条引水隧道,单洞长16.67km,最大埋深 2525m,是世界上埋深与规模均为最大的水工引水隧洞;规划中的南水北调西线工程的隧洞埋深大多在 400～900m,最大埋深 1150m。矿产资源与石油开采向深部延伸,许多矿山采深已达 1200m 以上。高应力的作用使得地下工程冲击地压显现剧烈,岩爆危险性增加,巷(隧)道变形速度加快、持续时间长。城镇建设与地下空间开发、高速公路与高速铁路建设日新月异。海洋工程(如深海石油与矿产资源的开发等)也出现方兴未艾的发展势头。能源地下储存、高放核废物的深地质处置、天然气水合物的勘探与安全开采、CO_2 地下隔离等已引起政府的高度重视,有的已列入国家发展规划。这些工程建设提出了许多前所未有的岩石力学前沿课题和亟待解决的工程技术难题。例如,深部高应力下地下工程安全性评价与设计优化问题,高山峡谷地区高陡边坡的稳定性问题,地下油气储库、高放核废物深地质处置库以及地下 CO_2 隔离层的安全性问题,深部岩体的分区碎裂化的演化机制与规律,等等,这些难题的解决迫切需要岩石力学理论的发展与相关技术的突破。

近几年来,国家 863 计划、国家 973 计划、"十一五"国家科技支撑计划、国家自然科学基金重大研究计划以及人才和面上项目、中国科学院知识创新工程项目、教育部重点(重大)与人才项目等,对攻克上述科学与工程技术难题陆续给予了有力资助,并针对重大工程在设计和施工过程中遇到的技术难题组织了一些专项科研,吸收国内外的优势力量进行攻关。在各方面的支持下,这些课题已经取得了很多很好的研究成果,并在国家重点工程建设中发挥了重要的作用。目前组织国内同行将上述领域所研究的成果进行了系统的总结,并出版《岩石力学与工程研究著作丛书》,值得钦佩、支持与鼓励。

该研究丛书涉及近几年来我国围绕岩石力学学科的国际前沿、国家重大工程建设中所遇到的工程技术难题的攻克等方面所取得的主要创新性研究成果,包括深部及其复杂条件下的岩体力学的室内、原位实验方法和技术,考虑复杂条件与过程(如高应力、高渗透压、高应变速率、温度-水流-应力-化学耦合)的岩体力学特性、变形破裂过程规律及其数学模型、分析方法与理论,地质超前预报方法与技术,工程地质灾害预测预报与防治措施,断续节理岩体的加固止裂机理与设计方法,灾害环境下重大工程的安全性,岩石工程实时监测技术与应用,岩石工程施工过程仿真、动态反馈分析与设计优化,典型与特殊岩石工程(海底隧道、深埋长隧洞、高陡边坡、膨胀岩工程等)超规范的设计与实践实例,等等。

　　岩石力学是一门应用性很强的学科。岩石力学课题来自于工程建设,岩石力学理论以解决复杂的岩石工程技术难题为生命力,在工程实践中检验、完善和发展。该研究丛书较好地体现了这一岩石力学学科的属性与特色。

　　我深信《岩石力学与工程研究著作丛书》的出版,必将推动我国岩石力学与工程研究工作的深入开展,在人才培养、岩石工程建设难题的攻克以及推动技术进步方面将会发挥显著的作用。

2007 年 12 月 8 日

《岩石力学与工程研究著作丛书》编者的话

近二十年来，随着我国许多举世瞩目的岩石工程不断兴建，岩石力学与工程学科各领域的理论研究和工程实践得到较广泛的发展，科研水平与工程技术能力得到大幅度提高。在岩石力学与工程基本特性、理论与建模、智能分析与计算、设计与虚拟仿真、施工控制与信息化、测试与监测、灾害性防治、工程建设与环境协调等诸多学科方向与领域都取得了辉煌成绩。特别是解决岩石工程建设中的关键性复杂技术疑难问题的方法，973、863、国家自然科学基金等重大、重点课题研究成果，为我国岩石力学与工程学科的发展发挥了重大的推动作用。

应科学出版社诚邀，由国际岩石力学学会副主席、岩石力学与工程国家重点实验室主任冯夏庭教授和黄理兴研究员策划，先后在武汉与葫芦岛市召开《岩石力学与工程研究著作丛书》编写研讨会，组织我国岩石力学工程界的精英们参与本丛书的撰写，以反映我国近期在岩石力学与工程领域研究取得的最新成果。本丛书内容涵盖岩石力学与工程的理论研究、试验方法、实验技术、计算仿真、工程实践等各个方面。

本丛书编委会编委由 58 位来自全国水利水电、煤炭石油、能源矿山、铁道交通、资源环境、市镇建设、国防科研、大专院校、工矿企业等单位与部门的岩石力学与工程界精英组成。编委会负责选题的审查，科学出版社负责稿件的审定与出版。

在本套丛书的策划、组织与出版过程中，得到了各专著作者与编委的积极响应；得到了各界领导的关怀与支持，中国岩石力学与工程学会理事长钱七虎院士特为丛书作序；中国科学院武汉岩土力学研究所冯夏庭、黄理兴研究员与科学出版社刘宝莉、沈建等编辑做了许多繁琐而有成效的工作，在此一并表示感谢。

"21 世纪岩土力学与工程研究中心在中国"，这一理念已得到世人的共识。我们生长在这个年代里，感到无限的幸福与骄傲，同时我们也感觉到肩上的责任重大。我们组织编写这套丛书，希望能真实反映我国岩石力学与工程的现状与成果，希望对读者有所帮助，希望能为我国岩石力学学科发展与工程建设贡献一份力量。

《岩石力学与工程研究著作丛书》

编辑委员会

2007 年 11 月 28 日

序

高堆石坝变形机理与控制是高堆石坝工程设计施工和科学研究中的关键科学技术问题,其一为堆石体结构特征的组构描述与材料性能的宏细观演化机理,其二为堆石体细观结构特征的三维随机颗粒不连续变形分析方法,其三为高堆石坝工作性态与演化规律及变形控制方法。这三个坝工领域的科学问题虽然侧重点不同,但却相互影响、相辅相成、共成体系,课题组在理论方法、技术平台和工程应用三个层面取得了创新性成果。在理论方法上,研究了堆石体材料结构特性的精细化描述与力学性能的演化模型,提出堆石体材料细观结构特征的精细化描述方法,发展了细观变形演化过程的组构分析方法,建立了考虑细观劣化效应的堆石体材料宏观演化模型,深刻揭示了颗粒集合体的细观组构演化特性对宏观力学和变形响应的影响以及堆石料缩尺效应的细观机理。在技术平台上,开展了高堆石坝宏细观变形机理的数值模拟研究工作,首次提出堆石体细观随机颗粒不连续变形分析方法,研发了基于连续—离散耦合的堆石颗粒体破碎和细观流变数值模拟技术,提出基于流固耦合效应的心墙堆石料细观变形模拟方法,建立了高堆石坝结构变形分析的大型 FEM/DEM 耦合数值分析平台,为高堆石坝变形宏细观机制研究和应力变形分析提供了新的技术手段。在工程应用上,基于堆石体材料细观结构特征和宏细观变形演化规律,采用大型三轴试验和宏细观数值仿真试验手段,依托水布垭、糯扎渡、瀑布沟等高堆石坝工程,从堆石体材料的结构特征、力学性能和工程特性等多角度提出了解决堆石体缩尺效应的数值试验方法,以及高堆石坝全过程动态预测与反馈分析相结合的变形预测和控制方法。该书的研究成果不仅对于解决我国高堆石坝变形控制问题有直接的应用价值,而且对丰富水工结构计算力学理论和方法也具有重要的理论价值。

作者对这一课题的研究自 20 世纪 90 年代初开始,潜心科学研究,治学严谨,博学笃行,取得了丰富的研究成果。该书选编了其中的主要研究成果,相信一定可以推动我国高土石坝理论研究的不断创新。

中国工程院院士

前　　言

　　我国是当今世界高坝建设的中心,堆石坝具有取材方便、地形适应性强等优点,是三大主流坝型之一。目前在建和拟建坝高超过200m的堆石坝已达数十座,超出了现行规范的适用范围。对筑坝颗粒材料的力学特性认识不足已成为制约堆石坝建设和颗粒力学发展的瓶颈。2009年,美国科学院认为"颗粒力学"是未来10年力学面对的重大挑战,2014年中国科学院将它列为力学学科的6个基础与前沿领域之一。因此,开展高堆石坝筑坝颗粒材料力学特性研究具有重要理论意义和应用价值。笔者所在的研究团队涉及高堆石坝筑坝颗粒材料宏细观力学特性等基础研究问题多年,结合水布垭、双江口、茨哈峡等多个重大水电工程,以及国家自然科学基金优秀青年科学基金项目"水工结构静动力性能分析与控制",国家自然科学基金面上项目"考虑流变和HM耦合效应的高土石坝心墙细观破坏机理研究"、"高堆石坝流变的细观组构机理研究",国家自然科学基金青年科学项目"高堆石坝流变模型理论及变形控制研究",中国工程科技中长期发展战略研究联合基金项目"300m级面板堆石坝适应性及对策研究",中国水电顾问集团科技攻关项目"300m级高面板堆石坝安全性及关键技术研究",教育部新世纪优秀人才支持计划"复杂条件下堆石体细观变形机理及宏观变形调控方法研究",高等学校博士学科点专项科研基金项目"堆石体宏细观变形演化过程的多尺度力学模型及数值模拟"等十余项科研项目。采用理论研究与工程实践相结合、细观机理研究与宏观等效描述相结合、数值模拟与试验验证相结合、大坝施工期变形预测与运行期的工作性态评价相结合、从设计阶段和施工阶段到运行阶段多种坝体变形控制技术相结合以及多学科交叉的研究方法,围绕堆石体变形的宏细观、非线性和全过程等特征,针对堆石体细观变形机理、堆石坝宏观变形预测以及变形控制等关键技术难题,系统开展了筑坝颗粒材料宏细观力学特性、数值分析方法和全生命周期变形控制研究,建立了基于力学性能演化规律和宏细观变形机制的堆石体变形控制理论。本书是对研究团队在这一领域系列研究成果的系统介绍和阶段总结。

　　本书分为8章,第1章介绍堆石坝筑坝颗粒材料的研究现状、发展趋势、研究内容及研究方法;第2章论述堆石体材料结构特性的精细化描述与组构分析方法;第3章论述堆石体材料的随机颗粒不连续变形分析方法;第4、5章论述堆石体应力变形细观数值模拟方法,包括考虑时间效应的堆石体流变数值模拟和考虑流固耦合效应的数值模拟;第6章论述基于细观数值试验的高堆石坝宏细观变形机制研究;第7章论述高堆石坝瞬变-流变联合反演平台;第8章论述堆石料缩尺效应研究。

　　作者所在研究团队的刘杏红博士、程勇刚博士，以及博士研究生胡超、杨利福、李少林、袁薇、马幸等提供了部分素材和诸多帮助，并付出了辛勤劳动，在此一并表示衷心感谢。

　　最后还要感谢国家自然科学基金委员会、长江勘测规划设计研究院、中国电建集团中南勘测设计研究院有限公司、中国电建集团西北勘测设计研究院有限公司、贵州省水利水电勘测设计研究院、中国水利水电建设工程咨询公司、湖北清江水电开发有限责任公司、国电大渡河流域水电开发有限公司、华能澜沧江水电有限公司等单位在本书的应用研究方面所给予的大力支持！

　　由于作者水平和经验有限，不足之处在所难免，敬请同行和读者批评指正。

目　　录

第1章 绪 论

1.1 研究对象及研究意义

随着社会经济的快速发展以及西部水电开发进程的加快,我国西南地区正在或即将建设一批调节性能好的高堆石坝,如其宗(356m)、苗尾(139.8m)、双江口(314m)、两河口(295m)、长河坝(240m)等心墙堆石坝,以及古水(242m)、梨园(185m)、马吉(270m)、茨哈峡(253m)、如美(315m)等高面板堆石坝。这些坝高大多在200m级以上,有些甚至超过300m以上,属超高堆石坝工程,因此高坝大库的安全建设成为水利水电建设中广泛关注的重点问题。

近几十年来,我国的堆石坝建设取得了举世瞩目的成绩。特别是进入20世纪以来,多座具有里程碑意义的堆石坝工程相继建成,2000年天生桥一级面板堆石坝建成,2006年建成洪家渡(179.5m)、紫坪铺(156m)和水布垭(233m)三座高面板堆石坝,其中水布垭面板堆石坝是当今世界上最高的面板堆石坝。2013年建成的261.5m高的糯扎渡心墙堆石坝为心墙堆石坝坝型中世界第三,亚洲第一。

由于我国高堆石坝建设起步较晚,特别是已建的200m级以上的高堆石坝较少,运行时间也较短,因此关于200m级以上高堆石坝的建设及运行方面积累的经验较少,还有一些需进一步解决的问题。同时,近期建设的几座200m级高堆石坝在取得成功及宝贵经验的同时,部分工程出现坝体变形偏大、产生裂缝、防渗体系破损、渗漏量较大等问题。同时,现有监测资料表明,高堆石坝的坝体变形与设计阶段的预测值相比经常偏大很多,且稳定时间偏长。有些高堆石坝在经过十多年的挡水运行后,其变形(尤其是不均匀变形)的量值变化尚未稳定。在高堆石坝的运行期,坝体或面板结构破损的情况时有发生。图1.1.1(a)为我国已建成的某高心墙堆石坝运行期发生坝顶大规模纵向裂缝的情况,裂缝长度沿坝轴线长达627m。图1.1.1(b)为我国已建成的某高面板堆石坝运行期发生面板挤压破坏的情况。虽然采用现代筑坝技术修建的高堆石坝还没有出现失稳、溃决等重大安全事故,但对于200~300m级超高堆石坝,由于坝高、库大,一旦溃决失事,相对于同规模的混凝土坝,不但会造成重大的经济损失,而且下游形成的次生灾害将造成难以估量的人民生命财产损失。因此,提高堆石坝工程的设计施工水平,保证其安全性是国家经济和公共安全保障的重大需求。

已建高堆石坝所表现出的问题表明,我国在高堆石坝坝料力学性能和演化机理、工作性态和破坏机制与安全控制等基础理论研究严重不足,现有的设计理论和

(a) 心墙坝裂缝　　　　　　　　　　　　　　(b) 面板挤压破坏

图 1.1.1　高土石坝结构破损

分析方法还不足以支持设计者全面把握超高堆石坝的工程特性、关键技术问题和运行特点,使得专家、学者对 200m 级高坝的安全问题十分关注,对能否安全建设 300m 级高堆石坝表现出了质疑,严重限制了高堆石坝作为优势坝型的发挥,降低了水电站经济指标竞争力,因此迫切需要加强高堆石坝设计和运行安全可靠的基础问题研究。

　　高堆石坝变形宏细观机制与全过程控制及其应用以"九五"国家重点科技攻关项目"200m 级高混凝土面板堆石坝研究"、中国工程科技中长期发展战略研究联合基金项目"300m 级面板堆石坝适应性及对策研究",国家自然科学基金项目"考虑流变和 HM 耦合效应的高土石坝心墙细观破坏机理研究"、"高堆石坝流变的细观组构机理研究"、"高堆石坝流变模型理论及变形控制研究"、"考虑结构性演化的粗粒土扰动状态概念本构模型及其试验验证",中国水电顾问集团科技攻关项目"300m 级高面板堆石坝安全性及关键技术研究"、国家十一五科技支撑计划项目课题"深厚覆盖层条件倒截流及围堰安全控制技术",教育部新世纪优秀人才支持计划"复杂条件下堆石体细观变形机理及宏观变形调控方法研究",高等学校博士学科点专项科研基金项目"堆石体宏细观变形演化过程的多尺度力学模型及数值模拟",水利部公益性行业专项经费项目"超百 m 级覆盖层上高土石坝坝基变形控制技术"、"水布垭面板堆石坝变形控制研究"、"水布垭面板堆石坝运行期变形预测及工作形态评价"等一批科研项目为背景,围绕堆石体结构特征的细观演化机理与组构描述、随机颗粒不连续变形分析方法与堆石体变形的宏细观机制、高堆石坝全过程变形控制理论与方法等问题开展了室内试验、数值模拟、监测反演和相关理论研究。

　　高堆石坝变形宏细观机制与全过程控制及其应用主要涉及三个方面的问题:一是堆石体的细观结构特征和宏观力学性质;二是堆石体宏细观变形特性的数值模拟方法;三是堆石坝的工作性态及演变规律。

作为堆石坝的主要筑坝材料,堆石体是由块石、碎石、砂砾石颗粒集合而成的无黏性摩擦材料,具有不确定性、时空变异性和多相耦合特性。堆石体的级配、压实度、颗粒形状,以及颗粒的排列方式决定堆石体的结构特征。其爆破成料过程与后续的施工碾压过程,工后运行过程中长期物理力学特性演变等会极大地改变堆石体的级配特征和压实度,进而改变了堆石体的力学特性及大坝建成后的变形特性等。受试验手段的限制,在高围压、高应力水平和复杂应力路径下堆石体的力学特性很难通过室内试验准确把握,加上试件缩尺处理改变了堆石体的结构特征,进而改变堆石体的力学性质,其测得的参数并不能准确反映坝体中堆石体的变形和强度特性,影响设计者对堆石坝变形规律和量值的判断。

与此同时,基于连续介质力学和唯象的建模方法,学者提出众多的堆石体本构模型。已有的堆石体弹塑性模型多以传统弹塑性理论为基础,并结合堆石体的变形特性进行适当的修正。高堆石坝由于其应力水平较高,颗粒破碎的现象比较严重,对堆石体强度和变形特性的影响较为显著。颗粒滑移和颗粒破碎应变两者发生的机理不同,在现行的本构模型中,未将两种变形机理加以区分,一般采用统一的针对颗粒滑移变形的表述方法。因此,对高应力颗粒破碎严重的堆石体,现有本构模型具有局限性。此外,目前常用的本构模型主要是建立在常规三轴试验的基础上,对模型的合理性和适用性的验证工作至今仍不充分,尤其是针对超高堆石坝中高应力水平、复杂应力路径和真三轴条件的研究工作尚不多见。

传统的数值模拟方法以连续介质力学为基础,难以描述堆石体在细观(颗粒)尺度上的结构特征与演化过程,如颗粒破碎、滑移、运动等,导致它很难从机理上反映堆石体的非线性、弹塑性、剪胀性和各向异性,只能从宏观层面等效地得出堆石体的应力变形关系。对于如此复杂的颗粒系统,经典土力学和连续介质力学似乎到了解决问题的极限。以离散元方法为代表的不连续分析方法,以颗粒的运动和相互接触计算为核心,能从堆石颗粒尺度上描述堆石体的力学性质,从而避开复杂的本构关系。同时,数值试验不受试验尺寸的限制,能够区分影响堆石体力学性能的各种因素,易于监测堆石体内部结构的演化过程,一方面为研究堆石体的细观变形机理提供了新的途径,另一方面为完善堆石体的本构模型提供了依据。因此,有必要以离散元方法为手段,从宏细观角度深入研究堆石体的力学特性。

高堆石坝的工作性态及演变规律是设计和施工中的核心问题。大坝的工作性态非常复杂,受到填筑过程、坝料性质、材料分区、坝址环境、气候等众多因素的影响。高堆石坝的变形特性与低坝相比发生了很大的变化,在数值计算中普遍存在"低坝算大,高坝算小"的现象。在高堆石坝的应力变形数值仿真分析方面,现有的宏观本构模型与计算方法都存在不少问题。对于300m级的高堆石坝要求更高的计算精度和更完善的分析方法,继续应用这些方法能否得出合理的结果,很难进行评价。因此,针对300m级高堆石坝的特点,在深入研究堆石体材料的细观结构特征、宏观力学性质和数值模拟方法的基础上,揭示高堆石坝变形的时空演变规律及其影响因素,对现有高堆石坝的安全运行和维护,以及超高堆石坝的设计和建设是十分必要的。

因此,本书涉及的研究不仅对解决我国高堆石坝变形控制问题有直接的应用价值,而且对丰富水工结构计算力学理论和方法也具有重要的理论价值。

1.2　研究现状及发展趋势

1.2.1　堆石体结构与细观组构模型研究

堆石料是由大小不等、形状各异的颗粒彼此充填而成的密实颗粒集合体,颗粒形状、组成、几何排列方式和粒间接触力(即堆石料的结构性,或称为组构)是决定其宏观力学性质的根本因素,因此沈珠江[1]指出建立土的结构性模型是 21 世纪土力学的核心问题。为了建立堆石料的结构性模型,必须先进行堆石料的组构研究。胡瑞林等[2]将组构研究分为 3 个阶段,即组构量的量化阶段、力学效应分析阶段和组构模型建立阶段。

组构量是对细观组构的一种度量,选择合理的组构量,以及确定组构量的分布函数是定量描述堆石料细观组构变化及其宏观响应的关键问题,通常用组构量的分布函数来反映其统计特征[3]。目前大多采用一组参量来描述单个颗粒的特征、颗粒之间的相互作用和空间分布,沈珠江[4]认为可以用两个组构张量,即接触张量和定向张量来描述。Satake 和 Oda 等[5,6]提出用组构张量来表征颗粒集合体细观组构的宏观响应。Oda 等[7]提出用固体路径和组构椭球来描述材料的细观组构特征。采用离散单元法进行颗粒材料的细观数值模拟,能提供颗粒的位移和接触力等详细信息,进而确定体系的应力、接触力分布、接触角域分布、接触时间数、组构张量、配位数等统计力学和几何参数[8],并采用平均场理论[9]和粗粒化方法[10]得到组构量的统计特性。用于组构测试的方法通常有 X 射线、扫描电镜、透射电镜[11-15]。程展林等[16]采用 CT 三轴试验和 DDA 数值分析结合的方法研究粗粒土的组构,初步解决了粗粒土组构的量化问题。姜景山等[17]应用计算机图像测量分析系统对模型试验图片进行分析,定量地分析试验过程中颗粒的位移、转角、长轴的定向、配位数及枝向量的变化。

在力学效应分析方面,Matsuoka[18]从颗粒接触点角变化规律出发推导出滑动面上的应力剪胀关系方程。Oda 等[3]提出用组构张量表达颗粒应力应变的概念,采用统计平均方法把离散的接触力、位移场与宏观的连续介质力学中应力应变联系起来。Thornton 和 Barnes[19]讨论了细观结构与应力张量之间的关系,用数值方法研究应力和结构的演化历程。钟晓雄和袁建新[20]通过引入细观组构张量和接触密度分布函数,将散粒体的微观力学变量与宏观力学变量联系起来,建立了散粒体的本构理论。周伟等[21]采用组构理论分析高堆石坝流变变形机理,从堆石料的细观角度探讨了堆石料的宏观力学和变形响应。Sun 等[22]从分析以力链为核心的密集体系多尺度结构特征及其演变规律入手,研究了颗粒固体应力传播模式、破坏机制、颗粒流体流动本构关系等关键问题。

在组构力学模型的建立方面。Satake[23]用图论研究了散体材料本构关系的数学表达。Zysset 和 Curnier[24]通过组构张量理论建立描述材料各向异性弹性模型的方法。高政国[25]建立了用颗粒密集度、颗粒排列组构关系和颗粒间摩擦特性等非连续介质材料特性参数描述的散体介质本构模型。孔亮[26]考虑强弱网络结构的应力应变特征,探讨了建立符合热力学原理的宏细观结合的岩土本构模型的思路与步骤。

1.2.2 堆石体细观力学特性及细观变形机理研究

堆石体是典型的散体材料,但目前关于堆石体应力变形的数值模拟主要采用基于连续介质力学的有限元法或有限差分法等。尽管有限元法等连续性方法已经拓展至能够考虑结构的不连续性,如接触模拟、开裂模拟等,但是仍无法考虑诸如堆石体这类散体材料的内部结构,只能从宏观唯象的角度去研究堆石体的变形和强度特征。随着离散元方法的不断发展,人们开始尝试使用离散元法解释堆石体的一些应力变形特征。

在堆石体的数值试验方面,Fu[27]采用三维颗粒流方法研究了基于真实颗粒形状的堆石体压缩和直剪试验。郭培玺等[28]运用不连续变形方法 DDA 研究了二维粗粒料的力学特性。刘君等[29]采用簇颗粒方法模拟堆石体的双轴试验(2D),研究了不同情况下颗粒的破碎情况并与室内平面试验进行对比分析。邵磊等[30]采用三维颗粒流程序模拟堆石体的三轴剪切试验。Belheine 等[31]采用基于圆球的离散元法模拟堆石体的三轴排水剪切试验,在接触模型中引入滚阻因子考虑颗粒的粗糙度。Ng[32]进行了多组三维椭球颗粒材料的三轴试验,解释了宏观上的主应力比与细观层面的法向接触力间的关系。周伟等[33]在变形体离散元的基础上建立了随机颗粒不连续变形(stochastic granule discontinuous deformation,SGDD)模型,模拟水布垭堆石体的双轴剪切试验,并初步探讨了堆石体的尺寸效应。马刚等[34]采用随机模拟技术建立堆石体的三维随机颗粒模型,进行其三轴剪切试验的细观数值模拟,再现了堆石体的颗粒变形和运动规律。

Sitharam 等[35]运用 DEM 方法研究了最大粒径、颗粒级配和构造对散粒体材料力学行为的影响。刘海涛等[36]基于颗粒流程序分析了试样尺寸与颗粒粒径比对堆石体力学特性的影响。朱晟等[37]基于二维颗粒流方法,进行了堆石体最大干密度的数值试验,研究尺寸效应对堆石体相对密度和孔隙率的影响。

综上所述,离散单元法已被广泛用于散体材料特别是沙土的细观机理研究,

Cundall 等[38]、Iwashita 等[39]、周健[40]、蒋明镜[41]等在此方面做了大量的研究。相比之下,堆石体的细观机理研究成果相对较少,这主要是由于堆石体的颗粒形状比较复杂,在剪切过程中破碎更为严重,而基于刚性圆盘、圆球的颗粒离散元方法在模拟堆石体时,显示出诸多不便。

1.2.3　堆石体细观变形演化过程的数值模拟方法研究

离散元法以其处理不连续问题的良好适应性迅速成为岩土学科细观机理研究的重要工具。对于堆石体这种典型的散粒体材料,离散元法表现出良好的适应性,能够再现堆石体的非线性、剪胀性等复杂力学特性。

接触模型是离散元法的重要组成部分。根据处理法向运动方式的不同,可以将接触分为硬接触和软接触[42]。Campbell 等[43]在硬接触方面做了一些工作。目前离散元中应用较多的是软接触模型[44],如 Cundall 提出的标准 DEM 接触模型及在此基础上的改进模型。Thornton 等[45]在线性接触模型的基础上考虑表面黏结和接触区塑性变形的情况,分别采用 Hertz 理论和 Mindlin 与 Dereciewicz 理论处理接触的法向作用和切向作用。Oda 等[46]和 Iwashita 等[39]提出改进的离散元法,考虑法向接触应力的不对称性,简化出接触力矩,能够明显改善理想圆颗粒易滚动引起的偏离实际的缺点。Jiang 等[47]提出一个新的考虑抗滚动效应的二维离散元模型,较之标准的 DEM 接触模型仅增加一个参数。Belheine 等[31]在 Iwashita 和 Oda 研究的基础上,将考虑接触抗滚动效应的模型拓展到三维离散元模型中。

颗粒形状是散体材料细观数值模拟中一个重要的因素。研究表明颗粒形状对散体材料的力学性能有明显的影响[32,48]。为此,出现一些椭圆盘或椭球体的 DEM 模型,如 Rothenburg 等[49]和 Ting 等[50]提出的椭圆盘模型,Lin 等[51]提出的椭球模型。Cho 等[52]、Ferellec 等[53]和 Garcia 等[54]提出以圆球为基本单元,通过多个大小不同的圆球重叠组合(clump)形成不规则形状颗粒体的算法。Cundall 等[38]、Cundall 和 Hart[55]开发了模拟任意多边形颗粒的二维离散元方法,随后将这些方法拓展到三维多面体颗粒[56]。Pena 等[57]研究了颗粒形状对颗粒材料宏观变形性能的影响。周伟等[33,34]采用随机模拟技术生成堆石体的三维凸多面体颗粒,真实模拟堆石颗粒的形状。此外,还有很多学者针对颗粒形状对散粒体材料力学性质的影响做了相关研究,如 Antony 等[58]、Ingo 等[59]、Zdenek 等[60]、Paul 等[61]。

颗粒破碎是堆石体的显著特征之一。堆石体的抗剪强度与颗粒破碎之间有着密切的关系[62]。Potapov 等[63]提出的可破碎颗粒是由三角形或四面体组成,三角形和四面体间采用节理胶结,节理具有法向、切向刚度和一定的抗拉强度。Sebastian 等[64]通过小颗粒组替换大颗粒的方法来模拟颗粒的破碎,研究了颗粒材料在直剪和压缩试验下颗粒的破碎情况。Hosseininia 等[65]采用离散元对二维多边形颗粒的破碎进行了数值模拟,将节理破碎的方式拓展为压缩、张拉和剪切。Bolton

等[66],刘君等[29]采用簇的形式来模拟颗粒的破碎,簇颗粒是由有限数量且相接触的圆形颗粒通过连接组合而成,圆颗粒间的力学行为由连接刚度和滑片模型来共同决定。Bagherzadeh 等[67]提出一个基于 DEM 和 FEM 耦合的二维数值模拟方法来模拟棱角状的堆石体,颗粒之间的力学行为采用离散元法模拟,每个颗粒单独用 FEM 来判断它是否破碎。马刚等[68]基于随机颗粒不连续变形模型 SGDD,在颗粒的细观单元之间插入界面单元,采用内聚力裂缝模型模拟界面单元的起裂、扩展和失效,研究颗粒破碎对堆石体强度和变形的影响。

颗粒离散元和其他一些刚性体离散元,假定颗粒材料的变形是由颗粒重新排列产生的,这种假定适用于应力水平较低的情况,随后人们开发出了能考虑颗粒变形的离散元法,Cundall 等称这种方法为 UDEC[55]。Lemos 等[69]发展了完全可变形离散元方法,它把每个块体单元离散成有限差分网格来计算块体内部的变形。Barbosa-Carrillo[70]对 Lemos 等的可变形离散元法进行了改进。另一种考虑颗粒变形的思路是将离散元和有限元耦合,Munjiza 等[71-73]和 Owen 等[74,75]系统地研究了该耦合方法中涉及的接触检索方法、参数选取、运动方程的建立和求解,以及非常适合应用于离散元计算中的并行算法等,并应用这一方法做了较多的数值试验。Moris 等[76]基于连续-离散耦合理论,开发了 LDEC 程序(livermore distinct element code)模拟地质材料的开裂、破碎。

1.2.4 堆石体流变变形机理研究

堆石体具有明显的流变性,室内流变试验是研究堆石体流变机理和本构模型的一种重要手段。从目前开展堆石体流变试验的情况来看,流变试验主要分为三轴流变试验和单向流变试验两种,加载方式主要有恒定荷载试验和逐级稳定加荷试验。

早在 1962 年,Wahls 就利用单向固结仪对堆石体堆石体的流变特性进行试验研究,发现堆石的压缩变形存在类似于黏土的次压缩变形。1985 年 Parkin 在太沙基固结理论的基础上提出速率方法,采用压缩仪对堆石体进行了流变试验,发现堆石体流变速率与时间在对数坐标下呈线性关系,并将该研究成果用于堆石坝的流变分析,但室内试验与实测结果差别较大,很难对实际工程进行预测。国内最早的流变试验是沈珠江等[77]在应力控制式三轴仪上进行的西北口面板坝垫层料的流变试验,采用滞后变形理论将总应变分为瞬时应变和流变两部分,分别选用对数曲线、双曲线、指数衰减曲线对流变试验曲线进行拟合,并建议指数衰减型的三参数流变模型。郭兴文等[78]将沈珠江建议的三参数流变模型中的最终体积流变表达式的指数项减小为 0.5。王勇等[79]在殷宗泽双屈服模型的基础上,用双曲线经验公式模拟堆石体的流变特性,引用塞沙那坝(Cethana)的观测资料进行反馈分析确定其参数。米占宽等[80]根据黄河公伯峡面板堆石坝主堆石区 2 料的(围压 ≤

0.8MPa)流变试验成果,认为体积流变不仅与围压有关,而且还与轴向荷载有关,考虑到围压和剪应力对颗粒破碎的影响,在三参数模型的最终体积流变表达式中增加了偏应力项。李国英等[81]对公伯峡面板堆石坝筑坝料进行了三轴剪切流变试验,认为堆石体的流变以体应变为主,轴向应变或剪应变相对较小;体应变不仅与围压有关,而且还与轴向荷载有关,剪切流变可以认为只与应力水平有关,并在米占宽改进模型的最终剪切流变表达式中增加了指数项。程展林等[82]针对水布垭面板堆石坝主堆石体堆石体,采用应力式大型三轴仪进行多组高围压流变试验(最大围压2.7MPa),认为堆石体的轴向流变和体积流变均可用衰减型幂函数来表达,最终轴向流变和体积流变与应力水平和围压均有关,并提出九参数堆石体堆石体流变模型。李海芳等[83]研究了九甸峡面板坝堆石体堆石体的流变特性,建议采用对数曲线拟合轴向流变,幂函数曲线拟合体积流变。王海俊等[84]研究了干湿循环作用下堆石体的流变,认为干湿循环作用对堆石体流变的发展影响明显,并建立了干湿循环引起的堆石体体积流变的近似公式。

目前对堆石体流变机理的研究主要集中在堆石体的宏观室内流变试验方面。王勇[85]认为堆石体的流变变形是堆石颗粒在高接触应力下发生破碎,引起的应力释放、滑移、调整和转动等颗粒重新排列的宏观表现。梁军等[86]认为堆石体在荷载的持续作用下,颗粒的破碎、滑移、充填孔隙是流变产生的主要原因,而堆石体本身的饱水状态、级配、初始密实度,以及母岩岩性与组成等因素对流变也有明显的影响,随后其结合颗粒破碎测试试验[87],对堆石体流变产生的机理进行了简要的理论分析。殷宗泽[88]将堆石体堆石体流变产生的原因归为四个方面:堆石体堆石体颗粒自身的流变;堆石颗粒在接触点的相互滑移和颗粒破碎;由于外界环境变化(温度变化、干湿循环、日晒雨淋)等引起的变形;荷载周期性变化引起的变形。在上述长期变形中,环境变化和周期性荷载产生的变形是堆石体堆石体流变的主要部分。

Oldecop 和 Alonso[89]从细观角度提出一个概念模型来解释堆石体堆石体的压缩性和流变变形。他们认为随着压缩的进行,堆石体堆石体的孔隙率减小而颗粒配位数增大,颗粒间处于相互锁定状态,如果没有新的颗粒破碎就不会产生宏观变形增量。

1.2.5　堆石体尺寸效应研究

原级配的力学性质是无法直接测求的,人们只能通过改变最大粒径的级配进行堆石体尺寸效应的研究。自20世纪70年代以来,日本、美国、墨西哥等国对粗粒料的尺寸效应做了很多研究,但基本上以抗剪强度和压实度为主要研究对象,关于变形的研究成果较少。Marachi 等[90]认为同一密度下抗剪强度随粒径增大而降低,但也有研究指出抗剪强度与粒径大小无关。Varadarajan 等[91]对 Ranjit Sagar

大坝的砂卵石堆石体和 Purulia 坝的爆破棱角料进行大三轴试验,采用相似级配法缩制试样,保持试样的相对密度相同,Ranjit Sagar 坝堆石体的抗剪强度随着最大粒径的增加而增大,而 Purulia 坝则呈现出相反的规律。

随着国内现代碾压土石坝的大规模建设,一些学者开始对尺寸效应进行探索,郦能惠[92]指出同样采用剔除法缩制试样,试样的最大粒径越大,采用相同压实功压实试样,试样的干密度越大,内摩擦角就越大。采用相似级配法缩制试样,试样的级配特征相同,缩尺效应来自颗粒形状和颗粒强度随颗粒大小的变化,而这种变化又与母岩有关,因此郦能惠[92]认为,试样的最大粒径越大,内摩擦角越大或越小或无法断定。在相同干密度情况下,试验结果大多表现为试样最大粒径越大,内摩擦角有所减小,如司洪洋[93]、郦能惠等[94]对小浪底堆石坝的试验结果。王继庄[95]认为,试样直径对堆石体抗剪强度的影响较小,但对变形的影响却不可忽略,体积弹性模量随试样直径减小而减小。李翀等[96]对双江口砂岩过渡料进行大型三轴剪切试验,采用等量替代法缩制试样,制样干密度相同,试验结果表明,内摩擦角和初始切线模量均随最大粒径的增大而减小,在低围压下减小的趋势明显,随着围压的增大,减小不明显。凌华等[97]对某心墙堆石坝的花岗岩堆石料进行了抗剪强度的缩尺效应研究,采用混合法缩制试验,不同尺寸试样的干密度相同,试验结果表明:当围压较小时,内摩擦角随着最大粒径的增大而增大;当围压较大时,内摩擦角随着最大粒径的增大而减少。花俊杰等[98]在郦能惠[94]和李翀[96]等的基础上,分析尺寸效应对堆石体流变特性的影响,并综合尺寸效应对堆石体瞬时变形和流变变形的影响,评价尺寸效应对堆石体应力变形的影响。

以上是通过室内试验研究堆石体的缩尺效应。由于影响堆石体缩尺效应的因素很多,如缩尺方法、缩尺比例、试样密度控制、颗粒破碎和颗粒自身性质,而不同学者采用的缩尺方法和试样密度控制方法不同,堆石体来源也不同,导致试验结果不同,甚至规律相反。

1.3 研究内容、技术路线与研究方法

1.3.1 研究内容与技术路线

堆石体具有鲜明的结构特征(细观颗粒尺度)、力学性质和工程特性(宏观的颗粒聚合尺度)。堆石体的级配、孔隙、颗粒形状,以及颗粒的排列方式决定堆石体的结构特征。结构特征的改变能从根本上改变堆石体的力学性质。其力学性质主要体现在颗粒尺度和聚合结构尺度两方面,在颗粒尺度上,颗粒料的岩性、颗粒大小与形状及其力学性能是堆石体力学特性的重要指标;在聚合结构尺度上,颗粒间的接触、滑移、填充、咬合,以及破碎特性体现了堆石体的宏观应力变形性状。堆石体的宏观变形稳定性、抗滑稳定性、渗透稳定性,以及耐久性体现了堆石体的工程特

性。堆石体的结构特征、力学性质和工程特性是三个重要的研究视角,形成一个完整的研究技术路线。堆石体的结构特征研究必须从堆石体的细观组构入手,堆石体的力学性质研究应当注重细观变形破坏机理和演化规律,而堆石体的工程特性体现了宏观坝工特性及其对工程的适应能力(图 1.3.1)。

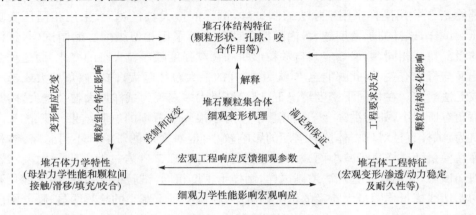

图 1.3.1　学术思路图

高堆石坝变形宏细观机制与全过程控制及其应用研究具有三大特色,即宏细观、非线性和全过程。宏细观是指研究视角从传统的宏观、唯象、连续转移到细观、机理、离散;非线性是从多个层面考虑堆石体材料和堆石坝工程的非线性特性,包括细观尺度颗粒接触状态的非线性,由于接触的非线性和颗粒破碎效应导致力学性质的强非线性,堆石体运行过程中长期物理力学特性的非线性演变;全过程是在时间维度上,将高堆石坝变形控制从设计阶段和施工阶段扩展至高堆石坝运行的全生命周期。

本书的主要研究内容包括如下三个方面。

(1) 堆石体结构特征的组构描述与材料性能的宏细观演化机理

从结构特征角度出发,对不同形状颗粒、级配特征、压实度的堆石体,进行系统CT 三轴试验,分析颗粒在压缩和剪切过程中的运动和相对运动规律,分析接触力链的形成、发展与失效的演化机制;通过对堆石体细观结构的量化,精细化描述其细观结构特征;研究组构量与颗粒形状、级配(考虑颗粒破碎)、孔隙率的关系;研究组构量随宏观应力的演化过程;研究组构量的统计分布规律,选择合适的统计分布函数来反映其统计特征。在此基础上,建立合适的组构张量,将组构张量与宏观力学响应联系起来,建立细观组构演化模型。

(2) 描述堆石体细观结构特征的三维随机颗粒不连续变形分析方法(stochastic granule discontinuous deformation, SGDD)

堆石颗粒具有尺寸大、形状不规则和易破碎的特点,而以刚性圆球和圆盘为基础颗粒离散元方法在描述颗粒形状和破碎方面存在诸多不足。基于离散元和有限元耦合的 SGDD 方法将颗粒离散为有限元网格,颗粒间的运动与接触关系仍采用离散元方法中的有关描述,通过引入非线性本构模型和开裂模型模拟颗粒破碎。需要研究高效的堆石体颗粒随机生成算法,反映堆石颗粒的真实形状;基于堆石体的颗粒破碎机制,研究 SGDD 方法中颗粒破碎的模拟方式;基于超大规模并行计算技术,实现 SGDD 数值模拟的并行处理;考虑压实度、级配,以及颗粒形状等因素对细观参数的影响,研究细观数值模拟的参数取值方法。进行颗粒形状的量化,分析形状量化指标对堆石体宏观力学响应的影响;研究单颗粒破碎的主要形式和影响因素,特别是时间效应、环境因素对颗粒破碎的影响;研究堆石颗粒间的接触行为,引入接触损伤理论,提出颗粒接触本构关系;从细观角度分析堆石体应力应变关系的非线性、弹塑性、剪胀性、各向异性、应力路径相关性的力学意义和主要影响因素;研究堆石体结构特征与力学性质的内联机制,揭示堆石体的宏细观变形机理。

(3) 高堆石坝工作性态与演化规律及全过程变形控制方法

高堆石坝的工作性态非常复杂,受施工过程、坝料特性、材料分区,坝址环境、气候等众多因素的影响。根据现有的监测资料分析高堆石坝施工期、蓄水期和运行中期的变形规律对于预测坝体的长期变形和设计更高的堆石坝非常重要。高堆石坝的变形特性与低坝相比发生了很大的变化,在数值计算中普遍存在"低坝算大,高坝算小"的现象,分析这种现象的本质原因,发展适用于高堆石坝的坝体变形分析计算方法和高效求解方法,并开发大规模、精细化的大坝应力变形分析计算系统,从而准确预测坝体从施工到运行后期的变形规律,是高堆石坝设计的重要依据。坝体变形时空演变规律及结构破损机制,包括超高堆石坝实测变形的时空演变规律,超高堆石坝的应力变形数值模拟方法,超高面板堆石坝面板结构破损机制,以及超高心墙堆石坝心墙裂缝产生机制等。高堆石坝结构优化理论与设计新方法,包括 200m 级以上高堆石坝设计准则、基于材料区划的坝体结构优化理论、高堆石坝安全控制方法与对策等内容。

1.3.2　研究方法

堆石体是非连续、非线性、非均匀和各向异性的,高堆石坝变形的时空演化受施工过程、坝料特性、材料分区、坝址环境、气候等外部因素的影响。针对高堆石坝工程变形的复杂性,并考虑多个尺度之间的相互作用和影响,以及全生命周期的演化特性,宜系统集成多种研究方法。注重理论研究与工程实践相结合、细观机理研究与宏观等效描述相结合、数值模拟与试验验证相结合、大坝施工期变形预测与运行期的工作性态评价相结合、从设计阶段、施工阶段到运行阶段多种坝体变形控制技术相结合。本书具有多学科交叉的研究特点,研究涉及工程地质、岩土力学、散体力学、计算力学、计算机技术、随机理论等,通过多学科交叉和集成,从而系统地研究解决堆石体的细观结构的组构描述和演化机理、宏细观变形机制与随机颗粒不连续变形分析方法、高堆石坝全过程变形控制理论与方法(图 1.3.2)。

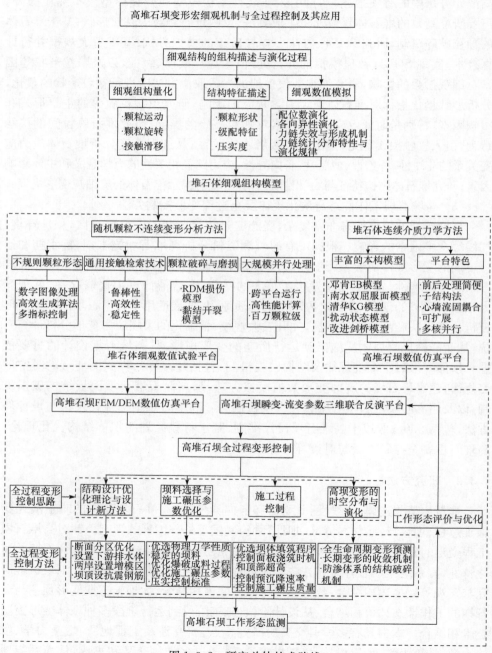

图 1.3.2　研究总体技术路线

参 考 文 献

［1］沈珠江. 土体结构性的数学模型——21 世纪土力学的核心问题［J］. 岩土工程学报，1996，18(1)：95-97.

［2］胡瑞林，李向全. 21 世纪工程地质学生长点：土体微结构力学［J］. 水文地质工程地质，1999，26(4)：5-8.

［3］Oda M，Nemat-Nasser S，Mehrabadi M M. A statistical study of fabric in a random assembly of spherical granule［J］. Int. J. Numer. Anal. Meth. In Geomech，1982，6(1)：77-94.

［4］沈珠江. 砂土液化分析的散粒体模型［J］. 岩土工程学报，1999，21(6)：742-748.

［5］Satake M. Constitution of mechanics of granular materials through the graph theory［C］// US-Japan Seminar on Continuum-Mechanics and Statistical Approaches in the Mechanics of Granular Materials，1978.

［6］Oda M. Fabric tensor for discontinuous geological materials［J］. Soils Found，1982，22(4)：96-108.

［7］Oda M，Takahashi M，Takahashi M. Microstructure in shear band observed by microfocus X-ray computed tomography［J］. Geotechnique，2005，55(4)：333-335.

［8］Liu S，Matsuoka H. Microscopic interpretation on a stress-dilatancy relationship of granular materials［J］. soils and foundations，2003，43(3)：73-84.

［9］Bathurst R J，Rothenburg L. Micromechanical aspects of isotropic granular assemblies with linear contact interactions［J］. J. Appl. Mech. ，1988，55(1)：17-23.

［10］Alshibli K A，Hasan A. Spatial variation of void ratio and shear band thickness in sand using X-ray computed tomography［J］. Geotechnique，2008，58(4)：249-257.

［11］Hall S A，Lenoir N，Viggiani G，et al. Strain localisation in sand under triaxial loading：characterisation by x-ray micro tomography and 3D digital image correlation［C］//Proceedings of the 1st Int. Symp. on Computational Geomechanics (ComGeo 1)，2009.

［12］Hall S A，Bornert M，Desrues J，et al. Discrete and continuum analysis of localised deformation in sand using X-ray μCT and volumetric digital image correlation［J］. Géotechnique，2010，60(5)：315-322.

［13］Higo Y，Oka F，Kimoto S，et al. Visualization of strain localization and microstructures in soils during deformation using microfocus X-Ray CT［J］. Advances in Computed Tomography for Geomaterials：GeoX 2010，2013：43-51.

［14］Hasan A，Alshibli K A. Experimental assessment of 3D particle-to-particle interaction within sheared sand using synchrotron microtomography［J］. Géotechnique，2010，60(5)：369-379.

［15］Takemura T，Oda M，Takahashi M. Microstructure observation in deformed geomaterials using microfocus X-ray computed tomography［C］//Xray CT for Geomaterials：Soils, Concrete, Rocks International Workshop on Xray CT for Geomaterials，2010.

［16］程展林，吴良平，丁红顺. 粗粒土组构之颗粒运动研究［J］. 岩土力学，2007，28(3)：

29-33.

[17] 姜景山，程展林，刘汉龙，等. 粗粒土二维模型试验的组构分析[J]. 岩土工程学报，2009, 31(5)：811-816.

[18] Matsuoka H. A microscopic study on shear mechanism of granular materials [J]. Soils and Foundations，soils and foundations，1974,14(1)：29-43.

[19] Thornton C，Barnes D J. Computer simulated deformation of compact granular assemblies [J]. Acta Mechanica, 1986, 64(1-2)：45-61.

[20] 钟晓雄，袁建新. 散粒体的微观组构与本构关系[J]. 岩土工程学报, 1992, 14(3)：39-47.

[21] 周伟，胡颖，闫生存. 高堆石坝流变机理的组构理论分析方法[J]. 岩土工程学报，2007, 29(8)：1274-1278.

[22] Sun Q，Wang G，Hu K. Some open problems in granular matter mechanics[J]. Progress in Natural Science, 2009, 19(5)：523-529.

[23] Satake M. Fabric tensor in granular materials//Proc. IUTAM Syrup. on Deformation and Failure of Granular Materials，1982.

[24] Zysset P K，Curnier A. A 3D damage model for trabecular bone based on fabric tensors [J]. Journal of biomechanics, 1996, 29(12)：1549-1558.

[25] 高政国. 基于颗粒组构特性的散体材料本构模型研究[J]. 岩土力学, 2009, 30(3)：93-98.

[26] 孔亮. 基于颗粒物质力学与连续介质热力学的岩土本构模型初探[J]. 岩土力学, 2010, 31(2)：1-6.

[27] Fu Y R. Experimental quantification and dem simulation of micro-macro behaviors of granular materials using x-ray tomography imaging [D]. Louisiana State University, 2005.

[28] 郭培玺，林绍忠. 粗粒料力学特性的 DDA 数值模拟[J]. 长江科学院院报，2008,25(1)：58-60.

[29] 刘君，刘福海，孔宪京. 考虑破碎的堆石料颗粒流数值模拟[J]. 岩土力学, 2009, 29(增刊)：107-112.

[30] 邵磊，迟世春，贾宇峰. 堆石料大三轴试验的细观模拟[J]. 岩土力学,2009,30(增刊)：239-243.

[31] Belheine N，Plassiard J P，Donze F V，et al. Numerical simulation of drained triaxial test using 3D discrete element modeling [J]. Computers and Geotechnics，2009,36：320-331.

[32] Tang-Tat Ng. Particle shape effect on macro-and micro-behaviors of monodisperse ellipsoids[J]. International Journal for Numerical and Analytical Methods in Geomechanics，2009，33：511-527.

[33] 周伟,常晓林,周创兵,等. 堆石体应力变形细观模拟的随机散粒体不连续变形模型及其应用[J]. 岩石力学与工程学报,2009,28(3)：491-499.

[34] 马刚，周伟，常晓林，等. 堆石体三轴剪切试验的三维细观数值模拟[J]. 岩土工程学报，2011,33(5)：746-753.

[35] Sitharam T G，Nimbkar M S. Micromechanical modelling of granular materials：effect of particle size and gradation [J]. Geotechnical and Geological Engineering, 2000, 18(2)：91-

117.

[36] 刘海涛，程晓辉. 粗粒土尺寸效应的离散元分析[J]. 岩土力学，2009，30(S1)：287-292.

[37] 朱晟，王永明，翁厚洋. 粗粒筑坝材料密实度的缩尺效应研究[J]. 岩石力学与工程学报，2011，30(2)：348-357.

[38] Cundall P A, Strack O D L. A discrete numerical model for granular assembles [J]. Geotechnique, 1979, 29(1):47-65.

[39] Iwashita K, Oda M. Micro-deformation mechanism of shear banding process based on modified distinct element method [J]. Powder Technology, 2000, 109(1-3)：192-205.

[40] 周健，邓益兵，贾敏才，等. 基于颗粒单元接触的二维离散-连续耦合分析方法[J]. 岩土工程学报，2010，32(10)：1480-1484

[41] 蒋明镜，孙渝刚. 结构性砂土粒间胶结效应的二维数值分析[J]. 岩土工程学报，2011，33(8)：1246-1258

[42] Cundall P A, Hart D H. Numerical modeling of discontinua [J]. Eng. Comput. , 1992, 9：101-113.

[43] Campbell C S, Brennen C E. Computer simulation of granular shear flows [J]. Journal of Fluid Mechanics, 1985, 151：167-188.

[44] 楚锡华. 颗粒材料的离散颗粒模型与离散-连续耦合模型及数值方法[D]. 大连：大连理工大学博士学位论文，2006.

[45] Thornton C, Ning Z. A theoretical model for the stick/bounce behavior of adhesive, elastic-plastic spheres [J]. Powder Technology, 1998, 99：154-162.

[46] Oda M, Kazama H. Microstructure of shear bands and its relation to the mechanisms of dilatancy and failure of dense granular soils [J]. Geotechnique, 1998, 48(4):465-481.

[47] Jiang M J, Yu H S, Harris D. A novel discrete model for granular material incorporating rolling resistance[J]. Computers and Geotechnics, 2005, 32(5)：340-357.

[48] Nouguier-Lehon C, Cambou B, Vincens E. Influence of particle shape and angularity on the behavior of granularmaterials：a numerical analysis[J]. International Journal for Numerical and Analytical Methods in Geomechanics, 2003, 27：1207-1226.

[49] Rothenburg L, Bethurst R J. Numerical simulation of idealized granular assemblies with plane elliptical particles [J]. Computers and Geotechnics, 1991, 11：315-329.

[50] Ting J M, Meachum L R, Rowell J D. Effect of particle shape on the strength and deformation mechanisms of ellipsed-shaped granular assemblages[J]. Engineering Computations, 1995, 12(2)：99-108.

[51] Lin X, Ng T T. A three dimensional discrete element method model using arrays of ellipsoids [J]. Geotechnique, 1997, 47(2)：319-329.

[52] Cho N, Martin C D, Sego D C. A clumped particle model for rock [J]. Int. J. Rock Mech. Min. Sci. , 2007, 44：997-1010.

[53] Ferellec J F, McDowell G R. A simple method to create complex particle shapes for DEM [J]. Geomechanics and Geoengineering, 2008, 3(3)：211-216.

[54] Garcia X, Latham J P, Xiang J, et al. A clustered overlapping sphere algorithm to represent real particles in discrete element modeling [J]. Geotechnique, 2009, 59(9): 779-784.

[55] Cundall P A, Hart R D. Development of generalized 2D and 3D distinct element programs for modeling jointed rock. ITASCA Consulting Group, Misc. Paper SL-85-1, U. S. Army Corp of Engineers, 1985.

[56] Hart R, Cundall P A, Lemos J. Formulation of a threedimensional distinct element model part II. mechanical calculations for motion and interaction of a system composed of many polyhedral blocks. Int. J. Rock Mech. Min. Sci. Geomech. Abstr. , 1988, 25: 117-125.

[57] Pena A A, Lizcano A, Alonso-Marroquin F, et al. Biaxial test simulations using a packing of polygonal particles[J]. International Journal for Numerical and Analytical Methods in Geomechanics, 2008, 32:143-160.

[58] Antony S J, Kuhn M R. Influence of particle shape on granular contact signatures and shear strength: new insights from simulations[J]. International Journal of Solids and Structures, 2004, 41(21): 5863-5870.

[59] Ingo K, Katrin H. Influence of particle shape on the frictional strength of sediments-a numerical case study[J]. Sedimentary Geology, 2007, 196: 217-233.

[60] Zdenek G, Martin K, František Š E. Multi-scale simulation of needle-shaped particle breakage under uniaxial compaction[J]. Chemical Engineering Science, 2007, 62: 1418-1429.

[61] Paul W C. The effect of particle shape on simple shear flows[J]. Powder Technology, 2008, 179: 144-163.

[62] 郭熙灵, 胡辉, 包承纲. 堆石料颗粒破碎对剪胀性及抗剪强度的影响[J]. 岩土工程学报, 1997, 19(3):83-88.

[63] Potapov A V, Campbell C S. Computer simulation of shear-induced particle attrition[J]. Powder Technology, 1997, 94: 109-122.

[64] Sebastian L G, Luis E V, Luis F V. Visualization of crushing evolution in granular materials under compression using DEM[J]. International Journal of Geomechanics, 2006, 6(3): 195-200.

[65] Hosseininia E S, Mirghasemi A A. Effect of particle breakage on the behavior of simulated angular particle assemblies[J]. China Particuology, 2007, 5: 328-336.

[66] Bolton M D, Nakata Y, Cheng Y P. Micro-and macro-mechanical behaviour of DEM crushable materials[J]. Geotechnique, 2008, 58(6): 471-480.

[67] Bagherzadeh K A, Mirghasemi A A, Mohammadi S. Numerical simulation of particle breakage of angular particles using combined DEM and FEM[J]. Powder Technology, 2011, 205: 15-29.

[68] 马刚, 周伟, 常晓林, 等. 考虑颗粒破碎的堆石体三维随机多面体细观数值模拟[J]. 岩石力学与工程学报, 2011, 30(8):1671-1682.

[69] Lemos J V, Hart R D, Cundall P A. A generalized distinct element program for modeling

jointed rock mass: a keynote lecture[C]//Proceedings of the International Symposium on Fundamentals of Rock Joints,1985.

[70] Barbosa-Carrillo R E. Discrete element models for granular materials and rock masses[D]. University of Illinois at Urbana-Champaign, 1990.

[71] Munjiza A, Owen D R J, Bicanic, N. Combined finite-discrete element method in transient dynamics of fracturing solids[J]. Engineering Computations, 1995，12(2):145-174.

[72] Munjiza A, Andrews K R F, White J K. Combined single and smeared crack model in combined finite-discrete element analysis[J]. International Journal for Numerical Methods in Engineering, 1996, 44(1):41-57.

[73] Munjiza A, Bangash T, John N W M. The combined finite-discrete element method for structural failureand collapse[J]. Engineering Fracture Mechanics, 2004, 71 (4/6): 469-483.

[74] Owen D R J, Feng Y T. Parallelised finite/discrete element simulation of multi-fracturing solids and discrete systems[J]. Engineering Computations, 2001, 18 (3/4):557-576.

[75] Owen D R J, Feng Y T, Cottrel M G, et al. Discrete/finite element modeling of industrial applications with multi-fracturing and particulate phenomena[J]. Geotechnical Special Publication, 2002, 117: 11-16.

[76] Moris J P, Rubin M B, Block G I, et al. Simulations of fracture and fragmentation of geologic materials using combined FEM/DEM analysis[J]. International Journal of Impact Engineering, 2006, 33: 463-473.

[77] 沈珠江,左元明. 堆石料的流变特性试验研究//第六届全国土力学及基础工程学术会议, 1991.

[78] 郭兴文,王德信,蔡新,等. 混凝土面板堆石坝流变分析[J]. 水利学报,1999,11(11): 42-46.

[79] 王勇,殷宗泽. 一个用于面板坝流变分析的堆石流变模型[J]. 岩土力学,2000,21(3): 227-230.

[80] 米占宽,沈珠江,李国英. 高面板堆石坝坝体流变性状[J]. 水利水运工程学报,2002,(2): 35-41.

[81] 李国英,米占宽,傅华,等. 混凝土面板堆石坝堆石料流变特性试验研究[J]. 岩土力学, 2004,25 (11) : 1712-1716.

[82] 程展林,丁红顺. 堆石料蠕变特性试验研究[J]. 岩土工程学报,2004,26(4): 473-476.

[83] 李海芳,徐泽平,温彦锋,等. 九甸峡堆石料蠕变特性试验研究[J]. 水力发电学报, 2010, 29(6): 166-171.

[84] 王海俊,殷宗泽. 堆石料长期变形的室内试验研究[J]. 水利学报, 2007,38(8): 914-919.

[85] 王勇. 堆石流变的机理及研究方法初探[J], 岩石力学与工程学报, 2000, 19(4): 526-530.

[86] 梁军,刘汉龙. 面板堆石料的蠕变试验研究[J]. 岩土工程学报, 2002, 2: 257-259.

[87] 梁军,刘汉龙,高玉峰. 堆石蠕变机理分析与颗粒破碎特性研究[J]. 岩土力学, 2003, 24

（3）：479-483.

［88］殷宗泽. 高土石坝的应力与变形［J］. 岩土工程学报，2009，31(1)：1-14.

［89］Oldecop L A，Alonso E E. A model for rockfill compressibility［J］. Geotechnique，2001，51(2)：127-139.

［90］Marachi N D，Chan C K，Seed H B，et al. Strength and deformation characteristics of rock-fill materials［R］. Berkeley：University of California，1969.

［91］Varadarajan A，Sharma K G，Venkatachalam K，et al. Testing and modeling two rockfill materials［J］. Journal of Geotechnical and Geoenvironmental Engineering，2003，129(3)：206-218.

［92］郦能惠. 高混凝土面板堆石坝新技术［M］. 北京：中国水利水电出版社，2007：101-110.

［93］司洪洋. 堆石缩尺效应研究中的几个问题［C］// 第六届全国土力学及基础工程学术会议，1991.

［94］郦能惠，朱铁，米占宽. 小浪底坝过渡料的强度与变形特性及缩尺效应［J］. 水电能源科学，2001，19(2)：39-42.

［95］王继庄. 粗粒料的变形特性和缩尺效应［J］. 岩土工程学报，1994，16(4)：89-95.

［96］李翀，何昌荣，王琛等. 粗粒料大型三轴试验的尺寸效应研究［J］. 岩土力学，2008，29 (supp. 1)：563-566.

［97］凌华，殷宗泽，朱俊高，等. 堆石料强度的缩尺效应试验研究［J］. 河海大学学报（自然科学版），2011，39(5)：540-544.

［98］花俊杰，周伟，常晓林，等. 堆石体应力变形的尺寸效应研究［J］. 岩石力学与工程学报，2010，29(2)：328-335.

第 2 章　堆石体材料结构特性的
精细化描述与组构分析方法

堆石体颗粒的形状和空间分布具有显著的随机性,仅采用宏观层次的孔隙率和干密度等指标不足以表达堆石体材料的离散特征。从结构特征角度出发,针对不同堆石体形状、不同级配、不同孔隙率的颗粒集合体,基于 Mersenne Twister 随机数算法研发了随机颗粒模型的生成程序 SPG(stochastic granule generator),在不等边椭球内生成随机凸多面体颗粒。生成方法为在某不等边椭球上随机布点,颗粒的顶点数随机取值,然后按照给定的算法连点形成凸多面体,在细观尺度上实现堆石体颗粒几何形状及空间分布精细化描述,提出基于堆石体材料细观结构特征精细化描述的组构分析方法。组构分析张量不但包含位移、应力等宏观指标所表达的力学意义,而且还包含堆石体颗粒本身的几何形态、空间分布、颗粒间的相互作用等细观结构信息,推导颗粒集合体组构张量与应力张量和应变张量的表达式,建立配位数、接触力、接触力方向等细观组构张量的演化模型。堆石体的颗粒组成、颗粒排列方式和粒间接触力是决定其宏观力学特性的重要因素,而数值试验最明显的优势在于可以实时地观察颗粒在加载过程中的运动规律,提取试样的细观组构参数。基于精细化结构特征(颗粒形状、级配、孔隙率)描述和组构分析方法,从细观角度揭示堆石体材料细观结构特征与宏观力学性能的内联机制。

2.1　堆石体材料结构特性的精细化描述

运用离散元法进行细观研究的主要对象是细观颗粒体系,颗粒体系的宏观变形和力学特性与细观结构密切相关。这里主要讨论刚性颗粒、点接触的情况,重点考虑颗粒及粒间孔隙。只考虑与颗粒相关的几何因素,细观组构的相关信息科划分为单个颗粒的几何特性和颗粒的空间排列,其中颗粒的空间排列受单个颗粒几何特性的影响,也是影响颗粒物质内部应力和位移分布的主要因素[1]。

颗粒物质应力应变关系的细观组构信息在图 2.1.1 中给出,这里我们用离散元中的圆形颗粒做介绍,图中给出了颗粒 A 和颗粒 B 相关的几何信息,其中 $x_i^{[A]}$ 与 $x_i^{[B]}$ 分别是颗粒 A 和颗粒 B 的质心坐标,$R^{[A]}$ 和 $R^{[B]}$ 分别为颗粒 A 和颗粒 B 的颗粒半径,d 为 A 和 B 两颗粒的质心距离。

接触点的力可以通过接触平面分为法向接触力和切向接触力,即

$$F_i = F_i^n + F_i^s \qquad (2.1.1)$$

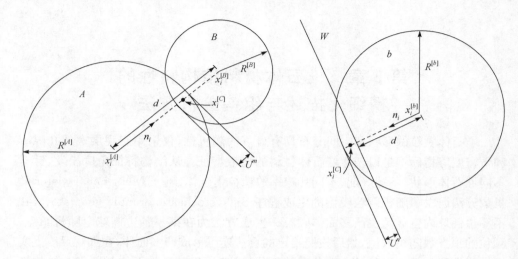

图 2.1.1　接触的重叠量

其中,F_i^n 和 F_i^s 分别为接触力的法向和切向分量。

法向接触力与接触的重叠量成正比,可以表示为

$$F_i^n = K^n U^n n_i \tag{2.1.2}$$

其中,K^n 为接触的法向割线刚度,对于线性接触模型,K^n 定义为

$$K^n = \frac{k_n^A k_n^B}{k_n^A + k_n^B} \tag{2.1.3}$$

式中,k_n^A 和 k_n^B 分别表示接触的两个颗粒或者颗粒与墙体的法向刚度,在线性模型中 K^n 为常数,即割线刚度 K^n 与切线刚度 k^n 相等。

U^n 为接触的重叠量如图 2.1.1(a)和图 2.1.1(b)所示,定义为

$$U^n = \begin{cases} R^A + R^B - d, & 颗粒\text{-}颗粒接触 \\ R^B - d, & 颗粒\text{-}墙接触 \end{cases} \tag{2.1.4}$$

n_i 为接触平面法向的单位矢量如 2.1.1(b)所示,定义为

$$n_i = \frac{x_i^B - x_i^A}{d} \tag{2.1.5}$$

切向接触力以增量方式进行计算,在接触形成之初,总的切向力初始化为 0,随着相对剪切位移的增大,切向力也逐渐累积增大,即

$$\Delta F_i^s = -k^s \Delta U_i^s \tag{2.1.6}$$

$$F_i^s = (F_i^s)^{\text{old}} + \Delta F_i^s \tag{2.1.7}$$

其中,k^s 为接触切向切线刚度;ΔU_i^s 为一个计算时步 Δt 内的剪切位移增量,即

$$\Delta U_i^s = V_i^s \Delta t \tag{2.1.8}$$

$$V_i = (\dot{x}_i^{[C]})_{\phi^2} - (\dot{x}_i^{[C]})_{\phi^1}$$

$$= (\dot{x}_i^{[\phi^2]} + e_{ijk}\omega_i^{[\phi^2]}(x_k^{[C]} - x_k^{[\phi^2]})) - (\dot{x}_i^{[\phi^1]} + e_{ijk}\omega_i^{[\phi^1]}(x_k^{[C]} - x_k^{[\phi^1]})) \quad (2.1.9)$$

$$V_i^s = V_i - V_i^n \qquad\qquad (2.1.10)$$

颗粒的几何特性对颗粒的细观性能有很大的影响。早期对颗粒几何形状的描述多为定性的,如纤维状、针状、树枝状、片状、多面体、卵石状、球状等。对颗粒形状描述可以分为两类,即几何形状描述和动力等价描述。几何描述是对颗粒的几何尺寸,如长度、宽度、高度、半径、厚度等的数学表达,通常采用 Fourier 级数分析、Mandelbort 的分形几何描述等。动力等价描述一般基于某种物理现象,通过与球形颗粒对比获得描述颗粒形状的数据,如 Stokes 形状系数。对颗粒几何形状的描述还可分为形状指数和形状系数。形状指数是指颗粒各种几何度量的无因次组合,包括球形度、圆形度、扁平度与伸长度等。形状系数是指颗粒各种几何度量之间的关系,亦或称形状系数反映了颗粒的体积、表面积或在一定方向上的投影面积与某种规定粒度的相应次方的关系,包括表面积形状系数、体积系数、比表面积形状系数等。

随机数的产生是随机模拟技术的基础,我们采用 Mersenne Twister 算法生成 $[0,1]$ 区间均匀分布的随机数,具有随机性好、序列关联小的特点,被称为目前最好的随机数发生器之一。考虑到堆石颗粒的形状及其在空间中的分布是随机均匀的,因此采用均匀分布模型模拟堆石体。影响堆石体随机颗粒模型的因素有颗粒级配曲线(粒径)、颗粒的形状、位置坐标等。

根据颗粒级配曲线确定每组粒径的上下限,按粒径从大到小生成每组粒径区间内的颗粒直到颗粒含量满足级配要求。实际颗粒集合体不会出现相交和侵入现象,因此还要判断颗粒间的相互侵入关系。实际的堆石体颗粒是通过人工爆破、破碎而成,主要形态是凸多面体。为了反映堆石颗粒的不规则形态,在不等边椭球内生成随机凸多面体颗粒(图 2.1.2)。生成方法为在某不等边椭球上随机布点,颗粒的顶点数随机取值,然后按照给定的算法连点形成凸多面体[2]。

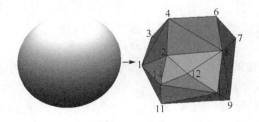

图 2.1.2　凸多面体颗粒

首先,按照颗粒级配曲线生成不等边椭球的半径,即

$$a = r_1 + (r_2 - r_1)\text{rand}1$$
$$b = r_1 + (r_2 - r_1)\text{rand}2 \qquad\qquad (2.1.11)$$
$$c = r_1 + (r_2 - r_1)\text{rand}3$$

其中，a、b、c 为不等边椭球的三个极半轴的长度；r_1 为某一粒径组的粒径下限；r_2 为相应粒径组的粒径上限；$\text{rand}1$、$\text{rand}2$、$\text{rand}3$ 为区间$[0,1]$均匀分布上的独立随机数。

为了保证生成颗粒的形状具有足够的随机性，颗粒的顶点数在$[n_{\min}, n_{\max}]$之间均匀分布，即

$$n = n_{\min} + (n_{\max} - n_{\min})\text{rand} \qquad\qquad (2.1.12)$$

其中，rand 为区间$[0,1]$均匀分布上的随机数；$n_{\min}$ 取 8；$n_{\max}$ 取 16。

采用球坐标确定凸多面体的顶点，即

$$x_i = x_0 + a\sin\theta_i\cos\varphi_i$$
$$y_i = y_0 + b\sin\theta_i\cos\varphi_i \qquad\qquad (2.1.13)$$
$$z_i = z_0 + c\cos\theta_i$$

其中，x_i、y_i、z_i 是不等边椭球上第 i 个点的坐标；x_0、y_0、z_0 是不等边椭球的球心坐标；θ_i 是球坐标系中的天顶，在$[0,\pi]$均匀分布；φ_i 是球坐标系中的方位角，在$[0,2\pi]$均匀分布。

在不等边椭球上随机布完点后，遍历每个顶点 p_i，寻找与顶点 p_i 距离最近的顶点 p_{i1}，然后在剩下的顶点中找一个点 p_{i2}，使其余所有顶点均在 p_i、p_{i1}、p_{i2} 确定的三角形平面的同一侧。遍历完所有的顶点后，删除具有相同节点的面，然后存储每个凸多面体的几何信息。

2.2　堆石体材料颗粒集合体的组构分析方法

堆石体材料组构的完整描述包括颗粒本身的几何特征、颗粒在空间的分布、颗粒间随时间的相互作用过程[3]。

对于球状颗粒，可以简单地用颗粒半径来表示其几何特征。对于堆石体这种非球状颗粒材料，可以采用半径向量来描述的可行性，即

$$\boldsymbol{r} = (\bar{r}, \delta) \qquad\qquad (2.2.1)$$

其中，$\bar{r}$ 是堆石体颗粒的平均半径；δ 是颗粒最大半径与平均半径的差值，反映堆石体颗粒表面现状的不均匀起伏程度。

球颗粒在空间的分布可以采用球心在空间的分布密度 $g(r)$ 来表示，对于堆石体这种非球状颗粒材料，可用分布密度函数描述为

$$\boldsymbol{g} = \boldsymbol{g}(\bar{r}, \boldsymbol{L}) \qquad\qquad (2.2.2)$$

其中，$\boldsymbol{L}$ 是堆石体颗粒的枝向量，表示相接触颗粒的质量中心的连线。

对于堆石体集合，用枝在空间的密度分布、枝向量在空间的定向分布，以及枝

长的分布等来反映宏观排列效应。

颗粒间相互作用包括配位数、接触法线 $\tilde{\boldsymbol{n}}$、枝向量 $\boldsymbol{L}$，以及粒间接触力 $\tilde{\boldsymbol{f}}$。配位数表示与某颗粒相接触的颗粒数目，是衡量颗粒材料密实程度的指标，与颗粒大小基本无关。对于堆石体集合，采用接触法线的球坐标 α 和 β 的分布密度函数来反映它在空间的定向。

由于上述各种分布函数较多，且通过试验很难确定，因此采用组构张量来描述堆石体颗粒集合的宏观效应。采用上述堆石体颗粒集合的组构变量组合来合理表达堆石体流变变形，如采用枝向量、粒间接触力和时间作为组构张量的分量，表达式为

$$\boldsymbol{F}_{i,j} = \langle \boldsymbol{f}_i^t \quad \boldsymbol{L}_j^t \rangle \tag{2.2.3}$$

其中，$< \cdot >$ 符号表示对里面的变量取平均。

对于平衡条件下的堆石体颗粒集合体，平衡方程只对单个颗粒有意义，堆石体颗粒的平衡代表作用在每一个颗粒粒间接触力的平衡。在与颗粒尺寸等量级的尺度条件下，粒间接触力可以看做是集中力。通过虚位移原理得出堆石体颗粒的组构张量与应力张量的关系。以两个变量表达的堆石体组构张量为例，应力张量与组构张量的相关关系为

$$\boldsymbol{\sigma}_{i,j}^t = \langle \boldsymbol{f}_i^t \quad \boldsymbol{L}_j^t + \boldsymbol{f}_j^t \quad \boldsymbol{L}_i^t \rangle \tag{2.2.4}$$

由组构张量与应力张量之间的密切关系得到启示，从组构的变化规律可以推断堆石体宏观应力的变化规律。

对于堆石体材料这样的离散体，形变方程只有统计意义，因为在离散的堆石体中同样不存在光滑连续的位移场，任一堆石体颗粒的位移并不是其坐标的连续函数。如上所述，堆石体的宏观流变变形是通过小颗粒的转动滑移、重新排列来实现的，即通过堆石体颗粒集合体的组构变化实现的。堆石体颗粒集合体形变方程建立的前提条件是找到一组独立而完备的组构指标以反映其所有的组构特征。堆石体流变过程比较复杂，既包含颗粒的棱角破碎，还包含小颗粒的转动滑移、重新排列等。采用固体路径的分析方法建立基于组构理论的堆石体形变方程。

对于堆石体颗粒集合，假定宏观流变变形主要由颗粒的转动滑移、重新排列引起，即宏观应变只是由枝向量的方向和大小的改变所引起。在 r 方向上枝长的平均值为 $\bar{\boldsymbol{L}}_r^t$，由颗粒的转动滑移、重新排列引起枝长的平均值有一微小的增量 $\Delta \boldsymbol{L}_r^t$，因此在 r 方向上堆石体颗粒的宏观应变增量可以表示为

$$\mathrm{d}\boldsymbol{\varepsilon}_r^t = \frac{\Delta \bar{\boldsymbol{L}}_r^t}{\boldsymbol{L}_r^t} \tag{2.2.5}$$

采用固体路径的分析方法可得在 r 方向上、t 时刻枝长的平均值，即

$$\bar{\boldsymbol{L}}_i^t = \int_t^{t+\Delta} \int_{L_{\min}}^{L_{\max}} \int_{-\frac{\pi}{2}}^{\frac{\pi}{2}} \boldsymbol{L}^t f(\boldsymbol{L}^t) f(\theta^t) \cos\theta^t \, \mathrm{d}\theta \mathrm{d}\boldsymbol{L} \mathrm{d}\tau \tag{2.2.6}$$

其中，$f(\boldsymbol{L}^t)$ 和 $f(\theta^t)$ 分别表示枝长和枝向量与 r 轴的夹角分布密度函数。

堆石体颗粒集合体的固体路径分析示意如图 2.2.1 所示。

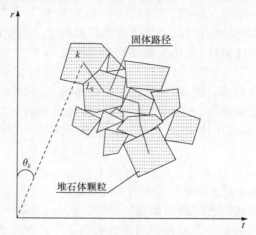

图 2.2.1　堆石体颗粒集合体的固体路径分析示意图

对上式取分布密度函数 $f(\boldsymbol{L}^t),f(\theta^t)$ 的变分为

$$\bar{\boldsymbol{L}}_i^t + \Delta \bar{\boldsymbol{L}}_i^t = \int_t^{t+\Delta t} \int_{L_{\min}}^{L_{\max}} \int_{-\frac{\pi}{2}}^{\frac{\pi}{2}} \boldsymbol{L}^t AB \cos\theta^t \mathrm{d}\theta \mathrm{d}L \mathrm{d}\tau \tag{2.2.7}$$

$$A = \left[f(\boldsymbol{L}^t) + \delta f(\boldsymbol{L}^t) \right]$$

$$B = \left[f(\theta^t) + \delta f(\theta^t) \right]$$

展开可得 $\Delta \bar{\boldsymbol{L}}_r^t$,即

$$\Delta \bar{\boldsymbol{L}}_i^t = \int_t^{t+\Delta t} \int_{L_{\min}}^{L_{\max}} \int_{-\frac{\pi}{2}}^{\frac{\pi}{2}} \boldsymbol{L}^t \left[\delta \boldsymbol{F}(\theta^t,\boldsymbol{L}^t) + E \right] \cos\theta^t \mathrm{d}\theta \mathrm{d}L \mathrm{d}\tau \tag{2.2.8}$$

$$\boldsymbol{F}(\theta^t,\boldsymbol{L}^t) = f(\boldsymbol{L}^t) \cdot f(\theta^t)$$

$$E = \delta f(\boldsymbol{L}^t)\delta f(\theta^t)$$

因为 E 为两个一阶小量的乘积,其结果为一个二阶小量,所以可以近似忽略不计,因此 $\Delta \bar{\boldsymbol{L}}_r^t$ 可以简化为

$$\Delta \bar{\boldsymbol{L}}_i^t = \int_t^{t+\Delta t} \int_{L_{\min}}^{L_{\max}} \int_{-\frac{\pi}{2}}^{\frac{\pi}{2}} \boldsymbol{L}^t \delta \boldsymbol{F}(\theta^t,\boldsymbol{L}^t) \cos\theta^t \mathrm{d}\theta \mathrm{d}L \mathrm{d}\tau \tag{2.2.9}$$

将式(2.2.6)和式(2.2.9)带入式(2.2.5),可得

$$\mathrm{d}\boldsymbol{\varepsilon}_r^t = \frac{\Delta \bar{\boldsymbol{L}}_r^t}{\bar{\boldsymbol{L}}_r^t} = \frac{\iiint \boldsymbol{L}^t \delta \boldsymbol{F}(\theta^t,\boldsymbol{L}^t) \cos\theta^t \mathrm{d}\theta \mathrm{d}L \mathrm{d}\tau}{\iiint \boldsymbol{L}^t \boldsymbol{F}(\theta^t,\boldsymbol{L}^t) \cos\theta^t \mathrm{d}\theta \mathrm{d}L \mathrm{d}\tau} \tag{2.2.10}$$

对于随机排列的堆石体颗粒集合,假定堆石体颗粒不存在破碎现象,可以证明其枝向量的分布密度函数为一常数,即堆石体集合在完全随机排列的情况下,其颗粒分布呈现均匀分布。这样有

$$\delta f(\boldsymbol{L}^t)=0 \tag{2.2.11}$$

由此可得

$$\delta \boldsymbol{F}(\theta^t,\boldsymbol{L}^t)=f(\boldsymbol{L}^t)\delta f(\theta^t)+\delta f(\boldsymbol{L}^t)\cdot f(\theta^t)=f(\boldsymbol{L}^t)\cdot \delta f(\theta^t) \tag{2.2.12}$$

在等围压三轴条件下,有

$$\mathrm{d}\boldsymbol{\varepsilon}_1^t=\frac{\iiint \boldsymbol{L}^t f(\boldsymbol{L}^t)\delta f(\theta^t)\cos\theta^t \mathrm{d}\theta \mathrm{d}\boldsymbol{L}\mathrm{d}\tau}{\iiint \boldsymbol{L}^t f(\boldsymbol{L}^t)f(\theta^t)\cos\theta^t \mathrm{d}\theta \mathrm{d}\boldsymbol{L}\mathrm{d}\tau}=\frac{\displaystyle\int_t^{t+\Delta t}\int_{-\frac{\pi}{2}}^{\frac{\pi}{2}}\delta f(\theta^t)\cos\theta^t \mathrm{d}\theta \mathrm{d}\tau}{\displaystyle\int_t^{t+\Delta t}\int_{-\frac{\pi}{2}}^{\frac{\pi}{2}} f(\theta^t)\cos\theta^t \mathrm{d}\theta \mathrm{d}\tau}$$

$$\tag{2.2.13}$$

$$\mathrm{d}\boldsymbol{\varepsilon}_3^t=\frac{\displaystyle\int_t^{t+\Delta t}\int_{-\frac{\pi}{2}}^{\frac{\pi}{2}}\delta f(\theta^t)\sin\theta^t \mathrm{d}\theta \mathrm{d}\tau}{\displaystyle\int_t^{t+\Delta t}\int_{-\frac{\pi}{2}}^{\frac{\pi}{2}} f(\theta^t)\cos\theta^t \mathrm{d}\theta \mathrm{d}\tau} \tag{2.2.14}$$

2.3　加载引起的细观组构演化规律

堆石体的颗粒组成、颗粒排列方式和粒间接触力是决定其宏观力学特性的重要因素,而数值试验最明显的优势在于可以实时观察颗粒在加载过程中的运动规律,提取试样的细观组构参数,如颗粒配位数、长轴的定向、组构各向异性演化等。

2.3.1　配位数

堆石体是由大小不等、性质不一的颗粒彼此充填成的粒状结构体,一般颗粒间黏结力很小,甚至趋近于零。抗剪强度主要决定于颗粒间的摩擦力和咬合力。颗粒间的作用力大小在微观上可以用颗粒配位数的大小来反映,颗粒配位数越大,说明颗粒之间的接触越多,此时颗粒间的摩擦力和咬合力越大;反之,颗粒间的摩擦力和咬合力越小。

1. 基于 SGDD 模型试样的计算

数值试样尺寸 $300\mathrm{mm}\times 615\mathrm{mm}$,最大粒径 $d_{\max}=60\mathrm{mm}$,孔隙率为 30%,共生成 8586 个颗粒,采用二阶四面体网格离散为 111 572 个实体单元,323 884 个节点。图 2.3.1 为数值试样及其颗粒级配曲线。

细观参数取值是数值试验的关键,在考虑破碎的堆石体随机颗粒不连续变形方法中,有两类参数:一是颗粒间接触特性参数,如 K_n、K_s 和摩擦系数 u,由于缺乏成熟的试验设备和测试技术,关于这些参数的试验成果鲜有发表。郭熙灵和李广信收集和整理了关于颗粒间摩擦系数的试验成果,一般可以认为堆石颗粒间的摩擦系数在 $[0.35\sim 0.7]$,且随着颗粒粒径的增大,摩擦系数有减小的趋势[4,5];另

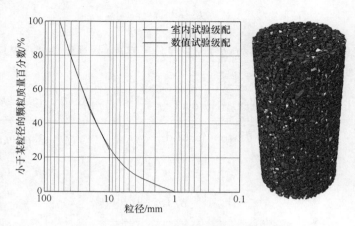

图 2.3.1　数值试样及级配曲线图

一类参数是反映颗粒变形和强度的参数,如弹性模量 E、单轴抗压强度 f_c 等。由于参数较多,且大部分不能通过试验直接获取,只能采用类比或试算的方法间接确定。我们通过调整细观参数,使数值试验得到的应变-应力曲线和接近室内三轴试验成果,如图 2.3.2 所示。表 2.3.1 为最终的细观参数。室内试验成果来自长江科学院所做的双江口堆石体三轴试验。

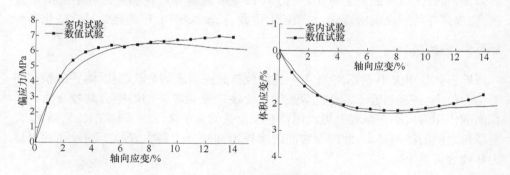

图 2.3.2　数值试验中细观参数取值

表 2.3.1　细观参数

密度 $\rho/(\text{kg/m}^3)$	2790	内摩擦角 $\varphi/(°)$	30
泊松比 ν	0.2	摩擦系数 u	0.466
弹性模量 E/GPa	20	$K_n/(\text{N/m})$	20×10^9
单轴抗压强 f_c/MPa	90	$K_s/(\text{N/m})$	20×10^9

为了研究堆石体在不同应力路径下的力学特性,分别进行常规三轴试验、等应

力比记载试验的细观数值模拟。p-q 平面内等应力比路径如图 2.3.3 所示,各个符号的定义为

固结应力:σ_c　　　　　　　　　　　大主应力:$\sigma_1 = \sigma_c + \mathrm{d}\sigma_1$

小主应力:$\sigma_3 = \sigma_c + \mathrm{d}\sigma_3$　　　　　广义剪应力:$q = \sigma_1 - \sigma_3$

平均主应力:$p = (\sigma_1 + 2\sigma_3)/3$　　　主应力比:$R = \mathrm{d}\sigma_1/\mathrm{d}\sigma_3$

应力比:$\eta = q/p = 3(R-1)/(R+2)$

① 常规三轴试验,选取 4 个固结应力 σ_c,分别为 0.4MPa、0.8MPa、1.6MPa、2.4MPa。在常规三轴试验中,σ_3 保持不变,即 $\mathrm{d}\sigma_3$ 为 0,对应于 $R = \infty$、$\eta = 3.0$。

② 等应力比加载试验,选取 4 个主应力比 R,分别为 1.0、2.5、4.0、8.0,对应的应力比 η 分别为 0.43、1.0、1.5、2.1。

在数值模拟时,先对试样施加固结应力 σ_c,固结完成后再剪切,剪切速率为 0.0001mm/步。大主应力方向采用位移控制加载,提取上一时步大主应力方向的反作用力计算得到 σ_1,再根据主应力比计算出 σ_3,将其施加到试样上。

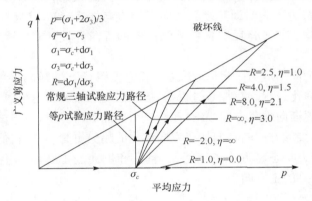

图 2.3.3　p-q 平面内的加载应力路径

图 2.3.4 为固结应力一定时,不同加载应力路径下试样的颗粒配位数在剪切过程中演化过程。低应力比加载路径下试样的颗粒配位数大于高应力比加载路径,这是由于试样在低应力比加载路径下颗粒破碎明显,破碎产生的小颗粒与其周围颗粒产生新的接触关系,试样更加密实,产生明显的剪缩特性。在高应力比加载路径试验中的,由于施加在试样上的围压相对较小,颗粒间的约束作用较弱,颗粒在剪切过程中容易发生翻转,导致颗粒之间的有效接触数减少,试样的孔隙率增大,试样的细观结构更加松散,这种现象在剪切带附件更为明显。

为了研究颗粒接触法向的演化规律与颗粒形状的关系,定义颗粒的接触法向系数和颗粒的接触法向向列数为[6]

$$\mathrm{OC} = \frac{1}{N} \sum_{i=1}^{N} \mid \sin(\theta_i) \mid \qquad (2.3.1)$$

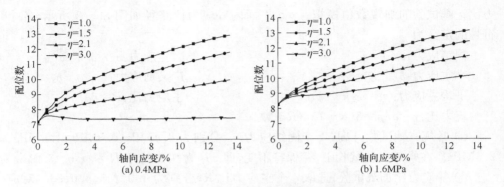

图 2.3.4　不同应力比加载路径的颗粒配位数演化过程

$$OOP = \frac{1}{N}\sum_{i=1}^{N}\cos\theta_i \qquad (2.3.2)$$

其中,N 是颗粒接触数;θ_i 颗粒接触法向与水平向的夹角;OC 反映颗粒接触法向的主方向,OC 接近 1 表明颗粒接触法向以铅直向居多,OC 接近 0 表明颗粒接触法向以水平向居多;OOP 反映颗粒接触法向的各向异性,OOP 越小,各向异性越明显。

　　图 2.3.5 为固结应力一定时,不同加载应力路径下试样的接触法向系数 OC 在加载过程中演化过程。在加载过程中,接触法向系数 OC 逐渐增大,表明颗粒接触的法线方向逐渐向加载方向倾斜;在高应力比加载路径中,由于试样周边的约束作用相对较小,接触方向向轴向加载方向演化的趋势更为明显;在低应力比加载路径中,试样的应力状态趋近于各向等压,轴向和侧向施加在试样上的作用差别较小,没有一个明显的主方向。

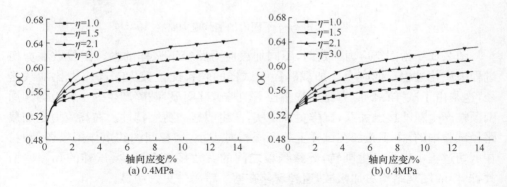

图 2.3.5　不同应力比加载路径的颗粒接触法向系数演化过程

　　图 2.3.6 为固结应力一定时,不同加载应力路径下试样在加载过程中演化过程。在加载过程中,向列数 OOP 逐渐减小,表明颗粒间接触的各向异性程度逐渐

增强,试样表现出明显的应力诱导各向异性;应力比 η 越大,施加在试样上的各向应力差别越大,由此产生的各向异性程度越明显。

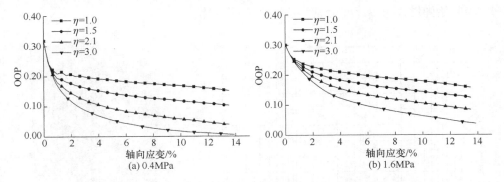

图 2.3.6 不同应力比加载路径的颗粒接触法向向列数演化过程

综合以上分析,堆石体的宏观力学特性与加载过程中细观组构的演化规律密切相关。在低固结应力、高应力比加载路径下,作用在试样上的侧向约束较小,轴向和侧向应力差别较大,导致颗粒容易产生相对运动,细观组构的各个要素发生演化,具体来说颗粒的配位数先增加后减小,颗粒间接触方向逐渐向轴向旋转,颗粒间接触的各向异性程度增强,在宏观上试样的应力应变曲线表现出明显的软化和剪胀特性;在高固结应力、低应力比加载路径下,作用在试样上的侧向约束增强,颗粒接触紧密,限制了颗粒间的相对运动,同时颗粒破碎明显,在细观组构的演化上,颗粒配位数逐渐增加,颗粒间的接触方向向轴向加载方向旋转的趋势不太明显,由于应力诱导的各向异性程度较低,在宏观上试样的应力应变曲线呈现出应变硬化和剪缩特性。

2. 基于 PFC 模型试样的计算

数值试样尺寸为 600mm×1200mm×1200mm,试样级配曲线如图 2.3.7 所示,采用超级颗粒(即聚粒)模拟堆石体颗粒,先在墙指定的空间内利用半径扩展法生成给定孔隙率的圆颗粒组,然后每个颗粒转化成同体积、同质量的聚粒,最后聚粒组逐步达到平衡。颗粒接触模型采用线性接触模型,指定孔隙率为 35%,最大粒径为 $d_{max}=120mm$。在建模过程中,考虑到颗粒数目太多将影响到计算速度,因此将粒径小于 20mm 的小颗粒用粒径为 20mm 的颗粒等体积替换,最终生成颗粒5491 个,颗粒流模型如图 2.3.8 所示。灰黑色颗粒为圆球颗粒,灰白色颗粒为超级颗粒,超级颗粒均是由三个圆球颗粒黏结而成。

在 PFC 模型中,墙常用作模型边界,墙不仅对体内的颗粒起到支撑和限制的作用,同时通过设置墙的属性及加载其上的一些条件(如速度)构成模型的边界条件。试件达到初始平衡后保持小主应力方向(X 方向)围压不变,通过控制顶板和底板的速度进行轴向（Y 方向）应变加载，加载速率为 0.0005mm/步，保持 b 值一定，采用应力加载的方式施加中主应力（Z 方向）。物理参数如表 2.3.2 所示，其中 E_c 为初始弹性模量，k_n/k_s 分别为法向切向刚度比。

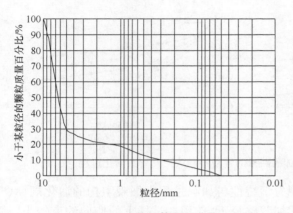

图 2.3.7　堆石体级配曲线

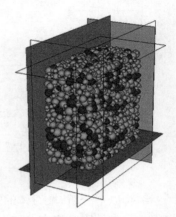

图 2.3.8　颗粒流模型

表 2.3.2　颗粒流数值模拟参数设置表

$E_c/(\text{N/m})$	k_n/k_s	摩擦系数	孔隙率	$\rho/(\text{g/cm}^3)$
1.2×10^8	1.25	0.8	0.35	2.13

真三轴颗粒流数值试验时采用相同的试样，以及相同的加载方式，分别进行了围压为 200kPa、400kPa、800kPa 下的等 b 试验，b 值分别取为 0、0.25、0.5、0.75、1.0。

结果分析中的符号规定如下，应力受压方向为正、受拉方向为负、应变收缩方向为正、膨胀方向为负。

本节试分析基于 PFC 的数值试件在真三轴应力条件下颗粒配位数和孔隙率的变化规律，对堆石体真三轴应力变形的宏观反映做出微观解释[7]。由于在不同围压下堆石体宏观应力变形及微观参数的变化规律基本一致，因此选用围压为 200kPa 情况下的试验结果进行分析。

在试验过程中，配位数随轴向应变的变化规律如图 2.3.9 所示，配位数随 ε_1 的增加先有一小段的增加然后减小，b 值越大发生相同轴向变形所对应的配位数越大。图 2.3.10 是孔隙率与 ε_1 关系曲线，孔隙率随 ε_1 的增加先减小后增大，b 值越大孔隙率的变化越剧烈。图 2.3.11 是孔隙率与配位数关系曲线，配位数增加孔隙率减小。

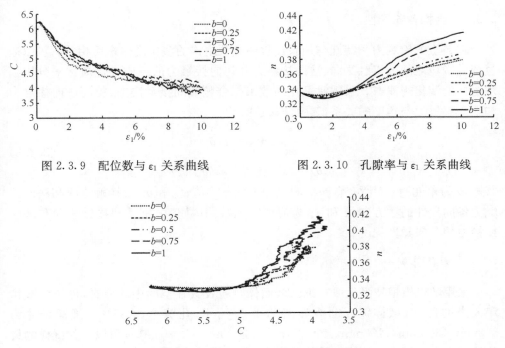

图 2.3.9　配位数与 ε_1 关系曲线　　　　图 2.3.10　孔隙率与 ε_1 关系曲线

图 2.3.11　孔隙率与配位数关系曲线

从细观上对堆石体的宏观应力变形现象分析。

① 试样在初始应力状态时,颗粒较疏松,颗粒之间的孔隙率较大,试验过程中随着外力的增加,颗粒必然会相互填充挤密,因此在加载前期会出现体缩现象,这时的颗粒配位数随着轴向变形的增加而增大的,即颗粒间的约束增强。此时,颗粒间的摩擦力和咬合力增大,对应的堆石体的抗剪强度增大。宏观上的反映是偏应力增大。

② 随着应力的进一步增加,颗粒之间就会越挤越紧,颗粒间的孔隙率越来越小,颗粒的配位数增加,颗粒的摩擦力和咬合力进一步增加,这时要发生相对移动是不容易的。当荷载再增加到试件趋于剪切破坏时,就会迫使颗粒创造移动和滚动的条件,这时颗粒就会翻越邻近颗粒,出现体积膨胀变形。在这个过程中,堆石体的抗剪强度将达到一个峰值,达峰值以后由于土体结构变松,孔隙率变大,颗粒配位数减小,削弱了堆石体的强度,应力应变关系为应变软化型。出现应变软化现象,这时由于颗粒间的约束减小,堆石体的强度便会降低,应力难以继续施加给试件。

2.3.2 组构各向异性

粗粒土的宏观力学特性与加载过程中细观组构的演化规律密切相关。可以通过统计颗粒之间的接触法向、法向接触力和切向接触力的各向异性演化来分析细观组构的演化规律[8]。采用傅里叶函数来拟合颗粒间接触法向、粒间法向接触力和切向接触力与角度的关系，其数学表达式为

$$E(\theta) = \frac{1}{2\pi}[1 + a\cos 2(\theta - \theta_a)]$$
$$f_n(\theta) = f_0[1 + a_n\cos 2(\theta - \theta_n)]$$

(2.3.3)

其中，θ 为角度；f_0 为所有颗粒法向接触力的平均值；θ_a 和 θ_n 为接触法向和法向接触力各向异性的主方向；a 和 a_n 为傅里叶系数，其数值分别反映接触法向和法向接触力的各向异性程度。

1. 数值算例一

采用随机模拟技术生成三维凸多面体颗粒及其在空间中的分布，再压缩成指定大小的试样，试样级配曲线如图 2.3.12 所示，孔隙率为 35%。试样尺寸为 300mm×300mm×100mm，最大粒径 $d_{\max}$ 为 30mm，$D/d_{\max}$ 基本可以消除试样的尺寸效应。定义颗粒的外接椭球的长短径之比为颗粒的形状指标，试样中颗粒的形状指标在 1.4 与 1.6 之间均匀分布，共生成 15 725 个颗粒，如图 2.3.13 所示，采用二阶四面体单元离散为 185 492 个单元，548 778 个节点。

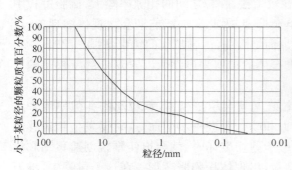

图 2.3.12　数值试样级配曲线图

图 2.3.13　数值试样

接触面的力学特性试验主要在直剪仪和单剪仪上进行。单剪试验的剪切盒由重叠的钢环或铝环组成，能保持接触面及土体剪切应力均匀分布，容许接触面和土体有不同的剪切位移，剪切破坏面既可以发生在接触面，也可以发生在土体内，是目前较为成熟和实用的一种试验设备。

剪切试验仪由上下剪切盒组成，下剪切盒尺寸为 600mm×300mm×100mm，

盒内放置混凝土,在数值模拟中采用有限差分网格离散。上剪切盒尺寸为
300mm×300mm×100mm,由 10 层 300mm×300mm×10mm 的叠环组成,叠环之
间无摩擦,粗粒土试样放置在上剪切盒中。

　　数值模拟时,下剪切盒、叠环均视为刚性板,采用位移控制式加载施加在下剪
切盒上使其产生水平位移,加载速率 0.0001mm/步,当相对剪切位移达到 40mm
时,停止加载。数值模拟开始时,先对试样施加法向应力(0.5MPa、1.0MPa、
1.5MPa、2.0MPa),然后采用位移控制进行水平向加载,图 2.3.14 为细观数值模
拟的加载示意图。

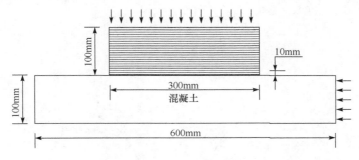

图 2.3.14　加载示意图

　　在粗粒土与结构接触面特性的数值模拟中,颗粒与颗粒之间的接触模型采用
线性接触刚度模型,需要设定的细观参数有颗粒间的法向接触刚度和切向接触刚
度 k_n、k_s;颗粒间的摩擦系数 f_p;颗粒与剪切盒之间的摩擦系数 f_w;颗粒与结构物之
间的摩擦系数 f_s;粗粒土单元的弹性模量 E、泊松比 u。细观参数取值如表 2.3.3
所示。

表 2.3.3　细观参数取值

$k_n/(\text{N} \cdot \text{m}^{-1})$	$k_s/(\text{N} \cdot \text{m}^{-1})$	f_p	f_w	f_s	E/GPa	u
12×10^9	8×10^9	0.5	0.2	0.5	30	0.2

　　以颗粒与结构物摩擦系数 0.5,法向应力 2.0MPa 的计算成果为例,分析加载
过程中的细观组构各向异性的演化规律。图 2.3.15 给出了试样在剪切开始和剪
切结束的粒间接触法向、法向接触力各向异性分布玫瑰图和相应的傅里叶函数拟
合结果。玫瑰图的绘制每 2°一个区间,统计接触法向时,图中表示的是接触法向
落入该角度区间的接触点个数;统计接触力时,取接触法向落入该角度区间内所有
接触点处法向接触力的平均值。

　　由图 2.3.15 可知,试样在施加法向应力后($u=0$)接触法向和法向接触力的玫
瑰图分贝呈椭圆状和花生状图形,接触法向的主方向均位于铅直方向,呈现出明显
的各向异性,这是由于试验采用重力沉积法制备,并在剪切前施加了法向应力,因

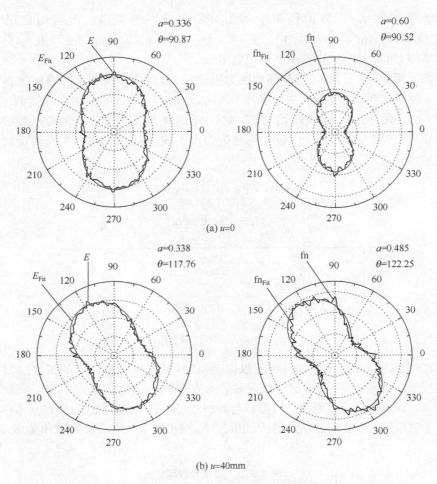

(a) $u=0$

(b) $u=40\mathrm{mm}$

图 2.3.15　颗粒法向接触、法向接触力各向异性演化玫瑰图

此试样的主接触力系主要分布在铅直方向。施加剪切荷载后,接触法向与法向接触力玫瑰图的形状变化不大,但主方向均向 120°角倾斜。

图 2.3.16 为颗粒接触法向和法向接触力各向异性的主方向在加载过程中的演化规律。可以看出,随着剪切的进行,颗粒法向和法向接触力的主方向由竖直向 180°方向偏转,主方向稳定时的相对剪切位移与峰值剪应力对应的相对剪切位移差不多,说明试样宏观强度的变化与细观组构各向异性的演化规律存在关联性。

2. 数值算例二

采用随机模拟技术生成三维凸多面体颗粒及其在空间中的分布,再压缩成指定大小的试样,试样尺寸为 300mm×600mm,最大粒径为 $d_{\max}=60\mathrm{mm}$,孔隙率

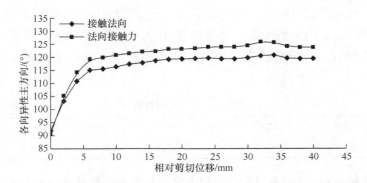

图 2.3.16　颗粒法向接触、法向接触力的主方向在加载过程中的变化

32%，试样级配曲线如图 2.3.17 所示。试样的颗粒形状指标 α 在 [1.0,1.6] 均匀分布，不同颗粒形状指标的数值试样的基本信息如表 2.3.4 所示。

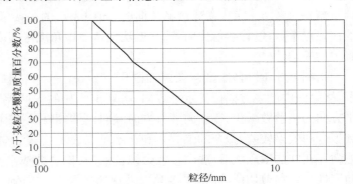

图 2.3.17　数值试样及级配曲线图

表 2.3.4　数值试样信息

试样	试样 1	试样 2	试样 3	试样 4	试样 5
α	1.0	1.2	1.4	1.6	[1.0,1.6]
孔隙率	0.319	0.318	0.321	0.320	0.319
颗粒数	6157	6161	6139	6110	6130
单元数	287 004	297 398	314 532	338 410	309 092
节点数	108 285	113 121	121 147	132 837	118 728

　　根据三轴压缩试验的试验装置和试验过程，试样上下两端为刚性板，底部刚性板全约束，采用位移控制式加载施加在顶部刚性板上，加载速率 0.0001mm/步，模型四周用橡胶膜包裹住，橡胶膜上下端绑定在刚性板上，围压施加在橡胶膜上。数值模拟开始时，先对试样施加围压进行固结，然后采用位移控制进行轴向加载。

堆石体细观数值模拟中涉及的参数有，φ_u 为颗粒间的摩擦角；k_n 为法向接触刚度；k_s 为切向刚度；E 为细观单元弹性模量；f_c 为细观单元抗压强度；f_t 为细观单元抗拉强度；G_n^C 为 I 型断裂能；G_s^C 为 II 型断裂能。细观参数取值如表 2.3.5 所示。

表 2.3.5　细观参数

E/GPa	f_t/MPa	f_c/MPa	$G_n^C/(\mathrm{N/m})$	$G_s^C/(\mathrm{N/m})$	$k_n/(\mathrm{N/m})$	$k_s/(\mathrm{N/m})$	u
30	10	120	150	1500	8×10^9	6×10^9	0.577

对于散体材料，其宏观变形特性和强度与其细观组构的演化规律密切相关，可以通过统计颗粒之间的接触法向、法向接触力和切向接触力的各向异性演化来分析组构的演化规律。图 2.3.18 分别给出了轴向应变为 0、7％和 14％时的粒间接触法向、法向接触力各向异性分布玫瑰图和相应的傅里叶函数拟合结果。玫瑰图的绘制每 2°一个区间，统计接触法向时，图中表示的是接触法向落入该角度区间的接触点个数；统计接触力时，取接触法向落入该角度区间内所有接触点处法向接触力的平均值。

由图 2.3.18 可知，试样在施加围压以后（$\varepsilon_a=0$），接触法向的呈"花生状"图形，接触法向的主方向位于水平方向，呈现出明显的各向异性。在剪切过程中，水平方向的接触数减少，逐渐向竖直方向倾斜，呈"蝴蝶状"图形，此时采用傅里叶函数拟合的效果较差，拟合的参数 a 和 θ 不足以表示接触法向的各项异性和接触主方向。在施加围压之后，法向接触力统计曲线、拟合曲线呈圆形，表现出明显的各向同性。施加剪切荷载后，主接触力系逐渐向竖直方向倾斜，法向接触力统计曲线、拟合曲线分别呈"花生状"图形，采用傅里叶函数拟合的效果较好，法向接触力的主方向为竖直方向，各向异性程度逐渐增强，且粒间平均法向接触力逐渐增大。

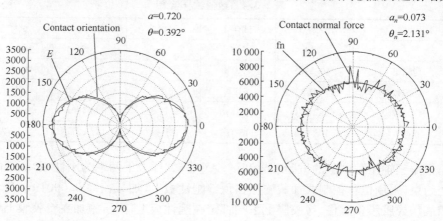

(a) $\varepsilon_a=0$

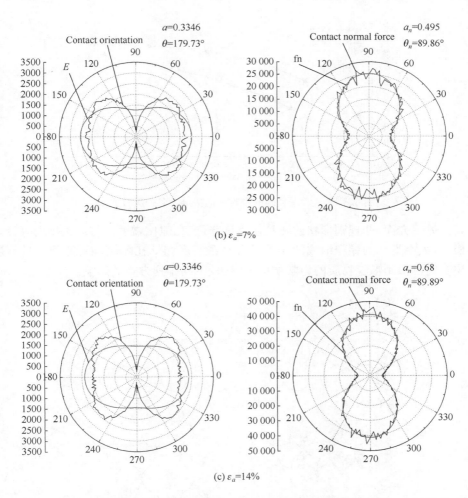

(b) $\varepsilon_a=7\%$

(c) $\varepsilon_a=14\%$

图 2.3.18　考虑破碎的颗粒法向接触、法向接触力各向异性演化玫瑰图($\sigma_3=2.4\mathrm{MPa}$)

　　图 2.3.19 为考虑颗粒破碎的颗粒间法向接触力各向异性系数在加载过程中的变化。可以看出,随着加载的进行,颗粒法向接触力的各向异性程度逐渐增强;相同的轴向应变,在低围压下,颗粒间法向接触力的各向异性更明显。

2.3.3　颗粒空间排列

　　图 2.3.20 是等径颗粒的几种主要的空间排列方式,对应不用的孔隙比和不同的力学性质。这几种理想排列方式的球体的结构参数如图 2.3.21 所示(R 为球体颗粒半径),孔隙率为 26%~48%,孔隙比为 0.35~0.91。真实情况下颗粒的大小是变化的,小颗粒填充大颗粒之间的孔隙,级配良好的颗粒物质比级配均匀的密度

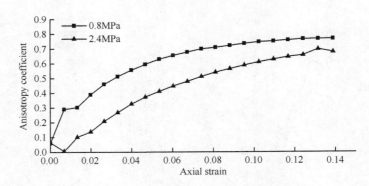

图 2.3.19　考虑破碎的颗粒法向接触力各向异性系数

更高。另一方面,非规则形状的颗粒使密度降低、孔隙比增大。与理想排列等径球体相比,大小不一的颗粒组成的介质具有高密实度和低孔隙比。研究理想排列颗粒物质的可得到颗粒物质的力学响应,并比较不同排列方式的影响。

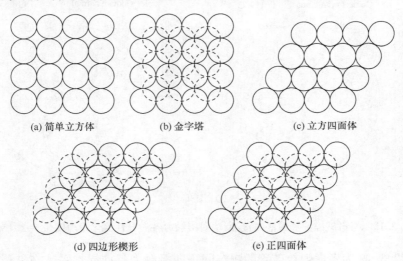

图 2.3.20　等径球体的理想排列方式

　　由表 2.3.6 可以看出,金字塔和正四面体两种排列的配位数、孔隙比、单位体积都相同,但是两者在三轴条件下的理论强度不同。在三轴条件下,动摩擦角 ϕ_{mob} 为

$$\phi_{\mathrm{mob}} = \arcsin\left(\frac{\sigma_1 - \sigma_3}{\sigma_1 + \sigma_3}\right) \tag{2.3.4}$$

假设颗粒表面摩擦角为 $5.5°$,由式(2.3.4)可以得到四面体排列的动摩擦角理论解为 $41.6°$,金字塔的理论峰值为 $24.6°$。

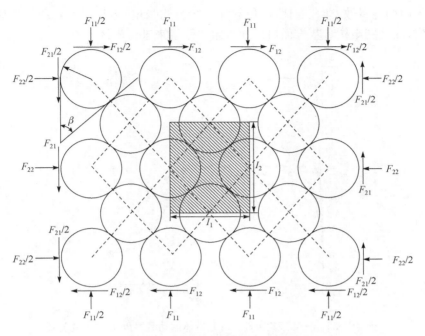

图 2.3.21　二维等径颗粒体系的规则排列

表 2.3.6　理想排列等径球的特性

排列方式	配位数	层高	单位体积	孔隙率/%	孔隙比	理论强度(三轴)
简单立方体	6	$2R$	$8R^3$	47.64	0.91	—
立方四面体	8	$2R$	$4\sqrt{3}R^3$	39.54	0.65	—
四边形楔形	10	$2R$	$6R^3$	30.19	0.43	—
金字塔	12	$2R$	$4\sqrt{2}R^3$	25.95	0.35	$\sigma_{11}/\sigma_{33}=2(1+\mu)/(1-\mu)$
正四面体	12	$2R$	$4\sqrt{2}R^3$	25.95	0.35	$\sigma_{11}/\sigma_{33}=(4+2\sqrt{2}\mu)/(1-\sqrt{2}\mu)$

　　对金字塔和正四面体两种排列的等径球体进行三轴物理实验,如图 2.3.22 所示。可以看出,两种排列的力学影响开始都是刚性,直到峰值强度被修正。在达到峰值后,偏应力值有微小的下降,其中正四面体排列的应力下降速率稍大于金字塔排列的。随着应变的增加,体系内部突然破坏,轴向应变为 1.25% 时正四面体的应力急剧下降,对金字塔排列,应力急剧下降的应变值为 1.8%。从图中给出的动摩擦角随轴向应变的变化过程看到,正四面体排列的平均峰值摩擦角为 41.6°,金字塔的为 24.4°。由于颗粒表面摩擦值的变化性,ϕ_{mob} 理论峰值由平均值±1 标准偏差来计算,也就是说,假设摩擦角为 4.24°~6.76°,由此得到正四面体的 ϕ_{mob} 值为 40.5°~42.7°,而金字塔的 ϕ_{mob} 值为 23.4°~25.8°。这些结果表明,传统表征颗

粒物质组构的参数(即孔隙比、配位数和二阶组构张量)不足以预测颗粒物质的力学响应,在区别组构参数方面可以通过组构张量来进一步认识。

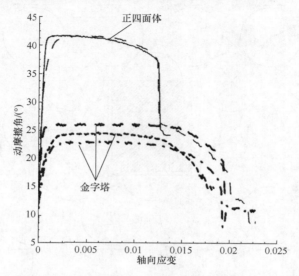

图 2.3.22　三轴试验条件下等径球体的动摩擦角-轴向应变关系

2.4　小　　结

本章详细介绍了堆石体材料结构特性的精细化描述与组构分析方法,采用变形体离散单元法(SGDD)和颗粒流离散单元法(PFC)进行堆石体常规三轴、真三轴、等应力比加载,以及直剪试验的数值模拟,提取试样的细观组构参数,如颗粒配位数、组构各向异性演化、颗粒排列顺序等研究加载引起的堆石体细观组构演化规律。

参 考 文 献

[1] Li X, Yu H S, Li X S. Macro-micro relations in granular mechanics[J]. International Journal of Solids and Structures, 2009, 46(25): 4331-4341.

[2] 马刚,周伟,常晓林,等. 考虑颗粒破碎的堆石体三维随机多面体细观数值模拟[J]. 岩石力学与工程学报,2011,30(8):1671-1682.

[3] 周伟,胡颖,闫生存. 高堆石坝流变机制的组构理论分析方法[J]. 岩土工程学报,2007,29(8):1274-1278.

[4] 日本土质工学会. 粗粒料的现场压实[M]. 郭熙灵,文丹译. 北京:中国水利水电出版社,1998.

[5] 李广信. 高等土力学[M]. 北京:清华大学出版社,2004.

[6] 马刚,周伟,常晓林,等. 堆石体三轴剪切试验的三维细观数值模拟[J]. 岩土工程学报, 2011,33(5):746-753.

[7] 周伟,谢婷蜓,马刚,等. 基于颗粒流程序的真三轴应力状态下堆石体的变形和强度特性研究[J]. 岩土力学,2012,33(10):3006-3012.

[8] 马刚,周伟,常晓林,等. 粗粒土与结构接触面特性的离散-连续耦合数值模拟[J]. 岩土力学,2012,33(11):3454-3464.

第3章　堆石体材料的随机颗粒不连续变形分析方法

堆石体在本质上是一种不连续介质,由块石、碎石等多种成分混合而成,属于无黏性颗粒材料,堆石体的外观形态主要是有棱角的凸多面体,颗粒之间能相互咬合,并且堆颗粒之间的接触一般为点接触。堆石体在压实和剪切过程中,即使在外加荷载和围压不大的情况下,也会出现明显的颗粒破碎。颗粒破碎对堆石体强度和变形特性有显著的影响。本章从颗粒接触检索判断、基本理论,以及颗粒破碎的模拟方面介绍堆石体的联合离散元与有限元分析方法,建立用于颗粒类材料细观机理研究的随机多面体颗粒不连续变形分析方法(stochastic granular discontinuous deformation,SGDD)。该方法将颗粒类材料模拟为多面体颗粒集合体,颗粒之间相互接触,可以采用线性或非线性接触本构模型。每个颗粒采用有限单元网格离散,因此颗粒可以发生变形、损伤、破碎,也可以模拟刚性和柔性边界。该方法能显式地模拟颗粒运动、旋转、接触、破碎,研究颗粒材料的细观力学机理,分析颗粒材料的细观特性(如颗粒的形状、空隙率等)对颗粒材料宏观变形特性的影响。

3.1　三维随机多面体颗粒生成算法

得益于计算技术的飞速发展,随机数值模拟技术已成功运用于多学科、多领域。在岩土工程领域,李世海和汪远年[1]运用随机模拟技术对三维土石混合体进行了研究;油新华等[2]基于随机模拟技术建立了土石混合体的细观结构模型;徐文杰等[3]采用随机模拟技术实现了土石混合体细观结构几何模型的重建,并在此基础上进行了一系列的数值试验研究;在混凝土的三维随机结构数值研究方面,刘光廷等[4]对相应的三维骨料形态及随机投放算法进行了探讨和研究。

对于人工堆石材料,其颗粒的形状和空间分布具有显著的随机性,可以通过抽样统计的方法获取堆石体颗粒的特征参数,如级配、颗粒尺寸、颗粒形状等。本节运用随机模拟技术生成形状随机的堆石颗粒及其在空间中的分布,采用 Fortran 语言编写堆石体随机颗粒模型的生成程序 SPG(stochastic granule generator)。

堆石体的堆石颗粒随机分布问题,与混凝土和土石混合体有所不同,颗粒没有水泥砂浆和土的包裹,而是依靠颗粒之间的相互接触来保持平衡,此外还要满足一定的空隙率,因此处理起来比较困难。本节在建立堆石体随机模型的时候,借鉴了混凝土粗骨料随机投放算法的思路,并提出新的方法,提高了颗粒投放效率。

随机数的产生是随机模拟技术的基础,本节采用 Mersenne Twister 算法生成[1]区间均匀分布的随机数[5],具有随机性好、序列关联小,被称为目前最好的随机数发生器之一。考虑到堆石颗粒的形状及其在空间中的分布是随机均匀的,因此采用均匀分布模型模拟堆石体。影响堆石体随机颗粒模型的因素有颗粒级配曲线(粒径)、颗粒的形状、位置坐标等。

　　根据颗粒级配曲线确定每组粒径的上下限,按粒径从大到小生成每组粒径区间内的颗粒直到颗粒含量满足级配要求。实际颗粒集合体不会出现相交和侵入的现象,因此要判断颗粒间的相互侵入关系。实际的堆石体颗粒是通过人工爆破、破碎而成,主要形态是凸多面体。为了反映堆石颗粒的不规则形态,在不等边椭球内生成随机凸多面体颗粒(图 3.1.1)。生成方法是在某不等边椭球上随机布点,颗粒的顶点数随机取值,然后按照给定的算法连点形成凸多面体,方法如下。

　　颗粒侵入判别在三维随机颗粒模型生成中至关重要,判别准则的好坏直接影响程序实现的难易与算法的效率和生成颗粒的质量。因此,本节力求寻找一种方便、快捷的颗粒侵入关系判别准则。对于二维随机颗粒模型,周伟等[6]提出一个简便易行的颗粒侵入判据,并取得了较好的结果。对于三维随机颗粒模型,球形颗粒的判别相对简单,只需判断任意 2 个颗粒球心之间的距离大于二者的半径和即可,对于凸多面体颗粒的相互侵入关系判别则相对复杂很多。本节在二维颗粒侵入判据[6]基础上作了一些扩充,形成三维颗粒侵入判据。判别方法如下,当凸多面体 $A_1A_2A_3\cdots A_n$ 所有顶点在凸多面体 $B_1B_2B_3\cdots B_n$ 任意一个面 $B_1B_2B_3$ 的一侧,而凸多面体 $B_1B_2B_3\cdots B_n$ 的形心在另一侧,那么可以断定这 2 个凸多面体是相互分离的(图 3.1.2)。这种方法简单明了,避免了前述研究中判别方法中出现的不必要的麻烦。由于所有颗粒均在不等边椭球面上内接而成,为了进一步加快颗粒侵入的判断,提高算法的效率,当两颗粒球心的距离大于两颗粒最大极半轴之和时,颗粒是互不侵入的,不需要调用颗粒侵入判断准则。

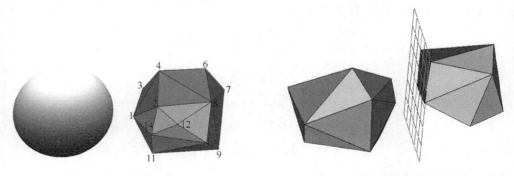

图 3.1.1　凸多面体颗粒　　　　　　　图 3.1.2　凸多面体分离判别

3.2　三维颗粒的接触检索

3.2.1　遍历式接触检索算法

　　遍历式接触检索算法是最简单的接触检索算法,通常分为两步:首先给每个离散单元定义一个外包边界;然后对外包边界进行简单的相交检索,如果两个离散单元的外包边界被检测出是相交的,就假定这两个单元是接触的。根据外包边界的不同,可分为球形外包边界和长方体外包边界。

　　采用球形外包边界时,假定所有的离散单元都由相同直径的球包裹着,球形外包边界的直径由最大的离散单元决定。遍历所有的外包边界,检查每个外包边界与其余所有外包边界的相交关系。接触判断运算如下,即

$$(x_i-x_j)^2+(y_i-y_j)^2+(z_i-z_j)^2<d^2 \tag{3.2.1}$$

其中,x、y、z代表离散单元的球形外包边界的球心的坐标;d代表球形外包边界的直径。

　　图 3.2.1 为二维离散单元圆形外包边界示意图。

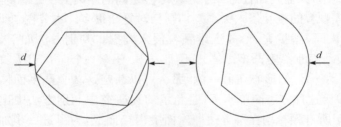

图 3.2.1　二维离散单元圆形外包边界

　　采用长方体外包边界时,选取适当的长、宽、高,使所有的离散单元的顶点都在长方体内。接触判断运算如下,即

$$\begin{cases} \left(x_i+\dfrac{a}{2}\right)<\left(x_j-\dfrac{a}{2}\right), & x_i\leqslant x_j \\[2mm] \left(x_j+\dfrac{a}{2}\right)<\left(x_i-\dfrac{a}{2}\right), & x_i>x_j \\[2mm] \left(y_i+\dfrac{b}{2}\right)<\left(y_j-\dfrac{b}{2}\right), & y_i\leqslant y_j \\[2mm] \left(y_j+\dfrac{b}{2}\right)<\left(y_i-\dfrac{b}{2}\right), & y_i>y_j \\[2mm] \left(z_i+\dfrac{c}{2}\right)<\left(z_j-\dfrac{c}{2}\right), & z_i\leqslant z_j \\[2mm] \left(z_j+\dfrac{c}{2}\right)<\left(z_i-\dfrac{c}{2}\right), & z_i>z_j \end{cases} \tag{3.2.2}$$

其中,x、y、z 代表离散单元的长方体外包边界中心的坐标。

图 3.2.2 为二维离散单元长方形外包边界示意图。

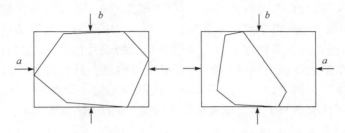

图 3.2.2　二维离散单元长方形外包边界

　　一般而言,选择任意形状的外包边界是可行的,并且每个离散单元能够选择不同的形状、大小的外包边界。在某些情况下,这种改进可以让 CPU 运算时间减少 10%、20%,甚至是 50%。然而,仍然存在一个主要的问题——不管外包边界如何选择,总的 CPU 运算时间正比于 N^2。如果离散单元的总数增加 100 倍,那么总的 CPU 运算时间将会增加 10 000 倍。因此,FEM/DEM 代码基本不采用遍历式接触检索算法。

3.2.2　基于二叉树的颗粒接触检索算法

　　基于二叉树的搜索是一种基于空间的搜索方法。系统占据的空间区域被分割成分层的子域,子域的最小尺寸由最大的离散单元确定,以确保每个离散单元只占据一个子域。基于二叉树的接触检索算法分为三步,将所有的离散单元映射到子域空间;建立反映映射关系的二叉树;进行接触检测。

　　剖分空间区域时,如图 3.2.3 所示。首先,在 x 方向将系统占据的空间区域均分为 2 个 level1 子域;其次,在 y 方向将 2 个 level1 子域分别均分为 4 个 level2 子

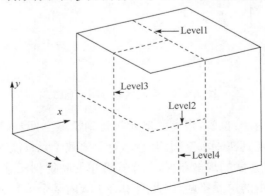

图 3.2.3　空间区域分割示意图

域;再次,在 z 方向将 4 个 level2 子域分别均分为 8 个 level3 子域。按照上述方法沿 x、y、z 方向剖分空间区域的顺序将子域逐渐细分,直到分割到最小子域。

采用二叉树的形式,将离散单元映射到子域空间。假设空间区域划分后的最小子域为 levelb 子域,每个离散单元对应一个 levelb 子域。对于非空的 levelb 子域,采用单向链表的方式存储子域内映射的单元的编号信息。二叉树中 levelb 叶节点存储每个链表中表头,数组 $E[N]$ 存储链表信息。只有映射了离散单元的子域才会出现在二叉树中。二叉树的大小由离散单元的个数决定。建立二叉树时,每个单元的运算次数与子域的最大级数 b 有关。b 的下限值为 $\log_2 N$,上限值与单元的空间分布有关。

对每个离散单元进行接触检测,方法与二叉树的建立方法类似,先锁定某一离散单元映射的子域,以及邻近子域内的离散单元,然后采用遍历式检索方法,检索该单元与相邻单元的接触关系。

3.2.3　基于映射网格的颗粒接触检索算法

采用基于映射网格的接触检索算法时,空间区域被分为大小相等的子域,如图 3.2.4 所示。每个子域的大小由系统中最大的离散单元尺寸决定,确保一个离散单元只占据一个子域。

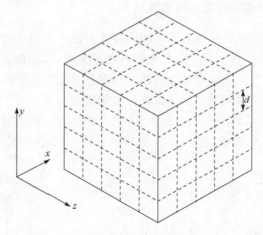

图 3.2.4　空间区域分割示意图

接触检测分为两步:首先,将离散单元映射到子域空间,映射时根据每个单元当前的中心坐标确定其在子域空间的位置,每个离散单元只能映射到一个子域内;然后,搜索可能发生接触的离散单元,每个离散单元映射到子域空间后只能与中心子域或者相邻子域中的单元接触,因此对中心子域内某个单元进行接触检测时,只需对中心子域、相邻子域内的单元进行遍历接触检测。中心子域、相邻子域位置如

图 3.2.5 所示。

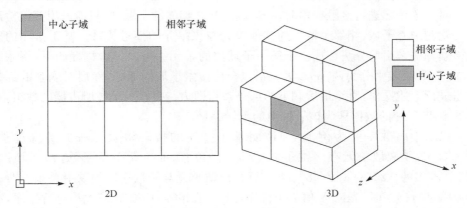

图 3.2.5　中心子域与相邻子域

　　检索所有接触时进行代数运算的次数正比于离散单元的总数 N，总的 CPU 运算时间也正比于 N。假如离散单元的总数增加十倍，那么总的 CPU 运算时间也增加十倍，这对于基于二叉树检索算法是无法实现的。可见，基于映射网格的接触检索算法在 CPU 运算时间方面比基于二叉树接触检索算法效率更高。

3.2.4　基于排序的颗粒接触检索算法

　　基于排序的接触检索算法包括以下三步。

　　第 1 步，将离散单元映射到子域空间。映射时需将离散单元的中心点坐标取整数，即

$$i=1+\mathrm{Int}\left(\frac{x-x_{\min}}{d}\right)$$

$$j=1+\mathrm{Int}\left(\frac{y-y_{\min}}{d}\right) \qquad (3.2.3)$$

$$k=1+\mathrm{Int}\left(\frac{z-z_{\min}}{d}\right)$$

其中，i,j,k 为离散单元映射到子域空间的位置；Int 表明取括号中的整数部分。

　　映射关系可由数组 $X[N]$、$Y[N]$、$Z[N]$、$D[N]$ 反映，N 为离散单元的总数。数组 D 存储单元编号，X、Y、Z 分别存储单元在子域空间的坐标。

　　第 2 步，对反映映射关系的数组进行排序。首先按照数组 X 中值的大小进行排序，当 x 相等时，按照数组 Y 中值的大小排序；当 y 相等时，按照数组 Z 中值的大小排序。

　　第 3 步，对已排序的数组采用对分查找方法进行接触检索。进行排序后，数组 D 具备了空间维度。在数组 D 中，靠前的单元离子域空间中第一列子域较近，而

靠后的单元则离最后一列子域较近。

对某个单元进行接触检索时，一旦确定与之相邻的子域，则只需采用直接检索方法检测中心子域、相邻子域中的其他单元与该单元的接触关系。基于排序的接触检索算法采用对分法查找位于任一子域内的单元编号。具体过程如下，将数组 X、Y、Z、D 大致平分为两部分，丢弃不包含待搜索子域的部分；然后对剩余的部分数组进行上述操作，直至最后剩下的部分数组即为待搜索的子域所占据的数组，对应的数组 D 中的数据即为该子域内的单元编号。

以二维离散单元为例，详细说明基于排序的接触检索算法的实现过程。图 3.2.6 反映离散单元在二维子域空间中的位置，如单元 1 位于 (4,7) 子域内。图 3.2.7 中的数组 $X[8]$、$Y[8]$、$D[8]$ 反映离散单元与子域空间的映射关系。对三个数组进行排序时，先以 X 值大小排序，当 X 值相等时，以 Y 值大小进行排序，如图 3.2.8 所示，单元 1、3、5 的 X 值均为 4，Y 值分别为 7、6、5，因此排序后单元顺序应为 5、3、1。假如检索单元 1 与其他单元的接触关系，由图 3.2.5 可知，此时中心子域为 (4,7)，相邻子域为 (3,7)、(3,6)、(4,6) 和 (5,6)，单元 1 可能与上述五个子域内的单元发生接触。检索的关键步骤是如何高效的查找中心子域、相邻子域中离散单元的编号。图 3.2.9 详细说明了如何采用对分法查找位于子域 (5,7) 中的单元，经过三次筛选，可得该子域内的单元编号为 4。对三维离散单元进行接触检索，需增加数组 $Z[N]$ 存储单元在子域空间中 Z 方向的坐标，基本步骤与二维情况下相同。

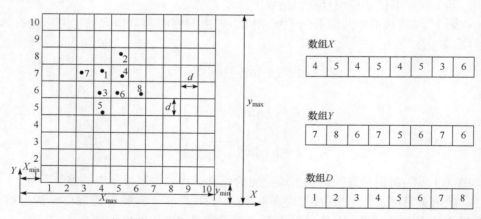

图 3.2.6　二维离散单元与子域空间的映射　　　图 3.2.7　单元与子域的映射关系

每个离散单元需进行的运算次数，在第一步是常数，在第二步正比于 $\log_2 N$，在第三步，同样正比于 $\log_2 N$。因此，检测所有接触所需的总的 CPU 运算时间正比于 $N\log_2 N$，且与离散单元在空间的分布无关。

基于排序的接触检索算法所需的总内存正比于离散单元的总数 N，与离散单

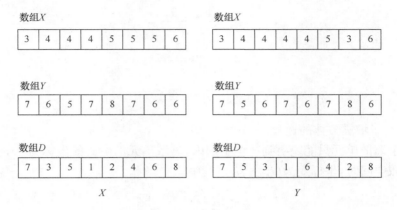

图 3.2.8　数组排序

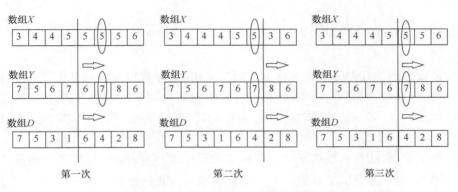

图 3.2.9　对分法查找单元编号

元在空间的分布无关。

3.2.5　Munjiza-NBS 接触检索算法

从内存使用量考虑,基于排序的接触检索算法是十分高效的一种算法。在求解具体问题时,该算法所需的 CPU 运算时间远多于基于二叉树的接触检索算法,并且 CPU 运算时间并不是离散单元总数的线性函数。Munjiza 在 1995 年提出一种不论是从所需 CPU 运算时间还是从内存使用量考虑都十分高效的算法,称为Munjiza-NBS 接触检索算法。

NBS 接触检索算法是一种基于空间分解的算法。空间区域被分割为大小相等的子域,每个子域由坐标(i_x,i_y,i_z)表示,i_x 的取值范围为$(1,n_x)$,i_z 的取值范围为$(1,n_y)$,i_z 的取值范围为$(1,n_z)$,其中 n_x、n_y、n_z 分别为空间区域沿着 x、y、z 方向分割的子域的总数,即

$$n_x = \frac{x_{\max} - x_{\min}}{d}$$

$$n_y = \frac{y_{\max} - y_{\min}}{d} \qquad\qquad (3.2.4)$$

$$n_z = \frac{z_{\max} - z_{\min}}{d}$$

其中,d 为子域立方体的边长。

每个离散单元只能映射到一个子域内,离散单元的中心的坐标为(x,y,z),映射到子域空间时,坐标变为(i_x,i_y,i_z),其中

$$i_x = \text{Int}\left(\frac{x - x_{\min}}{d}\right)$$

$$j_y = \text{Int}\left(\frac{y - y_{\min}}{d}\right) \qquad\qquad (3.2.5)$$

$$i_z = \text{Int}\left(\frac{z - z_{\min}}{d}\right)$$

前面介绍的几种接触检索算法采用二叉树、排序数组等不同的方法实现离散单元与子域的映射关系,而 NBS 接触检索算法则采用了链表的方式,因此使其具有高效的优点。为进一步减少 CPU 运算时间,NBS 算法使用单向链表。整个映射过程分为 3 步。

第 1 步,将所有离散单元映射到相应的层子域(空间区域沿着 Z 方向分成 n_z 层子域)。每个非空层子域生成一个单向链表 z_{i_z},通过指针的方式存储该层子域内单元编号信息,创建一维数组 $C[n_z]$、$Z[N]$,数组 $C[n_z]$ 存储每个链表 z_{i_z} 的表头,即每个链表的第一个单元编号,数组 $Z[N]$ 存储所有 z_{i_z} 链表中单元的编号信息。

第 2 步,将层子域中的离散单元映射到相应的行子域(每层子域沿着 Y 方向分成 n_y 行子域)。对于非空层子域 i_z,每个行子域生成一个单向链表 y_{i_y,i_z},存储该行子域内单元编号信息,创建两个一维数组 $B[n_y]$、$Y[N]$,数组 $B[n_y]$ 存储每个链表 y_{i_y,i_z} 的表头,数组 $Y[N]$ 存储所有 y_{i_y,i_z} 链表中的单元编号信息。

第 3 步,将行子域中的离散单元映射到相应的列子域(每行子域沿着 X 方向分成 n_x 列子域)。对于非空行子域 y_{i_y,i_z},每个列子域生成一个单向链表 x_{i_x,i_y,i_z},存储该列子域内(即子域(i_x,i_y,i_z)内)单元编号信息,创建两个一维数组 $A[n_x]$、$X[N]$,数组 $A[n_x]$ 存储每个链表 x_{i_x,i_y,i_z} 的表头,数组 $X[N]$ 存储所有 x_{i_x,i_y,i_z} 链表中的单元编号信息。

当某层、某行或者某列子域未映射离散单元时,数组 $C[n_z]$、$B[n_y]$、$A[n_x]$ 中对应的元素取负值。当 $X[N]$、$Y[N]$、$Z[N]$ 中的元素为负数时,表示该单元所在

的链表终止。遍历所有离散单元,生成成链表 z_{i_z};遍历每个 z_{i_z} 链表中的单元,得到链表 y_{i_y,i_z};遍历每个 y_{i_y,i_z} 链表中的单元,得到链表 x_{i_x,i_y,i_z}。按照层、行、列的顺序,将每个离散单元映射到相应的子域。对于任一离散单元 (x,y,z),映射到子域空间后,其所在的子域为 (i_x,i_y,i_z)(也称为中心子域),可能与之发生接触单元位于如图 3.2.5 所示的中心子域及相邻子域,提取上述子域处的链表信息,得到所需检测的单元的编号,然后进行接触判断。

以二维离散单元为例,详细说明 Munjiza-NBS 接触检索算法的实现过程。图 3.2.10 反映了离散单元在二维子域空间中的位置。首先,将所有的离散单元映射到行子域,图 3.2.11 和图 3.2.12 直观地体现了离散单元与行子域的映射关系。映射过程生成非空链表 y_5、y_6、y_7、y_8,数组 B 在第 5、6、7、8 个元素中存储了相应链表的表头,即最大的单元编号 4、9、10、7,其余元素均被赋为 -1。数组 Y 采用指针的方式存储了链表中的单元编号信息。以第 6 行子域为例,链表 y_6 中单元由大到小排序,依次为 9、8、6、2,因此数组 B 中 $B[6]=9$,数组 Y 中,$Y[9]=8$,$Y[8]=6$,$Y[6]=2$,$Y[2]=-1$(-1 表示链表终止)。然后,逐行将每个非空行子域中的单元映射到列子域(单个子域)。图 3.2.13 和图 3.2.14 反映第 6 行子域内的离散单元与列子域的映射关系。映射过程生成 2 个非空链表 $x_{3,6}$ 和 $x_{6,6}$,数组 A 在第 3、6 个元素中存储了相应链表的表头,即最小的单元编号 2、9,其余元素均被赋为 -1。数组 X 同样采用指针的方式存储了链表中的单元编号信息。以第 3 列(即子域 $(3,6)$)为例,链表 $x_{3,6}$ 中单元由小到大排序,依次为 2、6、8,因此数组 A 中 $A[3]=2$,数组 X 中,$X[2]=6$,$X[6]=8$,$X[8]=-1$。按照行、列的顺序逐步建立离散单元与单个子域的映射关系。最后,对各个单元进行接触检测。例如,对于单元 10,映射到子域 $(3,7)$ 内,与之可能发生接触的单元位于子域 $(2,7)$、$(2,6)$、$(3,6)$、

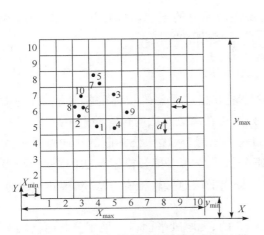

图 3.2.10　二维离散单元与子域空间的映射

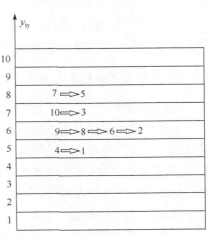

图 3.2.11　行子域

(4,6),由于只有(3,6)子域内映射了单元,因此根据链表 $x_{3,6}$ 得到需检测的单元编号为 2、6、8。对于三维离散单元进行接触检索,在按照行、列映射之前,先沿着 Z 方向逐层建立离散单元与子域空间的映射关系,基本方法与二维情况相同。

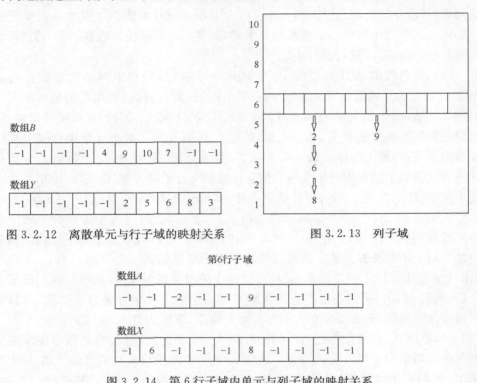

图 3.2.12　离散单元与行子域的映射关系　　　　图 3.2.13　列子域

第6行子域

图 3.2.14　第 6 行子域内单元与列子域的映射关系

采用 NBS 接触检索算法时并不需要遍历所有的子域,总的 CPU 运算时间和所需内存正比于离散单元的总数 N,并且与堆积密度无关。

3.2.6　公共面接触检索方法

Cundall 等提出的采用公共面接触检索方法进行三维块体的接触检索,是迄今为止最有效的接触判断方法。目前,该方法在离散元法的接触检索中运用广泛。罗海宁等[8]基于公共面接触检索方法的基本思想,从优化公共面的法向量初值入手,提出改进的方法;陈文胜等[9]在详细分析了公共面接触检索算法的缺点后,提出三维接触判断的侵入边法;Erfan 等[10]提出的快速接触检索方法,对改进公共面接触检索算法有实质性的贡献。

公共面是一假想的、平分块体之间距离的、无厚度平面。当采用公共面接触检索方法判断两个块体是否接触时,只需分别检查每个块体与公共面的接触,接触形式仅为角-面接触,判断接触效率显著提高。如图 3.2.15 所示,两块体 A、B 距离最近的角点为 a、b,其连线的中点为 m。

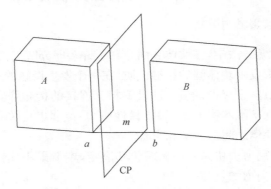

图 3.2.15　两块体间的公共面

　　在采用公共面法判断接触前,需要确定公共面位置。公共面的确定需要满足三个条件:可能接触的两个块体的形心位于公共面的两侧;公共面与两个块体最近点的距离相等;两个块体的最近点到公共面的距离之和达到最大值。在传统的公共面算法中,首先将公共面最初定位在通过两个块体形心连线的中点,并与连线垂直;然后分别求出块体到当前公共面的最小距离的点,平移公共面,使其到两个最小距离点的距离相等;最后,以两个最小距离点的连线与当前公共面的交点为基点,取当前公共面上相互垂直的两个正交向量作为旋转轴,在两个方向按小角度增量扰动公共面,使得扰动后两块体到当前公共面的最小距离得到最大值,此时的公共面就是最终的公共面。

　　Erfan 等[10]提出根据公共面必须满足的三个条件。在三维情况下,最终的公共面只可能属于四种类型之一。快速接触检索方法进行接触判断时分析过程如下。

　　① 设置初始公共面 P_{ini}。

　　② 寻找两个可能接触的块体中离初始公共面最近的点。

　　③ 对于选定的两个块体的最近角点,计算它们到前面提到的四种类型中所有可能的候选平面的距离之和,找到距离之和为最大的平面 P_{max}。

　　若 P_{max} 与 P_{ini} 相同,则 P_{max} 为最终的公共面;否则以 P_{max} 为初始公共面,重复上述②、③步工作。与传统的公共面算法相比,快速接触检索方法是对给定的公共面来迭代寻找最近的角点,效率大幅度提高。一旦确定了公共面的位置,便可以根据各个块体与公共面接触的角点数量确定两块体之间的接触类型。

3.3 连续-离散耦合分析方法

3.3.1 接触模型与接触力分析

在变形体离散元方法中,在块体表面布置了许多差分节点,为了充分利用这些节点的信息,更合理反映块体间的接触性质,在每个发生接触的表面节点上建立子接触。在每个接触点(子接触)上,通过设置相互连接的接触弹簧以传递块体间的相互作用力,并建立接触本构关系,如线弹性应力-位移本构关系、莫尔-库伦接触滑移准则等,反映块体之间的分离和滑移。

接触弹簧的作用力由块体间的相对位移决定,本节采用线性本构关系计算接触弹簧的法向和切向力增量,即

$$\Delta F_n = -K_n A_c \Delta u_n$$
$$\Delta F_s = -K_s A_c \Delta u_s$$

(3.3.1)

其中,K_n 和 K_s 分别为法向和切向接触刚度;Δu_n 和 Δu_s 分别为接触点处的相对位移增量的法向和切向分量;ΔF_n 和 ΔF_s 为接触力增量的法向和切向分量;A_c 为接触面积。

块体之间不能承受拉力,切向接触服从库伦摩擦定律,即

$$F_n = 0, \quad F_s = 0, \quad u_n > 0$$
$$F_s = -\text{sign}(\dot{u}_s)(f|F^n| + cA_c), \quad |F_s| > f|F^n| + cA_c$$

(3.3.2)

其中,F_n 和 F_s 分别为法向和切向接触力;f 为接触面的摩擦系数;c 为黏聚力;A_c 为子接触面积。

把得到的接触力分配到相关的节点上,对每一个节点将所有分配到的接触力叠加就得到该节点受到的接触力合力。

3.3.2 可变形颗粒的本构模型与节点力

在变形体离散元计算中,通常将块体离散为四面体常应变差分单元,各节点的位移和速度为空间坐标的函数,即

$$u = \begin{bmatrix} u_x \\ u_y \\ u_z \end{bmatrix}, \quad \dot{u} = \begin{bmatrix} \dot{u}_x \\ \dot{u}_y \\ \dot{u}_z \end{bmatrix}$$

(3.3.3)

在四面体差分单元内,点 (x_0, y_0, z_0) 所处任一微小领域内点 (x, y, z) 的速度 $(\dot{u}_x, \dot{u}_y, \dot{u}_z)$ 可由点 (x_0, y_0, z_0) 处的速度 $(\dot{u}_{x0}, \dot{u}_{y0}, \dot{u}_{z0})$ 按照泰勒展开获得,考虑小变形条件下可忽略二阶及以上展开项,可得

$$\begin{bmatrix} \dot{u}_x \\ \dot{u}_y \\ \dot{u}_z \end{bmatrix} = \begin{bmatrix} \dot{u}_{x0} + \dfrac{\partial \dot{u}_x}{\partial x}dx + \dfrac{\partial \dot{u}_x}{\partial y}dy + \dfrac{\partial \dot{u}_x}{\partial z}dz \\ \dot{u}_{y0} + \dfrac{\partial \dot{u}_y}{\partial x}dx + \dfrac{\partial \dot{u}_y}{\partial y}dy + \dfrac{\partial \dot{u}_y}{\partial z}dz \\ \dot{u}_{z0} + \dfrac{\partial \dot{u}_z}{\partial x}dx + \dfrac{\partial \dot{u}_z}{\partial y}dy + \dfrac{\partial \dot{u}_z}{\partial z}dz \end{bmatrix} \tag{3.3.4}$$

根据小变形假设可以定义节点的应变率分量和转动率分量,即

$$\dot{\varepsilon}_{ij} = \frac{1}{2}(\dot{u}_{ij} + \dot{u}_{ji})$$

$$\dot{\omega}_{ij} = \frac{1}{2}(\dot{u}_{ij} - \dot{u}_{ji}) \tag{3.3.5}$$

对于常应变单元,即

$$\begin{bmatrix} \dot{u}_x \\ \dot{u}_y \\ \dot{u}_z \end{bmatrix} = \begin{bmatrix} \dot{\varepsilon}_{xx} & \dot{\varepsilon}_{xx} + \dot{\omega}_{xy} & \dot{\varepsilon}_{xz} + \dot{\omega}_{xz} \\ \dot{\varepsilon}_{xy} - \dot{\omega}_{xy} & \dot{\varepsilon}_{yy} & \dot{\varepsilon}_{yz} + \dot{\omega}_{yz} \\ \dot{\varepsilon}_{xz} - \dot{\omega}_{xz} & \dot{\varepsilon}_{yz} - \dot{\omega}_{yz} & \dot{\varepsilon}_{zz} \end{bmatrix} \begin{bmatrix} dx \\ dy \\ dz \end{bmatrix} + \begin{bmatrix} \dot{u}_{x0} \\ \dot{u}_{y0} \\ \dot{u}_{z0} \end{bmatrix} \tag{3.3.6}$$

其中,$\dot{\varepsilon}_{xx}$,$\dot{\varepsilon}_{yy}$,$\dot{\varepsilon}_{zz}$,$\dot{\varepsilon}_{xy}$,$\dot{\varepsilon}_{yz}$,$\dot{\varepsilon}_{xz}$ 为应变率分量;$\dot{\omega}_{xy}$,$\dot{\omega}_{yz}$,$\dot{\omega}_{xz}$ 为旋转率分量。

由应变率分量 $\dot{\varepsilon}_{ij}$ 和旋转率分量 $\dot{\omega}_{ij}$ 即可求得应变增量 $\Delta\varepsilon_{ij} = \dot{\varepsilon}_{ij}\Delta t$,旋转率增量 $\Delta\omega_{ij} = \dot{\omega}_{ij}\Delta t$。由线弹性应力-应变关系求得单元的应力增量,即

$$\Delta\sigma_{ij} = \lambda\Delta\varepsilon_v\delta_{ij} + 2\mu\Delta\varepsilon_{ij} \tag{3.3.7}$$

其中,$\Delta\varepsilon_v$ 为体积应变增量;λ 和 μ 为拉梅常数;δ_{ij} 为 Kroneker 符号。

颗粒除了平动外,往往还伴随着明显的转动,转动后应力主轴发生旋转,应力在整体坐标系上的分量发生变化,因此在计算 $t + \Delta t$ 时刻的应力前,必须多上一步的应力进行旋转修正,修正后的应力与当前时步的应力增量之和即为 $t + \Delta t$ 的应力,即

$$\sigma_{ij}^c = \Delta\omega_{ik}\sigma_{kj} - \sigma_{ik}\Delta\omega_{kj}$$

$$\sigma_{ij}^{t+\Delta} = \sigma_{ij}^t + \sigma_{ij}^c + \Delta\sigma_{ij} \tag{3.3.8}$$

其中,σ_{ij}^c 为应力修正项。

由单元的应力 σ_{ij} 可积分能够得到任一节点 N 上的力 F_N,即

$$F^N = \int_s \sigma n\,\mathrm{d}s \tag{3.3.9}$$

其中,σ 为积分边界所在的差分单元的应力张量;n 为积分边界的外法向单位矢量;s 为积分域的外边界。

3.3.3　节点动力平衡方程

对于每个有限差分节点,考虑质量阻尼和自重条件,其动力平衡方程为

$$m\ddot{u} + \alpha m\dot{u} = f + mg \tag{3.3.10}$$

其中，m 为该节点所分配的质量；α 为阻尼系数；$\dot{u}$ 和 $\ddot{u}$ 分别为节点的速度和加速度；f 为作用在节点上的集中荷载，包括外部作用荷载、接触力及块体内力产生的荷载；g 为重力加速度。

采用二阶中心差分格式，即

$$\ddot{u}(t) = \frac{\dot{u}(t + \Delta t/2) - \dot{u}(t - \Delta t/2)}{\Delta t}$$

$$\dot{u}(t) = \frac{\dot{u}(t + \Delta t/2) + \dot{u}(t - \Delta t/2)}{2} \tag{3.3.11}$$

则每个时步节点的运动方程为

$$\dot{u}(t + \Delta t/2) = [\dot{u}(t - \Delta t/2)(1 - \alpha\Delta t/2) + (f(t)/m + g)\Delta t]/(1 + \alpha\Delta t/2) \tag{3.3.12}$$

3.4　颗粒破碎的模拟

3.4.1　基于内聚力模型的颗粒破碎模拟方法

堆石体在压实和剪切过程中，即使在外加荷载和围压不大的情况下，也会出现明显的颗粒破碎[12]。颗粒破碎对堆石体强度和变形特性有显著的影响[13-15]，一些高堆石坝的变形监测资料表明，大坝的变形较大，主要原因是堆石颗粒在高应力作用下发生明显的颗粒破碎[16]。目前，我国一系列 300m 级高堆石坝正在规划设计和建设中，对坝体变形控制有了更高的要求，因此需要对堆石体颗粒破碎进行深入系统的研究。

目前，对堆石体颗粒破碎的研究，仍然以试验为主[13-21]，研究内容大都针对颗粒破碎现象、颗粒破碎的影响因素以及颗粒破碎对堆石体强度和变形特性的影响。颗粒破碎的研究思路大致可分两类：一类采用离散单元法，将多个小颗粒黏结在一起形成颗粒簇，当黏结处的法向接触力或切向接触力超过黏结强度时黏结失效，颗粒发生破碎。Bolton 等[22,23]采用 PFC³ᴰ 程序模拟土颗粒的破碎现象；Sebastian 等[24]通过小颗粒组替换大颗粒的方法来模拟颗粒的破碎，研究了颗粒材料在直剪和压缩试验下颗粒的破碎情况；史旦达等[25]、刘君等[26]分别采用 PFC²ᴰ 程序模拟砂和堆石颗粒的破碎。这类方法多将刚性圆盘或圆球颗粒黏结成颗粒簇，对模拟砂土的破碎比较有效，但与堆石颗粒的实际形状有一定的差异，且刚性体的假设不能反映颗粒在高应力作用下的自身变形。Hosseininia 和 Mirghasemi 等[27,28]采用离散元对二维多边形颗粒的破碎进行数值模拟，也存在颗粒是刚性体的假设，且局限于二维问题。第二种思路是采用有限-离散耦合分析方法，如 Munjiza[7]提出的组合有限元-离散元法（combined finite discrete element method，FE/DEM）；Li

等[29]在块体-粒离散元的基础上提出基于连续介质的可变形离散元方法 CDEM (continuum-based discrete element method)；Morris 等[30]基于连续-离散耦合理论，开发了 LDEC 程序(livermore distinct element code)。这类方法采用有限元或者有限差分网格离散介质，能模拟具有复杂形状的介质和其自身的变形，在模拟堆石体的颗粒破碎方面具有较大的优势。

下面采用连续-离散耦合方法来研究堆石体的颗粒破碎问题。在随机颗粒不连续变形方法[31,32]的基础上引入内聚力模型(cohesive zone model，CZM)和界面单元使其具有模拟开裂的能力。在 SGDD 模型中，基于随机模拟技术生成三维数值试样，颗粒形状为三维凸多面体，与堆石颗粒的实际形状更为接近；颗粒内部划分若干个细观单元，允许单元发生变形；由于颗粒破碎位置的不确定性，在颗粒内部的所有细观单元之间插入界面单元，采用内聚力裂缝模型模拟界面单元的起裂、扩展和失效。

目前，内聚力模型已成功应用于岩石、混凝土等准脆性材料的破坏过程模拟[33-36]。内聚力模型通过定义界面单元的法向和切向应力与张开和滑移变形之间的关系来描述裂缝发生后的界面力学特性。采用内聚力模型模拟开裂时，在裂缝可能发生和扩展的部位布置界面单元，界面单元与周围的实体单元相连。在加载的初始阶段，界面单元保持线性行为，随着加载的进行，界面单元的应力达到起裂准则，界面单元的刚度逐渐下降，承载能力降低，当刚度降低到 0 时，界面单元失效，新的裂缝面出现，如图 3.4.1 所示。

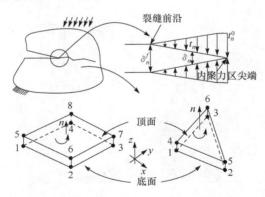

图 3.4.1　内聚力模型与界面单元

不考虑界面法向和切向之间的相互作用，界面应力与张开和滑移位移的关系为

$$t = \begin{bmatrix} t_n \\ t_s \\ t_t \end{bmatrix} = (1-d)K \begin{bmatrix} \delta_n \\ \delta_s \\ \delta_t \end{bmatrix} - dK \begin{bmatrix} \langle -\delta_n \rangle \\ 0 \\ 0 \end{bmatrix} \qquad (3.4.1)$$

$$K = \mathrm{diag}(k_n^c, k_s^c, k_t^c)$$

其中，t 为界面应力向量；t_n、t_s 和 t_t 分别为法向、两个切向的应力分量；δ_n 为法向张开位移量；δ_s 和 δ_t 为剪切滑移量；k_n^c、k_s^c 和 k_t^c 分别为界面的法向和切向刚度，一般有 $k_s^c = k_t^c$；d 为标量损伤因子；$\langle x \rangle = (x + |x|)/2$。

采用带拉伸截断的 Mohr-Coulomb 准则作为界面的破坏准则。当界面单元的法向应力达到抗拉强度后发生拉伸破坏，当界面单元的切向应力超过抗剪强度则发生剪切破坏，与 PFRA[37] 的思想相同，优先考虑拉伸破坏，即

$$t_n = f_t$$
$$t_e = \sqrt{t_s^2 + t_t^2} \qquad (3.4.2)$$
$$t_e = c - t_n \tan\varphi$$

其中，应力以拉为正；f_t 为界面法向抗拉强度；t_e 为等效切向应力；c 和 φ 分别为界面的凝聚力和内摩擦角。

界面出现损伤后，采用 Benzeggagh 等[38] 提出的基于能量的复合损伤演化准则，如图 3.4.2 所示。

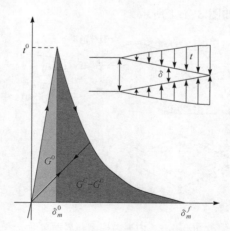

图 3.4.2　界面单元的本构模型

$$G^C = G_n^C + (G_s^C - G_n^C)\left\{\frac{G_S}{G_T}\right\}^\eta \quad G_S = G_s + G_t \quad G_T = G_S + G_n$$

$$G_n = \int t_n \mathrm{d}\delta_n, \quad G_s = \int t_s \mathrm{d}\delta_s \quad G_t = \int t_t \mathrm{d}\delta_t \tag{3.4.3}$$

$$D = \int_{\delta_m^0}^{\delta_m^f} \frac{t\,\mathrm{d}\delta}{G^C - G_0} \quad \delta_m = \sqrt{\langle\delta_n\rangle^2 + \delta_s^2 + \delta_s^2}$$

其中，G^C 为复合断裂能；G_n^C 为 Ⅰ 型断裂能；G_s^C 为 Ⅱ 型断裂能；G_0 为初始损伤时的弹性应变能；δ_m 为表示法向张开和切向滑移的等效位移量；η 取 2。

堆石体的颗粒破碎包括颗粒被分成几块和颗粒接触点的压碎，如图 3.4.3 所示。在 SGDD 模型[31,32]中，采用弹脆性损伤模型描述细观单元的力学行为，删除损伤度超过 0.99 的细观单元以模拟接触点的压碎和粉碎，但这种方法一是不太直观，二是不能显式模拟颗粒分成几块的情况，因此有待改进。

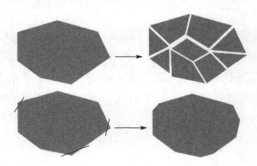

图 3.4.3　两种颗粒破碎形式

在 SGDD 模型的基础上，引入内聚力裂缝模型，在颗粒的细观单元之间插入界面单元，如图 3.4.4 所示。随着加载的进行，界面单元出现损伤，刚度不断劣化，直至界面单元失效，颗粒发生破碎，如图 3.4.5 所示。

图 3.4.4　三维随机多面体颗粒及界面单元

3.4.2　基于通用岩石劣化模型的颗粒破碎模拟方法

采用基于变形体离散元的 SGDD 方法中引入黏聚力模型和界面单元的方法

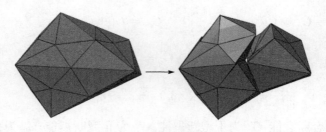

图 3.4.5　颗粒破碎

模拟颗粒破碎的方式比较直观,能反映颗粒破碎对堆石体力学特性的主要影响,模拟结果比较符合试验规律。由于颗粒破碎位置的不确定性,在颗粒内部的所有细观单元之间都要插入界面单元,因此导致计算成本急剧上升,以一个含有 7124 个颗粒的堆石体试样为例,采用二阶四面体网格离散为 156 161 个实体单元,需要插入 326 620 个界面单元[39]。

采用损伤劣化模型模拟破碎放弃了对颗粒破碎形式显式直观的表达,侧重于考虑颗粒破碎对堆石体力学特性的影响。本节介绍一种通用岩石劣化模型[40](rock deterioration model,RDM)来模拟颗粒的破碎效应。在岩石劣化的过程中,假定岩石的力学参数 E、c、φ 随等效塑性应变由初始值递变到残余值,如图 3.4.6 所示。

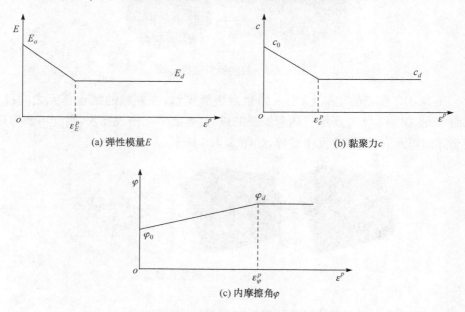

图 3.4.6　岩石力学参数劣化过程

通用岩石劣化模型的应力-应变关系具有明显的线弹性段、应力跌落段和塑性流动段,是一个典型的弹-脆-塑性模型。图 3.4.7 是采用 RDM 模型模拟的一个岩石三轴压缩试验,在岩体劣化模型 RDM 中,岩体力学参数随等效塑性应变发生变化,在模型的弹性阶段,其应力-应变曲线是线性的;进入屈服阶段后,模型参数发生了劣化,应力-应变曲线表现出明显的应力跌落过程;当塑性应变达到临界塑性应变后,模型参数劣化到稳定值,应力-应变曲线表现为塑性流动。

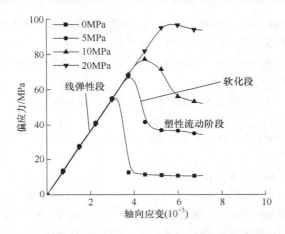

图 3.4.7　RDM 模型典型的应力应变关系曲线

3.5　小　　结

本章从接触检索、接触模型、接触力、颗粒本构模型,以及节点动力平衡方程等方面详细介绍了联合离散元与有限元分析方法的理论基础。在联合离散元与有限元理论的框架下,建立了基于随机数值模拟技术的随机颗粒不连续变形方法,与颗粒离散元方法相比,该方法能直观地模拟堆石颗粒的棱角状形态,无需采用颗粒簇技术;能考虑堆石颗粒的变形和破碎;能实现复杂的加载方式和应力路径。采用该方法进行堆石体的细观数值模拟,为揭示堆石体的变形机理、研究细观组构与宏观力学特性的内在联系提供了一种新思路。

参 考 文 献

[1] 李世海,汪远年. 三维离散元土石混合体随机计算模型及单向加载试验数值模拟[J]. 岩土工程学报,2004,26(2):172-177.

[2] 油新华. 土-石混合体的随机结构模型及其应用研究[D]. 北京:北方交通大学博士学位论文,2001.

[3] 徐文杰,胡瑞林,岳中崎. 土-石混合体随机细观结构生成系统的研发及其细观结构力学数

值试验研究[J]. 岩石力学与工程学报,2009,28(8):1652-1665.

[4] 刘光廷,高政国. 三维凸型混凝土骨料随机投放算法[J]. 清华大学学报(自然科学版),
2003,43(8):1120-1123.

[5] Matsumoto M,Nishimura T. Mersenne twister:a 623-dimensionally equidistributed uniform
pseudo-random number generator[J]. ACM Transactions on Modeling and Computer Simu-
lation,1998,8:31.

[6] 周伟,常晓林,周创兵,等. 堆石体应力变形细观模拟的随机散粒体不连续变形模型及其应
用[J]. 岩石力学与工程学报,2009,28(3):491-499.

[7] Munjiza A. The combined finite-discrete element method [M]. New York: John
Wiley&Sons,2004.

[8] 罗海宁,焦玉勇. 对三维离散单元法中块体接触判断算法的改进[J]. 岩土力学,1999,20
(2):37-40.

[9] 陈文胜,郑宏,郑榕明,等. 岩石块体三维接触判断的侵入边法[J]. 岩石力学与工程学报,
2004,23(4):566-571.

[10] Erfan G N,Youssef M A H,Zhao D W,et al. A fast contact detection algorithm for 3-D
discrete element method[J]. Computers and Geotechnics,2004,31(7):575-587.

[11] 张楚汉,金峰. 岩石和混凝土离散-接触-断裂分析[M]. 北京:清华大学出版社,2008.

[12] 日本土质工学会. 粗粒料的现场压实[M]. 郭熙灵,文丹译. 北京:中国水利水电出版
社,1998.

[13] Marsal R J,Mechanical Properties of Rockfill[M]. New York:John Wiley & Sons,1973.

[14] Hardin B O. Crushing of soil particles[J]. Journal of Geotechnical Engineering,1985,11
(10):1177-1192.

[15] 郭熙灵,胡辉,包承纲. 堆石体颗粒破碎对剪胀性及抗剪强度的影响[J]. 岩土工程学报,
1997,19(3):83-88.

[16] Varadarajan A,Sharma K G,Venkatachalam K,et al. Testing and modeling two rockfill
materials[J]. Journal of Geotechnical and Geoenvironmental Engineering,2003,129(3):
206-218.

[17] 刘汉龙,秦红玉,高玉峰,等. 堆石粗粒料颗粒破碎试验研究[J]. 岩土力学,2005,26(4):
562-566.

[18] 孔德志,张丙印,孙逊. 人工模拟堆石体颗粒破碎应变的三轴试验研究[J]. 岩土工程学
报,2009,31(3):464-469.

[19] 魏松,朱俊高,钱七虎,等. 粗粒料颗粒破碎三轴试验研究[J]. 岩土工程学报,2009,31(4):
533-538.

[20] 高玉峰,张兵,刘伟,等. 堆石体颗粒破碎特征的大型三轴试验研究[J]. 岩土力学,2009,30
(5):1237-1246.

[21] 杨光,张丙印,于玉贞,等. 不同应力路径下粗粒料的颗粒破碎试验研究[J]. 水利学报,
2010,43(3):338-342.

[22] Robertson D, Bolton M D. DEM simulations of crushable grains and soils[C]//Proc. Powders and Grains, 2001.

[23] Cheng Y P, Nakata Y, Bolton M D. Discrete element simulation of crushable soil[J]. Geotechnique, 2003, 53(7): 633-641.

[24] Sebastian L G, Luis E V, Luis F V. Visualization of crushing evolution in granular materials under compression using DEM[J]. International Journal of Geomechanics, 2006, 6(3): 195-200.

[25] 史旦达, 周健, 贾敏才, 等. 考虑颗粒破碎的砂土高应力一维压缩特性颗粒流模拟[J]. 岩土工程学报, 2007, 29(5): 736-742.

[26] 刘君, 刘福海, 孔宪京. 考虑破碎的堆石体颗粒流数值模拟[J]. 岩土力学, 2009, 29(增刊): 107-112.

[27] Hosseininia E S, Mirghasemi A A. Numerical simulation of breakage of two-dimensional polygon-shaped particles using discrete element method[J]. Powder Technology, 2006, 166: 100-112.

[28] Hosseininia E S, Mirghasemi A A. Effect of particle breakage on the behavior of simulated angular particle assemblies[J]. China Particuology 2007, 5: 328-336.

[29] Li S H, Zhao M H, Wang Y N. A new computation model of there-dimension DEM-block and particle model[J]. International Journal of Rock Mechanics and Ming Science, 2004, (3): 43-63.

[30] Morris J P, Rubin M B, Block G I, et al. Simulations of fracture and fragmentation of geologic materials using combined FEM/DEM analysis[J]. International Journal of Impact Engineering, 2006, 33: 463-473.

[31] 周伟, 常晓林, 周创兵, 等. 堆石体应力变形细观模拟的随机散粒体不连续变形模型及其应用[J]. 岩石力学与工程学报, 2009, 28(3): 491-499.

[32] 马刚, 周伟, 常晓林, 等. 锚杆加固散粒体的作用机制研究[J]. 岩石力学与工程学报, 2010, 29(8): 1577-1584.

[33] Xu X P, Needleman A. Numerical simulations of fast crack growth in brittle solids[J]. Mech Phys Solids 1994, 42(9): 1397-434.

[34] Nguyen O, Repetto E A, Ortiz M, et al. A cohesive model of fatigue crack growth[J]. Int. J. Frac. Mech. 2001, 110: 351-369.

[35] Yang B, Mall S, Ravi-Chandar K. A cohesive zone model for fatigue crack growth in quasi-brittle materials[J]. Int. J. Solids Struct, 2001, 38: 3927-3944.

[36] Song S H, Paulino G H, Buttlar W G. Simulation of crack propagation in asphalt concrete using an intrinsic cohesive zone model[J]. ASCE J Engng Mech, 2006, 132(111): 1215-1223.

[37] 梁正召, 唐春安, 张永彬, 等. 岩石三维破裂过程的数值模拟研究[J]. 岩石力学与工程学报, 2006, 25(5): 931-936.

[38] Benzeggagh M L,Kenane M. Measurement of mixed mode delamination fracture toughness of unidirectional glass/epoxy composites with mixed-mode bending apparatu[J]. Compos Sci Technol,1996,49:439-449.

[39] 马刚,周伟,常晓林,等. 考虑颗粒破碎的堆石体三维随机多面体细观数值模拟[J]. 岩石力学与工程学报,2011,30(8):1671-1682.

[40] 江权,冯夏庭,陈国庆. 考虑高地应力下围岩劣化的硬岩本构模型研究[J]. 岩石力学与工程学报,2008,27(1):144-152.

第 4 章　考虑时间效应的堆石体流变变形的细观数值模拟方法

大量的室内试验成果和已建堆石坝的原型观测资料表明,堆石体具有明显的流变特性。与瞬时变形不同,堆石体的流变变形会持续很长一段时间(有些工程会持续十几年),而且根据已有的观测资料来看,流变变形有随着大坝高度的增加,其占总变形的比例不断增加的趋势。工程实践表明,流变对堆石坝的安全运行有负面影响,例如过大的流变变形会导致混凝土面板破坏,从而影响其防渗性能,甚至危及坝体的安全。目前,一批 300m 级特高堆石坝正处于规划设计阶段,对堆石体流变的研究提出了更高的要求。本章在室内试验及理论分析的基础上,提出基于损伤模型的堆石体流变离散元数值模拟方法,采用颗粒与颗粒之间连接(bond)的损伤和破坏来模拟微裂纹的萌生、扩展、连通,以及整个宏观材料的破坏。在考虑颗粒破碎的堆石体不连续变形分析方法 SGDD 中,引入颗粒强度劣化模型模拟颗粒强度随外界环境的持续劣化。数值模拟结果表明,考虑颗粒劣化效应的 SGDD 方法从力学特征角度揭示了堆石体的长期变形机理和演化规律,适合模拟堆石料的流变变形这一复杂的、非线性演化问题。

4.1　堆石体流变机理与劣化效应

小应力增量下无明显初始变形,且后续流变相对较大的现象对于理解流变机理是有帮助的。散粒材料的变形必然伴随着颗粒破碎、滑移、转动调整过程,这种调整过程的时效性就是流变。它和颗粒的力学性质、颗粒集合体的颗粒间的相互作用(如配位数、粒间接触力、接触方向等)密切相关。

王勇[1]最早开始堆石体流变机理的研究,他认为堆石与土的粒径、粒间接触形式和颗粒组成物质不同,导致它们的流变机理不同。堆石体由尺寸不同的块石经成层铺筑、碾压而成,排水自由不存在固结现象,其流变机理可解释为在局部高接触应力的作用下堆石会发生破碎,高接触应力释放、调整和转移,堆石颗粒重新排列,同时导致其他部位的堆石发生高接触应力的破碎以及重新排列,这一过程不断重复并越来越缓慢,最后趋于相对静止。梁军等[2]在大型压缩仪上完成堆石体的流变试验,并结合颗粒破碎测试试验,对流变产生的机理进行了简要的理论分析,将堆石颗粒破碎分为主压缩破碎和流变破碎,认为由于流变破碎产生的细化破碎颗粒滑移充填孔隙是发生流变的主要原因,在流变过程中颗粒破碎率不断增加,如

图 4.1.1 所示。周伟等[3]采用组构理论研究堆石体的流变机理,得出与文献[1],[2]相似的结论。

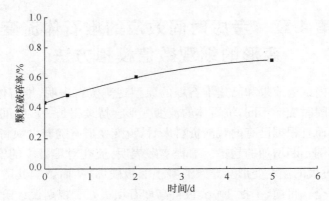

图 4.1.1　堆石体颗粒破碎率与时间的关系(0.8MPa)[2]

　　以上研究成果均认为颗粒破碎是产生流变的主要原因。假设堆石体中一个颗粒发生破碎,高接触应力释放、调整和转移,进而导致其他部位的颗粒接触应力发生变化,出现新的颗粒在高接触应力作用下破碎,类似一副多米诺骨牌,这个连锁反应会一直持续下去。然而,应力波在堆石体中的传播速度相对于工程的生命周期是很快的,这种单纯由一个颗粒的破碎引发的后继行为很快就会完成,达到一个新的稳定状态。也就是说,在外荷载保持不变的情况下,若不考虑堆石体在环境因素下的劣化效应和应力腐蚀,单纯由于颗粒破碎产生的变形将很快完成。

　　殷宗泽[4]将堆石体流变产生的原因归结为四个方面:堆石体颗粒自身的流变,堆石颗粒在接触点的相互滑移和颗粒破碎,由于外界环境变化(温度变化、干湿循环、日晒雨淋)等引起的变形,荷载周期性变化引起的变形。在上述四种长期变形中,环境变化和周期性荷载产生的变形是堆石体流变的主要部分。与堆石坝所处的环境相比,室内流变试验时外界环境比较稳定,而且围压和应力水平保持恒定,这就解释了室内流变试验只需要几个小时就可以趋于稳定,而堆石坝的实测资料表明流变变形会持续若干年。

　　堆石坝在运行过程中,会受到日晒雨淋和气温变化等环境因素的影响,进而导致堆石强度随时间逐渐降低。王海俊等[5]在常规三轴试验仪上研究了等围压荷载作用下干湿循环对堆石体长期变形特性的影响,研究结果表明单纯由于颗粒破坏和错动而产生的流变会很快稳定下来,而由于日晒雨淋引起的干湿循环对堆石流变发展影响明显。张丙印等[6,7]利用新研制的大型堆石体风化试验仪,对一典型泥质粉砂岩堆石体进行了荷载作用下干湿和温度耦合变化的风化试验,试验表明环境因素的改变,如水位升降、降雨入渗、蒸发,以及温度变化等都会使堆石体产生明显的劣化,劣化变形应是高堆石坝后期变形的重要组成部分。

　　Oldecop 和 Alonso[8]从细观角度提出一个概念模型来解释堆石体的压缩性和流变变形。他们认为随着压缩的进行,堆石体的孔隙率减小,而颗粒配位数增大,颗粒间处于相互锁定状态,如果没有新的颗粒破碎就不会产生宏观变形增量。堆石体在外荷载和水的共同作用下,颗粒内部和尖端的裂缝以一定的速率发展,就是我们常说的应力腐蚀,如图 4.1.2 所示。裂缝扩展导致颗粒破碎和新一轮的颗粒位置调整并达到一个新的稳定状态,在此过程中会产生宏观变形增量。

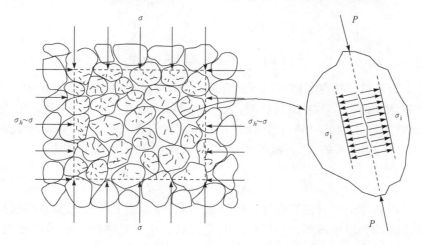

图 4.1.2　堆石体劣化概念模型[8]

　　综上所述,堆石体流变的主要机理完整表述应为由于水位变化、降雨入渗、日晒雨淋等环境因素导致堆石体发生明显的劣化,表现为强度和弹性模量随时间降低,与此同时颗粒发生高接触应力-破碎和重新排列-应力释放、调整和转移,这一过程由于堆石体的劣化而不断重复。

4.2　基于黏结损伤模型的堆石体流变在离散元中的实现

4.2.1　损伤度在离散元中的模拟方法

　　岩石材料的损伤和破坏在细观方面表现为,在岩石的受荷过程中,其内部不断萌生微裂纹,并进一步扩展相连通,导致岩石材料宏观力学性能的劣化甚至破坏[9]。在基于离散元的数值仿真中,可以采用颗粒与颗粒之间黏结(bond)的损伤和破坏来模拟微裂纹的萌生、扩展、连通,以及整个宏观材料的破坏。

　　基于有效承载面积(图 4.2.1)的损伤度 d 可以定义为[9]

$$d=\frac{A_0-A_e}{A_0}=1-\frac{A_e}{A_0}$$

$$(4.2.1)$$

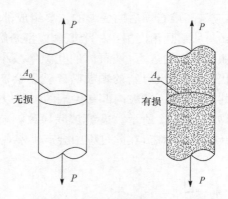

图 4.2.1　有效承载面积示意图

其中，A_0 为岩石试样在无损状态下的有效承载面积；A_e 为该试样在出现一定损伤后的有效承载面积。不考虑损伤时，表观应力可以表示为 $\sigma_a = P/A_a$，A_a 为表观面积，通常可以认为 $A_a = A_0$；当考虑损伤时，试样的承载面积变为 A_e，则此时的应力 $\sigma_e = P/A_e$，称为有效应力，根据式 (4.2.1) 有效应力 σ_e 可以表示为

$$\sigma_e = \frac{P}{A_0(1-d)} = \frac{\sigma_a}{1-d} \tag{4.2.2}$$

黏结的破坏形式有张拉破坏和剪切破坏两种，即当其承受的荷载超过抗拉或抗剪强度时均会发生破坏。仿照破坏的定义可以定义黏结（bond）的损伤为，当黏结承受的荷载大于其初始损伤极限强度时，黏结发生损伤。黏结的损伤准则可以描述为

$$g_d(\sigma, d) = \sigma_n - (1-d)\sigma_d, \quad \tau_s < (1-d)\tau_f \tag{4.2.3}$$

其中，σ_n 和 τ_s 分别为当前黏结所承受的表观法向应力和切向应力；σ_d 为黏结的法向损伤极限强度。

假定黏结处于无损状态，$d = 0$，在 $g_d(\sigma_n, d) < 0$ 时，黏结继续处于无损状态，当 $g_d(\sigma_n, d) \geqslant 0$ 时，黏结开始出现损伤；若黏结处于有损状态，$d > 0$，$g_d(\sigma_n, d) < 0$ 表示黏结的损伤不会进一步演化，仍保持为原值，$g_d(\sigma_n, d) \geqslant 0$ 表示黏结的损伤会进一步演化。初始极限强度 σ_d 和 τ_d 可以描述为[10]

$$\begin{cases} \sigma_d = \beta_1 \sigma_f \\ \tau_d = \tau_f \end{cases}, \quad 0 \leqslant \beta_1 \leqslant 1 \tag{4.2.4}$$

其中，β_1 是与材料特性有关的模型系数；σ_f 和 τ_f 分别为黏结的极限抗拉强度和极限抗剪强度。式 (4.2.4) 假定切向初始极限强度 τ_d 与极限抗剪强度 τ_f 相等，在此假定下，切向力不会使黏结出现损伤，因此黏结损伤准则式 (4.2.3) 只与法向应力有关，但由于法向应力引起的黏结损伤，会减小连接的有效承载面积，增大切向的有效应力，即损伤会减小黏结的切向承载力。

当黏结的损伤度达到一定程度,黏结的有效应力达到其极限强度(σ_f 和 τ_f),连接破坏。黏结的极限破坏准则可以表达为

$$g_f(\sigma_n, \tau_s, d) = \langle \sigma_n - (1-d)\sigma_f \rangle + \langle \tau_s - (1-d)\tau_f \rangle \qquad (4.2.5)$$

其中,$\langle \cdot \rangle$ 是 MacCauley 括号,当 $x \geqslant 0$ 时,$\langle x \rangle = x$;当 $x < 0$ 时,$\langle x \rangle = 0$;当 $g_f(\sigma_n, \tau_s, d) > 0$时,连接破坏;若连接处于无损状态,$g_f(\sigma_n, \tau_s, d)$ 则退化为传统的连接破坏准则。

由式(4.2.5)可知,当连接处于 (σ_n, τ_s) 的应力状态下,连接破坏的极限损伤度 d_f 为

$$d_f = \min\left(1 - \frac{\sigma_n}{\sigma_f}, 1 - \frac{\tau_s}{\tau_f}\right) \qquad (4.2.6)$$

假定连接损伤度的演化与连接的应力状态有关,可以将损伤的演化准则描述为

$$\frac{\mathrm{d}d}{\mathrm{d}t} = \begin{cases} \beta_2 \langle g_d(\sigma_n, d) \rangle / \sigma_f, & g_f(\sigma_n, \tau_s, d) = 0 \\ \infty, & g_f(\sigma_n, \tau_s, d) > 0 \end{cases} \qquad (4.2.7)$$

其中,β_2 是与损伤演化速率有关的模型常值系数,单位为 s^{-1},β_2 越大,损伤演化速率越大;当 $g_d(\sigma_n, d) = 0$ 时,损伤演化速率 $\mathrm{d}d/\mathrm{d}t = 0$,损伤度不会进一步增长;当 $g_f(\sigma_n, \tau_s, d) > 0$时,满足破坏准则,连接破坏消失,即损伤演化速率为无穷大。

综上,式(4.2.3)~式(4.2.5)、式(4.2.7)可以完整地描述一个连接由损伤逐渐演化直至破坏的过程。当连接处于 (σ_n, τ_s) 的应力状态下,可通过对式(4.2.7)进行变换积分来求得一个连接破坏所需的时间 T。当 $g_d(\sigma_n, d) = 0$ 时,损伤演化速率为 0,连接不会发生破坏,破坏时间 $T = \infty$;当 $g_f(\sigma_n, \tau_s, d) > 0$ 时,连接会立即发生破坏,$T = 0$;当 $g_f(\sigma_n, \tau_s, d) < 0$,且 $g_d(\sigma_n, \tau_s, d) > 0$ 时,变换式(4.2.7)可得

$$T = \int_{d_0}^{d_f} \frac{1}{\beta_2 [\sigma_n - (1-d)\sigma_d]/\sigma_f} \mathrm{d}d \qquad (4.2.8)$$

$$T = \frac{1}{\beta_1 \beta_2} \ln \frac{\sigma_n - (1-d_f)\beta_1 \sigma_f}{\sigma_n - (1-d_0)\beta_1 \sigma_f} \qquad (4.2.9)$$

如第 3 章所述,颗粒流(PFC)方法的连接模型有接触连接和平行连接两种。根据前面的分析可知,对于岩石类材料的破坏模拟采用平行连接模型更为合适。在 PFC2D 中,平行连接为一个以接触点为形心的长方体,长方体的长为 $\bar{L}$,高为 $2\bar{R}$($\bar{R}$ 为平行连接的半径),厚为圆盘的厚度 t,如图 4.2.2 所示。

平行连接的有效承载面积 A_{Pbond} 为

$$A_{\mathrm{Pbond}} = 2\bar{R}t = 2\lambda\tilde{R}t \qquad (4.2.10)$$

其中,$\tilde{R} = \min(R^{(A)}, R^{(B)})$,$R^{(A)}$ 和 $R^{(B)}$ 分别为平行连接相连的两个圆盘半径。

为了模拟平行连接的损伤演化过程,Potyondy 提出 PSC 模型,通过改变平行连接的半径来改变平行连接的有效承载面积,进而达到模拟连接损伤的目的。假

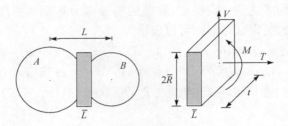

图 4.2.2　平行连接示意图[11]

定当平行连接处于无损状态时,$\bar{\lambda}=1$,即 $A_{\text{Pbond}}=2\widetilde{R}t$,当连接损伤度为 d 时,平行连接的有效承载面积 $A_{\text{Pbond}}=2\bar{\lambda}\widetilde{R}t$。由式(4.2.1),可知

$$d=1-\frac{2\bar{\lambda}\widetilde{R}t}{2\widetilde{R}t}=1-\bar{\lambda} \tag{4.2.11}$$

式(4.2.11)表明,损伤度 d 与平行连接的半径乘子 $\bar{\lambda}$ 呈线性——对应关系,因此可以通过减小 $\bar{\lambda}$ 来表示损伤度逐渐增大的过程。值得注意的是,当 $\bar{\lambda}$ 减小时,平行连接的面积也随之减小,因此平行连接的应力 $\bar{\sigma}$ 和 $\bar{\tau}$ 均为有效应力而不是表观应力。

将式(4.2.11)代入式(4.2.3),可得连接损伤准则,即

$$g_d=\bar{\lambda}(\bar{\sigma}-\sigma_d),\quad \bar{\tau}<\tau_f \tag{4.2.12}$$

将式(4.2.11)代入式(4.2.5),可得连接破坏准则,即

$$g_f=\bar{\lambda}(\langle\bar{\sigma}-\sigma_f\rangle+\langle\bar{\tau}-\tau_f\rangle) \tag{4.2.13}$$

式(4.2.13)与平行连接的破坏准则一致,也就是说平行连接自动满足式(4.2.5)的破坏准则。根据式(4.2.7)和式(4.2.11)可以得到平行连接直径 $\bar{D}$ 的减小速率,即

$$\frac{\mathrm{d}\bar{D}}{\mathrm{d}t}=\frac{\mathrm{d}2\bar{\lambda}\widetilde{R}}{\mathrm{d}t}=-2\widetilde{R}\frac{\mathrm{d}d}{\mathrm{d}t}=\begin{cases}-2\widetilde{R}\beta_2\langle g_d\rangle/\sigma_f,&g_f=0\\-\infty,&g_f>0\end{cases} \tag{4.2.14}$$

平行连接损伤演化示意图如图 4.2.3 所示,随着损伤的演化,平行连接逐渐减小,直至发生破坏。

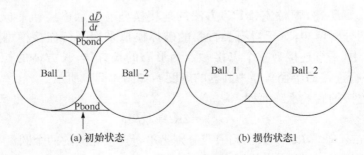

(a) 初始状态　　　　　　　　　　　(b) 损伤状态1

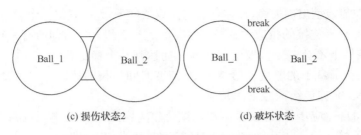

(c) 损伤状态2　　　　　　　　　(d) 破坏状态

图 4.2.3　平行连接损伤演化过程示意图

4.2.2　流变时间的模拟方法

颗粒流方法的运动方程符合牛顿运动定律,计算中累计的时间为颗粒真实的运动时间,因此在颗粒流方法中模拟流变时间最直接的方法是采用完全动态模式,即每个流变时间步长与颗粒流中的计算时间步长等同,但是为了保证计算结果的稳定性,离散元中时间步长的选取必须遵循一定的原则,时间步长要小于临界步长 $t_{\text{crit}} = \sqrt{m/k}$($m$ 是最小颗粒的质量,k 是最大的接触刚度)[11]。在此条件限制下,颗粒流在计算岩石块体时的计算时间步长与整个流变时间相比显得极小,如果采用完全动态模拟,需要的计算步数将十分庞大而无法计算。

另一种方式是采用准静态方法近似模拟。这种方法在岩石流变的有限元计算中采用较多[13],计算程序存在两套时间系统[12],一种是颗粒计算本身的时间,另一种是损伤流变模拟时间。整个损伤流变计算过程划分为 N 个时步(图 4.2.4),在每个时步之前,对颗粒流模型进行平衡计算,达到静力平衡状态后,根据颗粒流模型提供的应力信息,采用前述的损伤模型计算颗粒流模型在该状态下的损伤度并更新连接的损伤度,随后进入下一个时步,直至计算结束。该方法将颗粒流的运算视为一个个的时间结点(如 t_1,t_2,…,t_n),仅仅是为流变计算提供静力平衡状态和相应的应力信息,这些损伤度不断变化的时间结点通过损伤模型的串联形成整个流变计算过程。

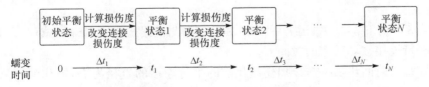

图 4.2.4　基于准静态方法的时间步示意图

我们采用上述准静态方法模拟堆石体的流变试验。计算的终止条件有如下三种。

① 累计模拟的时间达到了规定的计算时间。

② 颗粒流模型出现失稳,即在当前的荷载条件下,无法获得一个静力平衡状态。

③ 所有平行连接的拉应力 $\bar{\sigma}$ 和 $\bar{\tau}$ 均满足 $g_d < 0$ 和 $\bar{\tau} < \tau_f$,即所有平行连接在当前的荷载条件下不会进一步发生损伤演化而达到一个稳定状态。

在某一级荷载下的流变试验模拟中,流变时间步长的选取方法主要有两种。

① 步长 Δt 在该级荷载下为常值。

② 采用自适应步长,即在模型损伤演化较为剧烈的阶段,减小 Δt;在损伤演化较少的阶段,增大 Δt。Potyondy[12]定义初始时间步如下,即

$$\Delta t = (1/n_c) t_f \tag{4.2.15}$$

其中,t_f 为当前应力条件下,下一个即将破坏的平行连接的剩余破坏时间估计;n_c 为计算至下一个平行连接破坏时的步数,即将一个平行连接的破坏分为 n_c 步去完成,在实际的计算中,由于每个时间步后,需要进行一次静力平衡计算,平行连接处的应力状态会随之发生改变,t_f 往往与下一个平行连接的剩余破坏时间并不相等,因此下一个平行连接破坏前的计算步数一般不等于 n_c,为了减少计算的步数,当进行了 n_c 个时间步后仍没有平行连接发生破坏的情况,将 Δt 乘以一个大于 1 的系数进行放大以缩短计算时间。当有平行连接破坏的时候,在下一个时间步计算之前,根据式(4.2.15)重新计算步长 Δt。

在估算一个平行连接破坏所需的时间时,假定连接所承受的力在破坏之前都保持不变,根据式(4.2.9)和式(4.2.11),有

$$t_f = \frac{1}{\beta_1 \beta_2} \ln \frac{\bar{\sigma} - \beta_1 \sigma_f (\overline{D'_f} / \overline{D})}{\bar{\sigma} - \beta_1 \sigma_f} \tag{4.2.16}$$

其中,$\overline{D'_f} = \max(\xi_t, \xi_s) \overline{D}$,$\xi_t$ 和 ξ_s 分别为张拉破坏和剪切破坏时的平行连接直径缩小的系数。

由平行连接的基本公式可知,平行连接直径缩小后的应力可表达为

$$\bar{\sigma}' = \frac{1}{2 \xi \overline{R} t} \left(-\overline{F}^n + \frac{3 |\overline{M_3}|}{\xi \overline{R}} \right) \tag{4.2.17}$$

$$\bar{\tau}' = \frac{|\overline{F}^s|}{2 \xi \overline{R} t} \tag{4.2.18}$$

当 $\bar{\sigma}' = \sigma_f$ 时,$\xi = \xi_t$;当 $\bar{\tau}' = \tau_f$ 时,$\xi = \xi_s$,因此根据式(4.2.16)~式(4.2.18)可求得平行连接破坏所需的时间 t_f。

在每个时间步 Δt 内,设损伤演化前的平行连接的直径为 $\overline{D}$,损伤演化后的直径为 $\overline{D}'$,则有

$$\overline{D}' = \overline{D} + \frac{d\overline{D}}{dt} \Delta t \tag{4.2.19}$$

式(4.2.19)假定在时间步 Δt 内平行连接的法向应力 $\bar{\sigma}$ 保持不变,如果 $\bar{\sigma}$ 在 Δt 内增大,式(4.2.19)给出减小后的直径 $\overline{D}'$ 将大于实际损伤演化后的平行连接的直

径,而且这个误差将随着 Δt 增大而增大,只有当 $\Delta t \rightarrow 0$ 时,直径 $\overline{D}'$ 才逼近准确解。

由平行连接模型的理论可知,当平行连接的直径减小时,平行连接的刚度和连接力也同时减小,这是由于平行连接的面积 A 和惯性矩 I 均随着连接直径的减小而减小,但是单位面积上连接刚度 $\overline{k}^n$ 和 $\overline{k}^s$ 与连接的面积无关。令 $\overline{D}'=\xi \overline{D}$,则有

$$\begin{cases} A'=\xi A \\ I'=\xi^3 I \end{cases} \tag{4.2.20}$$

在减小半径的过程中,假定连接的长度不发生变化,则有[12]

$$\boldsymbol{k}^{-1}\boldsymbol{F}=\boldsymbol{k}'^{-1}\boldsymbol{F}' \tag{4.2.21}$$

其中

$$\boldsymbol{k}=\begin{bmatrix} \overline{k}^n A & 0 & 0 \\ 0 & -\overline{k}^s A & 0 \\ 0 & 0 & -\overline{k}^n I \end{bmatrix}, \quad \boldsymbol{k}'=\begin{bmatrix} \overline{k}^n A' & 0 & 0 \\ 0 & -\overline{k}^s A' & 0 \\ 0 & 0 & -\overline{k}^n I' \end{bmatrix}$$

将式(4.2.20)代入式(4.2.21)可得

$$\boldsymbol{F}'=\boldsymbol{\xi}\boldsymbol{F} \tag{4.2.22}$$

其中

$$[\boldsymbol{\xi}]=\begin{bmatrix} \xi & 0 & 0 \\ 0 & \xi & 0 \\ 0 & 0 & \xi^3 \end{bmatrix}$$

在平行连接直径减小的过程中,还伴随着连接应变能的减小,当一个平行连接直径由 $\overline{D}$ 减小为 $\overline{D}'$ 时,平行连接损失的能量为

$$\Delta E_{pb}=\frac{1}{2}\big((1-\xi)\times(|\overline{F}^n|^2/(A\overline{k}^n)+|\overline{F}^s|^2/(A\overline{k}^s))+(1-\xi^3)|\overline{M}|^2/(I\overline{k}^n)\big) \tag{4.2.23}$$

这与实际岩石损伤时的能量释放是较为一致的。

4.2.3　堆石体双轴流变数值试验

在基于损伤模型的堆石体流变数值试验中,存在 3 个尺度上的损伤。

① 在细观尺度方面,即每个平行连接的尺度上,连接的半径随着损伤的演化而不断地缩小,这是第一个尺度上的损伤形式。

② 在岩石颗粒尺度上,平行连接在荷载作用下的逐个破坏,引起岩石颗粒的弱化,强度和抗变形能力都逐步降低,这是第二个尺度上的损伤形式。

③ 宏观尺度方面,即堆石体的尺度上,颗粒的破碎将导致材料不断细化,颗粒间的咬合作用削弱,结构的抗剪强度和变形模量均受影响,这是第三个尺度上的损伤形式。

在具体的数值仿真中,可依据图 4.2.5 采用如下步骤进行计算。

① 建立数值分析模型,并施加相应的荷载。

② 基于颗粒流程序进行平衡计算,使数值模型达到静力平衡状态。

③ 判断是否满足计算终止条件。

第一,达到计算终止时间。

第二,数值模型失稳。

第三,数值模型达到稳定状态,不会进一步损伤。

若满足,当前荷载条件下的计算结束;若不满足,则进行第④步。

④ 根据式(4.2.16),计算当前应力条件下的下一时间步长 Δt。

⑤ 根据式(4.2.19),计算该时间步长 Δt 内平行连接半径的缩小量。

⑥ 缩小连接半径至 $\bar{D}'$,返回第②步进行平衡计算,以获得损伤后的静力平衡状态。

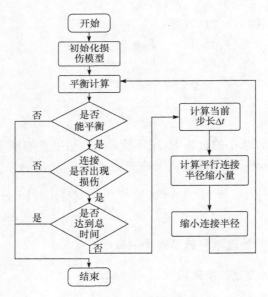

图 4.2.5　损伤模型计算流程

为了研究堆石体的流变特性,本节以多个岩石块体为研究对象建立二维双轴流变数值试验模型,如图 4.2.6 所示。模型高 $H=50\text{cm}$,宽 $W=50\text{cm}$。由于计算规模和计算时间的限制,无法较为完整的模拟堆石体的级配,因此数值试验剔除了堆石体的细小颗粒,而以粗颗粒为主。模型中共有堆石颗粒 127 个,颗粒粒径在 $3.6\sim6\text{cm}$,颗粒的形状有三角形、四边形、五边形和六边形等,每个颗粒包含的圆盘个数在 $28\sim49$,整个模型共有圆盘颗粒 4565 个,平行连接 10 109 个。

堆石体双轴流变数值试验步骤如下。

① 双轴流变试验的加载系统由上下和左右四个加载平板组成,通过伺服系统使整个模型达到指定的围压,仅考虑了围压为 1.0MPa 的情况。

② 进行双轴剪切试验,确定该试样的强度指标 $(\sigma_1 - \sigma_3)_f$,并根据式(4.2.25)计算各级应力水平下的轴向应力,分别计算 S_L = 0.4、0.6、0.8 三种情况。

③ 通过伺服系统施加荷载直至试样达到指定的应力水平。

④ 激活损伤模型,保持当前应力水平,记录各时刻试样的变形,直至试验结束。

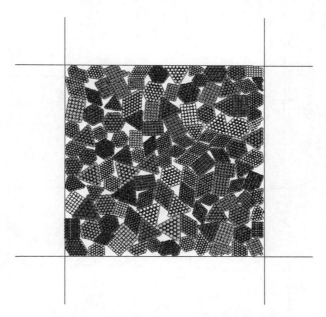

图 4.2.6　堆石体双轴流变数值试验模型

试验的损伤流变参数如表 4.2.1 所示。各级应力水平下试样的轴向应变如图 4.2.7 所示,由图可知,堆石体的变形是一个逐渐趋于稳定的衰减型曲线,在加载初期,试样的变形速率较大,随后变形速率趋于平缓。

表 4.2.1　堆石体双轴流变数值试验损伤模型参数

损伤模型参数	β_1	β_2	$\bar{\sigma}_c$	$\bar{\tau}_c$
值	0.5	$1.0 \times 10^{-6} s^{-1}$	120.0MPa	120.0MPa

表 4.2.2 为各级荷载下试样的最终流变量,流变量随着应力水平的增大而增大,应力水平由 0.4 增大至 0.8 时,相应的流变量由 0.31% 增大至 1.25%。

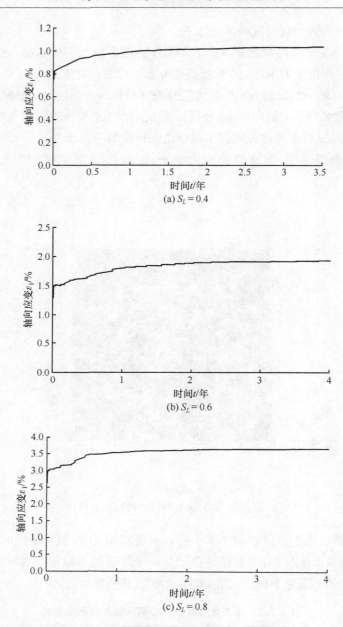

(a) $S_L = 0.4$

(b) $S_L = 0.6$

(c) $S_L = 0.8$

图 4.2.7　堆石体双轴流变数值试验轴变与时间关系曲线

表 4.2.2　最终流变量

应力水平	0.4	0.6	0.8
流变量/%	0.31	0.69	1.25

图 4.2.8 为平行连接破坏个数随时间的演化曲线,该曲线与轴变曲线分布规律较为一致,在试验初期连接破坏个数以较高的速度发展,随后经过一个拐点,发

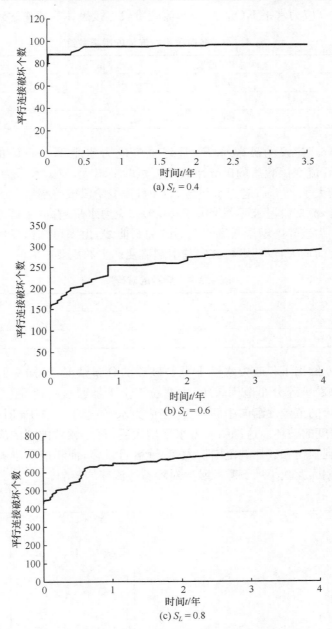

(a) $S_L = 0.4$

(b) $S_L = 0.6$

(c) $S_L = 0.8$

图 4.2.8 平行连接破坏数目与时间关系曲线

展速率迅速降低,并逐步趋近于零。表 4.2.3 分别给出了试样在瞬时变形阶段和流变阶段平行连接破坏的数量,在低应力水平下($S_L=0.4$),流变阶段连接破坏的数量为 33;在高应力水平下($S_L=0.8$),流变阶段连接破坏的数量达到 319。

表 4.2.3　各阶段平行连接的破坏数量

应力水平	瞬时变形阶段	流变阶段	瞬时＋流变
$S_L=0.4$	68	33	101
$S_L=0.6$	167	151	318
$S_L=0.8$	430	319	749

采用 Marsal 建议的破碎率 B_g 整理了各应力水平下堆石体的破碎率,如表 4.2.4 所示。流变试验后的破碎率较流变试验前增大,应力水平为 0.4 时,流变阶段破碎率增大了 2.5%,应力水平为 0.6 时,流变阶段破碎率增大了 6.4%,应力水平为 0.8 时,流变阶段破碎率增大了 10.8%,应力水平越高,破碎率的增幅也越大。图 4.2.9 为破碎率增量与流变变形的关系曲线,由图可知试样的流变量随着破碎率的增大而增大,说明颗粒破碎是引起流变产生的重要原因。

表 4.2.4　颗粒的破碎率

试验阶段	$S_L=0.4$	$S_L=0.6$	$S_L=0.8$
流变试验前/%	4.3	8.7	17.3
流变试验后/%	6.8	15.1	28.1

图 4.2.10 给出了各应力水平下颗粒破碎的分布情况,可知在低应力水平下($S_L=0.4$),颗粒破碎分布范围较小,主要位于上下加载板附近,随着应力水平的增大,颗粒破碎的范围逐渐向中间扩展,当应力水平达到 0.8MPa 时,较多颗粒都发生了不同程度的破坏。这说明应力水平增大后,每个颗粒内部的应力水平迅速提高,颗粒出现损伤和破坏的范围扩大,裂缝数目增多,而相应的堆石体的流变量也增大,这从侧面反映了堆石颗粒破碎对堆石体流变的影响。

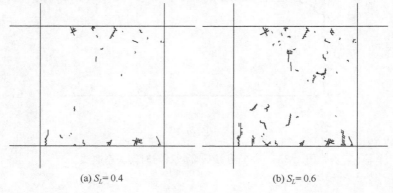

(a) $S_L=0.4$　　　　　　　　　　　(b) $S_L=0.6$

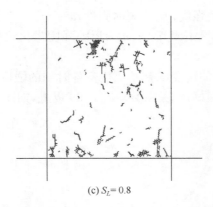

(c) $S_L = 0.8$

图 4.2.9　双轴流变试验后堆石颗粒发生破碎的分布

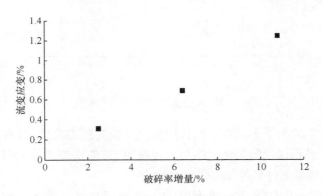

图 4.2.10　流变应变与破碎率增量的关系

4.3　基于颗粒劣化效应的堆石体流变在 SGDD 中的实现

4.3.1　强度劣化模型

　　岩石的强度随时间降低,并逐渐趋近一个稳定收敛的极限值,即岩石的长期强度[14]。岩石的长期强度和随时间的变化规律可由等时曲线法获得[15,16],即由不同应力水平下的流变曲线,绘制一簇等时应力应变曲线,根据曲线上的拐点确定各个时刻的强度和长期强度。

　　李连崇等[17]在岩石破裂过程分析(RFPA2D)系统的基础上,引入指数形式的强度劣化模型,建立考虑流变效应的岩石破裂过程 RFPA2D 数值模型。本节经过对比认为,双曲线形式的强度劣化模型对堆石体更为适合,即

$$f(\tau) = f_0 \left(1 - \frac{a\tau}{\tau + n} \right) \tag{4.3.1}$$

其中，$f(\tau)$ 表示 τ 时刻的强度；f_0 为瞬时强度；$a=(f_0-f_\infty)/f_0$ 反映了劣化程度，f_∞ 为长期强度，a 越大，劣化越显著；n 为反映强度劣化快慢的参数，n 越小，劣化越快。

　　根据不同岩性试样的流变试验[14,16]确定各时刻的强度值，采用强度劣化模型进行拟合，曲线拟合得很好，相关系数均在 0.99 以上，如图 4.3.1 所示。

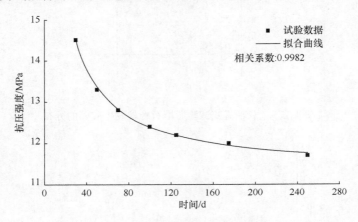

图 4.3.1　岩石强度与时间关系曲线[14]

　　沈明荣等[16]搜集了不同岩石的长期强度与瞬时强度之比，发现这个比值集中在 0.6～0.8。岩石强度的劣化速率与岩性有关，其值比较离散。图 4.3.2 为不同强度劣化程度和劣化速率的长期强度曲线。

　　在考虑颗粒破碎的 SGDD 模型中，界面单元的破坏准则是带拉伸截断的 Mohr-Coulomb 准则，模型的强度参数包括 f_t、c、φ。目前对岩石抗拉长期强度研究较少，在此假设岩石在任意时刻的压拉强度比保持不变，即 $f_t(\tau)=f_c(\tau)/CT$，下标 c 和 t 分别表示抗压强度和抗拉强度，CT 为压拉强度比。大量试验资料表明，岩土

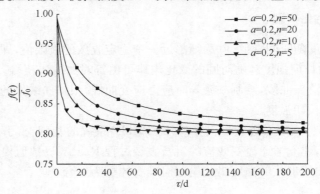

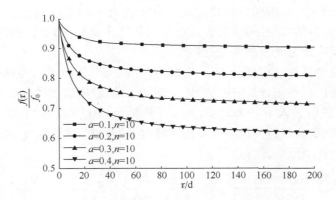

图 4.3.2　不同强度劣化程度和强度劣化速率曲线

介质的长期抗剪强度低于瞬时强度值,这里主要指黏聚力 c 和内摩擦角 φ,且相比于黏聚力的降低程度,内摩擦角的变化要小得多,为此本节假定内摩擦角不随时间变化,强度的劣化体现在黏聚力和抗拉强度随时间减小。考虑强度劣化的界面单元破坏准则可以表示为图 4.3.3。

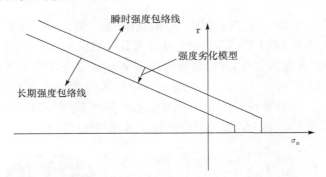

图 4.3.3　考虑强度劣化的界面单元破坏准则

4.3.2　流变在 SGDD 方法中的实现

SGDD 方法是通过显式时步步进的方法求解运动方程,为了保证计算结果的稳定性,时间步长的选取必须遵循一定的原则,在此条件限制下,时间步长 Δt 一般很小。堆石体的流变是一个长期的过程,通常历时几天、几个月,甚至几年。因此,不能直接使用 SGDD 方法中的时间轴去模拟真实物理意义上的流变时间。本节借鉴 Jin 等[18]将流变本构模型引入离散单元法和 Potyondy[12]采用 PFC 模拟岩石应力腐蚀的思路,在计算中引入两个时间尺度的步长。Δt 是散粒体系统进行平衡迭代所需的步长,一般为 $10^{-5} \sim 10^{-6}$ s;另一个是堆石颗粒强度劣化的时间步长,一般以若干天为一个步长。

在计算过程中,随着颗粒强度的进一步劣化,堆石体系统原有的平衡状态被打破。此时,进行新的系统平衡迭代,直至达到新的平衡状态,本次强度劣化时步结束时系统的反应即为此步的流变变形增量。

将整个流变计算过程划分为 N 个时步,如图 4.3.4 所示。在每个时步之前,对堆石体系统进行平衡计算,达到静力平衡状态后,根据强度劣化模型计算堆石颗粒新的强度,随后进入下一个时步,直至计算结束。该方法将 SGDD 的运算视为一个个时间结点,仅仅是为流变计算提供静力平衡状态,这些强度不断劣化的时间结点串联形成整个流变计算过程。

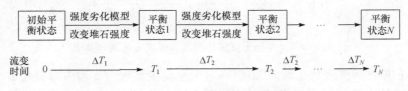

图 4.3.4　SGDD 方法中的时间策略

4.3.3　堆石体三轴流变数值试验

堆石体的流变试验是在应力式三轴仪上进行的,试样直径 300mm,高度 600mm,如长江科学院的 YLSZ30-3 应力式大型三轴仪。我们采用 SGDD 模型进行堆石体三轴流变数值试验,数值试样级配采用双江口心墙堆石坝堆石体流变试验级配。数值试样尺寸为 300mm × 600mm,最大粒径 $d_{max} = 60$mm,孔隙率为 30%,共生成 8586 个颗粒,采用二阶四面体网格离散为 123 343 个实体单元,204 491 个界面单元。图 4.3.5 为数值试样及其颗粒级配曲线。

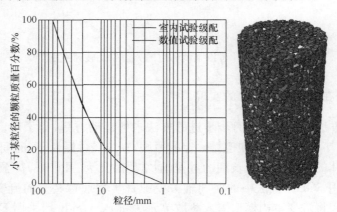

图 4.3.5　数值试样及级配曲线图

细观参数的取值是数值试验的关键,目前大部分细观参数尚不能通过试验直接获取,只能采用类比或试算的方法间接确定。本节通过调整细观参数,使数值试验得到的应变-应力曲线和接近室内三轴试验成果,如图 4.3.6 所示。表 4.3.1 为最终的细观参数。室内试验成果来自长江科学研究院所做的双江口堆石体三轴试验。

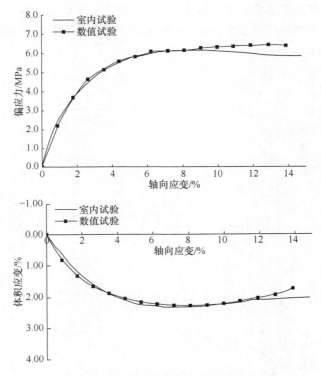

图 4.3.6　数值试验中细观参数取值

表 4.3.1　细观参数

密度 $\rho/(\mathrm{kg/m^3})$	2790	弹性模量 E/GPa	20
泊松比 ν	0.2	单轴抗压强 f_c/MPa	90
压拉比 ct	8	内摩擦角 $\varphi/(°)$	30
I 型断裂能 $G_n^c/(\mathrm{N/m})$	200	II 断裂能 $G_s^c/(\mathrm{N/m})$	10 000
$k_n^c/(\mathrm{N/m})$	$2800×10^9$	$k_s^c/(\mathrm{N/m})$	$2800×10^9$
摩擦系数 u	0.466	$K_s/(\mathrm{N/m})$	$20×10^9$
$K_n/(\mathrm{N/m})$	$20×10^9$		

　　为了验证对流变机理解释的合理性,我们进行了双江口堆石体的三轴流变数值试验。流变数值试验中围压分别为 1.6MPa 和 2.4MPa,应力水平 0.8,细观参

数如表 4.3.1 所示,数值试验中的应力路径与室内试验一致。根据双江口花岗岩堆石体母岩的长期强度试验,确定劣化模型参数 a 为 0.145,n 为 4.26。图 4.3.7 为数值模拟结果与长科院所做双江口堆石体的流变试验成果对比。可以看出,数值试验的轴向流变及体积流变及室内试验成果规律上相似,数值上略有差别。室内试验中初期流变变形略大于数值模拟结果,流变变形收敛较快。这是由于室内流变试验的试样中存在很多小颗粒,这部分颗粒受外界环境影响劣化较快,加速了流变变形的发展。

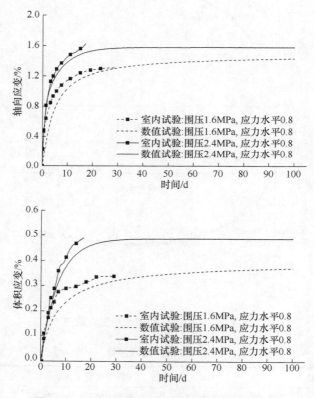

图 4.3.7 　双江口堆石体三轴流变数值试验成果

受外界环境影响,堆石体颗粒的劣化导致宏观流变变形的出现。颗粒劣化的程度和劣化速率必然影响流变变形的大小和收敛速度,为此我们对颗粒强度劣化模型进行了参数敏感性分析。分析颗粒强度劣化程度影响时,固定反映劣化速率的参数 n 为 5。分析强度劣化速率时,固定反映劣化程度的参数 a 为 0.2。由图 4.3.8 可知,随着颗粒强度劣化程度的增大,宏观流变变形量逐渐增加,强度劣化程度由 0.1 增大至 0.4 时,轴向流变变形从 1.14% 急剧增加至 6.96%。分析图 4.3.9 可以看出,颗粒强度的劣化速率对最终流变变形量和流变速率均有较大影响,颗粒劣化得越快,宏观流变变形量越大,流变变形收敛得越快。

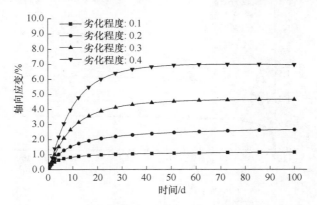

图 4.3.8　不同劣化程度的堆石体流变数值试验成果

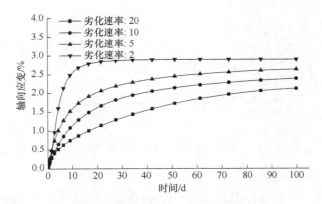

图 4.3.9　不同劣化速率的堆石体流变数值试验成果

　　以上分析表明,受外界环境因素影响,颗粒性质发生劣化,其劣化程度与劣化速率对宏观流变变形量和流变收敛快慢影响较大。以往的试验研究表明,堆石体的流变变形与围压和应力水平也有较大的关系,围压越高,应力水平越大,流变变形量越大。目前,对不同母岩强度的堆石体流变特性研究较少,为此本节采用数值试验方法进行不同母岩强度的堆石体流变数值试验。颗粒强度分别为 60MPa、90MPa、120MPa,其余参数如表 4.3.1 所示,强度劣化模型参数 a 为 0.15,n 为 3。分析数值试验结果可知,母岩强度对堆石体流变特性影响较大,在其他参数相同的情况下,颗粒强度越低,堆石体的轴向和体积流变变形均越大,颗粒强度由 60MPa增大至 120MPa 时,轴向流变变形从 2.33% 急减小至 0.69%。这与工程实践中软岩堆石体的后期变形较大的事实相符合。不同颗粒强度的堆石体流变数值试验结果如图 4.3.10 所示。

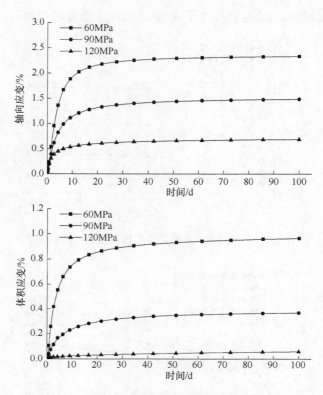

图 4.3.10　不同颗粒强度的堆石体流变数值试验成果

4.4　双江口 300m 级心墙堆石坝工程实例应用

4.4.1　工程概况及研究内容

　　大渡河是长江流域岷江水系最大支流,发源于青海省果洛山东南麓,分东西两源,东源为足木足河,西源为绰斯甲河。东源为主源。大渡河流经四川省阿坝、甘孜、雅安等地区,在乐山市汇入岷江;干流全长 1062km,天然落差 4175m;全河流域面积 77 400km² (不包括青衣江),年径流量 470 亿 m³。

　　双江口水电站位于四川省阿坝藏族羌族自治州马尔康县、金川县境内大渡河上游东源(主源)足木足河与西源(次源)绰斯甲河汇合口以下约 1~6km 河段,坝址上距马尔康县城约 45km,下距金川县城约 43km,经马尔康至成都的公路距离约 400km,有国道 G317 线、省道 S211 线通达。

　　双江口水电站是大渡河流域水电梯级开发的上游控制性水库,是大渡河流域水电梯级开发的关键性工程之一。坝址处控制流域面积 39 330km²,年径流量 166

亿 m³,多年平均流量 527m³/s。坝址区地震基本烈度为 7 度,100 年超越概率 2%
的基岩地震动峰值加速度为 205gal,一般场地条件下计算概率地震烈度为 8 度。
坝址区河谷属高山深切曲流河谷,两岸山体雄厚,河谷深切,谷坡陡峻;出露地层岩
性主要为燕山早期木足渡似斑状黑云钾长花岗岩和晚期可尔因二云二长花岗岩;
河床覆盖层深厚(最厚约 67.8m);坝址区无区域性断裂切割。电站水库正常蓄水
位 2500m,对应库容约 27.32 亿 m³,具有年调节能力,电站装机容量 2000MW,年
发电量 81.28 亿 kW·h,设计枯水年枯期平均出力 48.6 万 kW。枢纽建筑物由土
质心墙堆石坝、洞式溢洪道、直坡泄洪洞、竖井泄洪洞、放空洞、发电厂房、引水及尾
水建筑物等组成。土质心墙堆石坝最大坝高约 312m,枢纽最大泄洪流量约
8000m³/s。

针对 300m 级堆石坝流变本构模型与分析方法进行了如下几方面的研究。

（1）堆石体流变变形机理研究

针对大渡河双江口心墙堆石坝堆石体材料的组成特点,定义能够完整表达堆
石体颗粒集合体流变变形特征的组构张量,研究具有时间效应的堆石体组构张量
的数学特征,在定义反映堆石体颗粒集合体流变变形特征的组构张量基础上,探讨
采用固体路径方法和细观非均质力学方法研究堆石体颗粒材料的细观平衡方程,
以及形变方程的具体表达式,为堆石体流变变形机理的细观组构分析奠定基础。
运用堆石体组构理论针对基于常规压缩试验、三轴试验产生的流变变形进行理论
分析和试验验证,探讨堆石体产生流变变形的组构条件,从组构张量理论出发分析
堆石体流变产生的细观机理。

（2）堆石体流变本构模型研究

根据现有宏观流变试验成果和流变机理研究成果,运用滞后变形理论和损伤
蠕变理论初步建立能够应用于大渡河双江口心墙堆石坝复杂应力路径下的堆石体
非线性流变数学模型。

在大渡河双江口心墙堆石坝堆石体室内流变试验成果出来以后,对上述初步
流变模型的流变规律进行修正和完善,根据已建的若干个高心墙堆石坝实测变形
资料和室内试验成果对提出的非线性流变模型进行验证。

（3）堆石体流变分析方法研究

在目前的土石坝变形计算中,通常分别考虑土石料的湿化和流变变形,首先通
过试验确定相应应力状态下的附加变形,再在有限元计算中采用初应变的方法进
行变形计算。上述方法并不十分严密,需要进一步完善并探讨建立更为合适的本
构模型的可能性。探索通过引入反应时间变量参数,将流变变形引入弹(塑)性模
型的可能性。

（4）大渡河双江口 300m 级高心墙堆石坝流变控制的工程措施研究

综合考虑堆石体本身性状、施工分期过程、蓄水过程、筑坝后坝基岩体的变形,

以及心墙拱效应等因素,研究分析正在设计中的双江口高心墙堆石坝的流变变形发展规律和流变变形控制的工程措施。

4.4.2　堆石体流变变形机理的组构研究成果

组构分析张量不仅包含位移、应力等宏观指标所表达的力学意义,而且还包含堆石体颗粒本身的几何形态、空间分布、颗粒间的相互作用等细观结构信息。推导颗粒集合体组构张量与应力张量和应变张量的表达式(式(4.4.1)～式(4.4.3)),建立配位数、接触力、接触力方向等细观组构张量的演化模型,深刻揭示了堆石体颗粒集合体的细观组构演化特性对宏观力学和变形响应的影响。

采用固体路径的分析方法可以得到在 r 方向上,t 时刻枝长的平均值,即

$$\bar{L}_i^t = \int_t^{t+\Delta t}\int_{L_{\min}}^{L_{\max}}\int_{-\frac{\pi}{2}}^{\frac{\pi}{2}} L^t f(L^t) f(\theta^t)\cos\theta^t \,\mathrm{d}\theta \mathrm{d}L \mathrm{d}\tau \tag{4.4.1}$$

其中,$f(L^t)$ 和 $f(\theta^t)$ 分别表示枝长和枝向量与 r 轴的夹角分布密度函数。

在等围压三轴条件下,有

$$\mathrm{d}\boldsymbol{\varepsilon}_1^t = \frac{\iiint L^t f(L^t)\delta f(\theta^t)\cos\theta^t \,\mathrm{d}\theta \mathrm{d}L \mathrm{d}\tau}{\iiint L^t f(L^t) f(\theta^t)\cos\theta^t \,\mathrm{d}\theta \mathrm{d}L \mathrm{d}\tau} = \frac{\int_t^{t+\Delta t}\int_{-\frac{\pi}{2}}^{\frac{\pi}{2}}\delta f(\theta^t)\cos\theta^t \,\mathrm{d}\theta \mathrm{d}\tau}{\int_t^{t+\Delta t}\int_{-\frac{\pi}{2}}^{\frac{\pi}{2}} f(\theta^t)\cos\theta^t \,\mathrm{d}\theta \mathrm{d}\tau} \tag{4.4.2}$$

$$\mathrm{d}\boldsymbol{\varepsilon}_3^t = \frac{\int_t^{t+\Delta t}\int_{-\frac{\pi}{2}}^{\frac{\pi}{2}}\delta f(\theta^t)\sin\theta^t \,\mathrm{d}\theta \mathrm{d}\tau}{\int_t^{t+\Delta t}\int_{-\frac{\pi}{2}}^{\frac{\pi}{2}} f(\theta^t)\cos\theta^t \,\mathrm{d}\theta \mathrm{d}\tau} \tag{4.4.3}$$

4.4.3　计算条件和三维有限元模型

1. 材料参数

双江口心墙堆石坝体静力分析的 E-B 模型参数采用中国水电顾问集团成都勘测设计院提供的参数,如表 4.4.1 所示。流变参数如表 4.4.2 所示。

表 4.4.1　双江口心墙堆石坝 E-B 模型材料参数

材料	干密度/(t/m³)	φ_0/(°)	$\Delta\varphi$/(°)	c/(t/m²)	R_f	K	n	K_{ur}	K_b	m
覆盖层③	2.05	37	/	1.6	0.81	961	0.18	2000	485	0.23
覆盖层②	2.03	37	/	1.0	0.84	810	0.23	1600	352	0.31
覆盖层①	2.06	39	/	1.7	0.81	1050	0.21	2100	519	0.25
围堰及压重	2.07	35	/	0	0.74	800	0.27	1600	510	0.26

续表

材料	干密度/(t/m³)	φ_0/(°)	$\Delta\varphi$/(°)	c/(t/m²)	R_f	K	n	K_{ur}	K_b	m
高塑性黏土	1.67	18.3	/	4.6	0.87	270	0.47	550	180	0.31
心墙掺砾土	2.10	31.0	/	3.5	0.88	447	0.51	900	255	0.51
反滤层 1	2.00	42.7	3.8	0	0.72	1141	0.20	2200	423	0.23
反滤层 2	2.02	45.7	5.7	0	0.73	1396	0.23	2800	451	0.25
过渡层	2.09	47.3	6.4	0	0.79	960	0.25	2000	357	0.34
上游堆石料	2.12	41.8	3	0	0.71	1050	0.25	2100	500	0.25
下游主堆石料	2.09	50.7	8	0	0.74	1234	0.28	2400	696	0.29
下游次堆石料	2.07	48.7	8	0	0.74	1034	0.28	2400	596	0.29

表 4.4.2　双江口心墙堆石坝粗粒料幂函数流变本构模型参数

c	d	η	m	c_a	d_a	c_β	d_β	λ_V
1.232	0.684	0.084	0.152	0.662	1.961	0.725	0.511	0.083

2. 施工填筑过程和蓄水过程

计算分级及考虑堆石流变性时间分配如分期施工及蓄水时间进度(表 4.4.3)。

表 4.4.3　坝体填筑过程

分期	时段	填筑高程		
		上游	中部	下游
			2202	
1	第五年 3 月～第五年 5 月	2262	2222	2249
2	第五年 6 月～第五年 9 月	2285	2243	2266
3	第五年 10 月～第六年 5 月	2285	2277	2285
4	第六年 6 月～第六年 9 月	2305	2293	2293
5	第六年 10 月～第七年 5 月	2324	2324	2320
6	第七年 6 月～第七年 9 月	2342	2338	2338
7	第七年 10 月～第八年 5 月	2368	2368	2364
8	第八年 6 月～第八年 9 月	2388	2382	2382
9	第八年 10 月～第九年 5 月	2414	2414	2403
10	第九年 6 月～第九年 9 月	2429	2429	2429
11	第九年 10 月～第十年 5 月		2461	
12	第十年 6 月～第十年 9 月		2479	
13	第十年 10 月～第十一年 5 月		2510	

3. 有限元计算模型

本次计算完全模拟了双江口心墙堆石坝整个坝体及坝基,沿坝轴线方向共选择了28个剖面进行三维有限元网格剖分,剖分时主要采用8结点6面体单元,为适应边界过渡,采用部分棱柱体单元。其中,堆石体单元21 372个,结点18 242个,地基单元5385个,结点8772个,大坝的三维网格如图4.4.1所示。

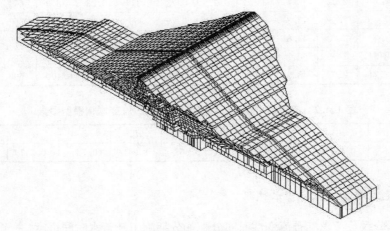

图4.4.1　双江口心墙堆石坝三维有限元网格图

4.4.4　考虑流变效应的双江口应力变形分析(E-B模型)

流变本构模型采用长江科学研究院九参数幂函数型流变本构模型,静力及流变模型参数如表4.4.1和表4.4.2所示。堆石体填筑过程和大坝蓄水过程如表4.4.3所示。流变计算完整模拟了大坝施工蓄水历时过程(表4.4.3),并延续至大坝满蓄后3年。为提高求解精度,本次流变计算在大坝填筑期计算步长为15天,蓄水过程步长为30天,满蓄后,步长为60天,共分为216步,在计算机计算能力容许的条件下,较细致地模拟了大坝整个填筑直至基本稳定的过程。本次计算的静力及流变本构程序均采用课题组自行研究开发的三维有限元程序。

整理了最大剖面0+392.49和坝轴线断面2个剖面在竣工期、蓄水至正常蓄水位下及大坝变形基本稳定期(满蓄后3年)3种工况下大坝考虑流变效应的应力变形结果。

计算时位移应力的正负号规定:竖向位移以铅直向上为正,水平位移以指向下游为正,坝轴向位移以指向右岸为正;坝体应力以拉应力为正,压应力为负。等值线图采用Max和Min表示应力或变形的极值,其中只有Max的图中Max表示该量的极值,有Max和Min时,Max表示正方向的极值,Min表示负方向的极值。

1. 考虑流变效应的双江口应力变形分析（原试验参数）

经过计算，表 4.4.4 分别给出了考虑流变效应和不考虑流变效应的大坝的应力、变形的极值，图 4.4.2～图 4.4.9 给出了大坝两个典型剖面的位移、应力等值线图。

表 4.4.4　双江口心墙堆石坝应力、变形极（E-B 模型）

坝体计算模型		不考虑流变		考虑流变		
工况		竣工期	蓄水期	竣工期	蓄水期	基本稳定期
坝体变形/cm	向下游水平位移	28	71	30	77	86
	竖向位移	−272	−284	−334	−348	−355
堆石体应力/MPa	大主应力	−3.94	−4.24	−4.09	−4.40	−4.40
	小主应力	−0.94	−1.32	−1.39	−1.77	−1.78
心墙应力/MPa	大主应力	−3.25	−3.36	−3.51	−3.70	−3.72
	小主应力	−1.23	−1.33	−1.65	−1.81	−1.82

注：竣工期是指坝体浇筑完毕的时刻；蓄水期是指大坝最后蓄水至正常高水位的时刻；基本稳定期是指水库最后一次满蓄后 3 年左右。

从最大剖面的位移等值线图和表 4.4.2 可知，总体上考虑堆石体的流变特性后使得坝体的位移增大。坝体不同部位的位移变化不同，与施工及蓄水过程有关。施工期由于荷载间歇时间短，堆石体的流变变形不能在短时间内达到稳定状态，但到竣工期流变变形已经完成了相当大的一部分。由表 4.4.4 可以看出，大坝变形基本稳定期的坝体沉降为 3.55m，约为坝高的 1.13%。

考虑流变效应的竣工期坝体最大沉降为 3.34m，约为坝高的 1.06%，比不考虑流变效应求得的竣工期最大沉降 2.72m 增加 0.62m，增加的百分比为 22.8%。

考虑流变效应的蓄水期坝体最大沉降为 3.48m，约为坝高的 1.11%，比不考虑流变效应求得的蓄水期最大沉降 2.84m 增加 0.64m。产生这种现象的原因是在不考虑流变效应时，心墙在上游渗透水压力的作用下产生较大的向下游的水平位移，此时在心墙与上游堆石体之间会出现一定程度的落空现象，因此在心墙与上游堆石体之间产生较大的铅直位移。考虑流变效应时，由于双江口心墙堆石坝施工期较长，到大坝蓄水的时候流变变形已经完成了相当大一部分，此时由于流变变形的影响，堆石体趋于更加密实。从表 4.4.4 可以看出，考虑流变效应时，蓄水期的向下游水平位移小余不考虑流变效应的，而且上游堆石体由于流变效应更加密实，这时心墙与上游堆石体之间虽然也会出现落空的现象，但由于上述因素的影响，由落空导致的铅直向位移较小。

　　以上分析表明,施工期流变引起的最大附加沉降为 0.62m,从大坝竣工到蓄水至正常高水位时,因流变引起的最大附加沉降为 0.02m,因此从施工到正常蓄水位时因流变引起的总的附加沉降为 0.64m,约为坝高的 0.20%。此外,流变引起的大坝向下游的水平位移增量为 15cm。

　　图 4.4.2～图 4.4.10 给出了典型剖面在各工况下,考虑流变效应时的主应力等值线分布图。

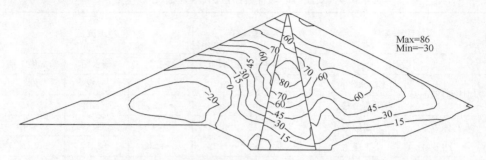

图 4.4.2　0+392.49 断面考虑流变效应基本稳定期水平位移等值线图(单位:cm)

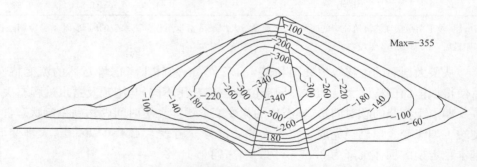

图 4.4.3　0+392.49 断面考虑流变效应基本稳定期铅直位移等值线图(单位:cm)

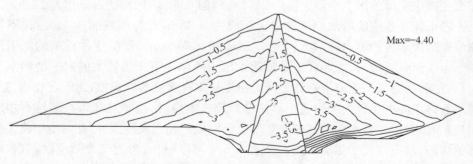

图 4.4.4　0+392.49 断面考虑流变效应基本稳定期大主应力等值线图(单位:MPa)

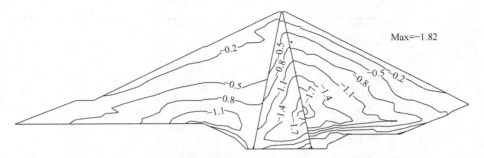

图 4.4.5　0+392.49 断面考虑流变效应基本稳定期小主应力等值线图(单位:MPa)

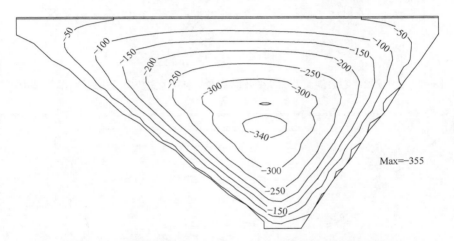

图 4.4.6　坝轴线心墙剖面考虑流变效应基本稳定期铅直向位移等值线图(单位:cm)

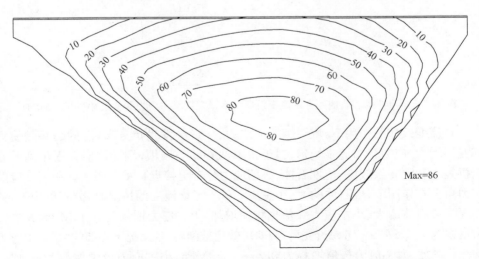

图 4.4.7　坝轴线心墙剖面考虑流变效应基本稳定期顺河向位移等值线图(单位:cm)

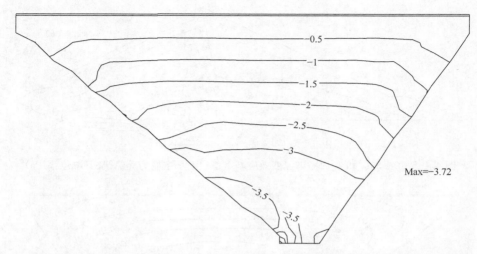

图 4.4.8　坝轴线心墙剖面考虑流变效应基本稳定期大主应力等值线图（单位：MPa）

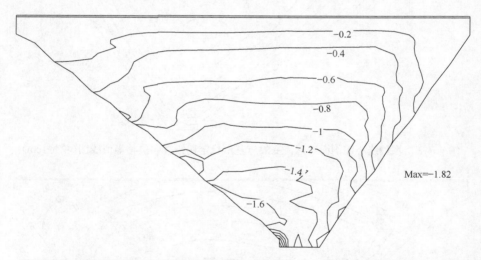

图 4.4.9　坝轴线心墙剖面考虑流变效应基本稳定期小主应力等值线图（单位：MPa）

　　在流变效应的作用下，堆石坝体的应力、变形会发生重分布，总的趋势是使大坝变形增大、应力分布逐步均匀；对于狭窄河谷的心墙坝，流变效应会逐步削弱心墙拱效应和河谷拱效应，使堆石体、心墙应力分布更接近自重分布。在流变效应的应力重分布作用下，堆石体的大、小主应力较不考虑流变的情况时，分布更均匀，各工况下堆石体的大、小主应力极值也相应增加，大主应力增幅为 0.15MPa，大主应力增幅为 0.45MPa。考虑流变后，心墙拱效应被削弱，各工况下心墙的大、小主应力均相应增加，大主应力极值增幅为 0.26~0.36MPa，小主应力极值增幅为 0.42~

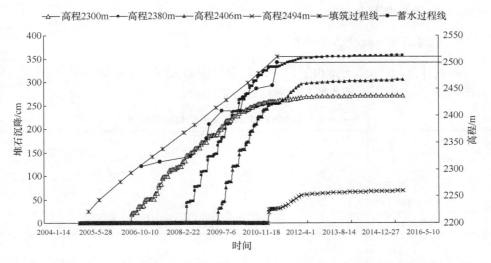

图 4.4.10　考虑流变时坝体最大断面的堆石体 2300m、2380m、2406m、2494m 处的沉降变化

0.49MPa。由此可以看出,堆石体的流变变形将引起堆石体应力的调整,使得堆石体趋于更加密实,应力趋于更加均匀。

考虑堆石体的流变效应后,双江口大坝坝体的变形增加较大,但与类似工程相比,坝体的最大沉降不大,双江口心墙堆石坝的位移、应力分布及变化符合心墙堆石坝应力变形的一般性规律。总之,双江口大坝的变形与应力的规律性与已建坝的实测值和在建坝的计算成果基本上一致,处位设计的控制范围之内。

本次堆石体流变效应计算采用长江科学院的幂函数本构模型,根据堆石体流变试验曲线,在不同应力状态下的流变量～时间曲线在双对数坐标系下均呈明显的线性关系,因此堆石体流变量与时间曲线可以采用幂函数表达,即

$$\varepsilon_L(t) = \varepsilon_f(1 - t^{-\lambda}) \tag{4.4.4}$$

其中,λ 值越大,前期流变速率相对越快,约以 100 年为流变完成期,当 $\lambda = 0.07$,则 1 天流变完成 32%,1 个月完成 60%,1 年完成 76%,10 年完成 90%,当 $\lambda = 0.15$,则 1 年流变完成 85%。双江口流变参数得出的 λ 在 0.07 左右,因此流变完成期较长[128]。

坝体填筑时间约为 6 年,根据蓄水过程线采用边填筑边蓄水。蓄水至正常蓄水位后,计算了 3 年的沉降期,计算时段共历时 10 年。从堆石体和心墙沉降值随时间变化的数据可以得出,在坝体完建后 4 年左右,堆石体和心墙每月沉降率均小于 2mm/s。因此,可以认为到坝体完建后 4 年,坝体沉降基本稳定。图 4.4.10 是坝体最大断面的坝轴线上 1/3、2/3 坝高,以及接近坝顶高程和坝体最大沉降发生高程处的心墙总沉降和堆石体沉降随时间的变化图。图中的时间是相对时间,如 2013-8-14 指第 2013 年 8 月。坝体从第五年开始填筑,到第十五年为止,沉降基本

完成,月沉降率小于 2mm/s。

2. 仅考虑坝体流变变形的坝体变形规律

经过计算,表 4.4.5 给出了仅考虑流变效应的大坝的变形的极值,图 4.4.11
和图 4.4.12 给出了大坝典型剖面的位移等值线图。

表 4.4.5　仅考虑坝体流变变形的位移最值表

工况 坝体变形	竣工期	蓄水期	基本稳定期
向下游水平位移/cm	18	9.47	16.9
向上游水平位移/cm	-20	-24.84	-22.6
竖向位移/cm	-67	-74.6	-78.8

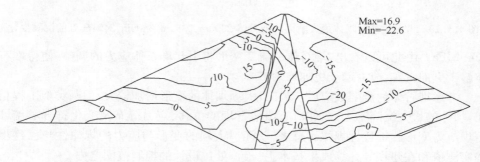

图 4.4.11　基本稳定期仅考虑坝体流变变形的顺河向最大断面位移图

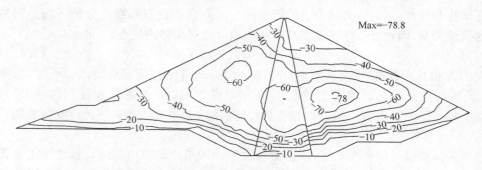

图 4.4.12　基本稳定期仅考虑坝体流变变形的铅直向最大断面位移图

从最大剖面的位移等值线图和表 4.4.5 可知,由流变引起的水平位移和铅直
位移都发生在上下游坝坡的 1/3~1/2 高程处。铅直位移体现出明显的层状分布,
这与坝体的填筑方式吻合。不同时期的水平位移在坝体不同部位的变化,与施工
及蓄水引起的应力状态改变有关。蓄水期流变引起的坝体沉降达到 74.6cm,流变

已经完成了相当大的一部分,在基本稳定期,流变量为 78.8cm,占同期坝体总变形的 22%,由于在基本稳定期,流变已经完成了 85%,后期每年的流变量很小,因此基本稳定期的数据具有参考价值。

<h2 style="text-align:center">4.5　小　　　结</h2>

堆石体流变的主要机理是由水位变化、降雨入渗、日晒雨淋等环境因素导致堆石体发生性质劣化,与此同时颗粒发生高接触应力-破碎和重新排列-应力释放、调整和转移,这一过程由于颗粒的持续劣化而不断重复。

基于二维颗粒流方法,在平行连接模型中引入损伤因子,并定义了平行连接在持荷状态下的损伤演化准则,介绍了损伤模型的堆石体流变试验在离散元法中的实现方法。基于该模型,进行了堆石体双轴流变数值试验。基于损伤模型的堆石体双轴流变试验基本能够模拟出堆石体的流变变形特征,应力水平越高,颗粒发生破碎的数量和分布范围越大,相应的流变变形也越大。

在考虑颗粒破碎的堆石体不连续变形分析方法 SGDD 中,引入颗粒强度劣化模型反映颗粒强度随外界环境的持续劣化。应用该方法进行堆石体三轴流变数值试验,模拟结果与室内试验所观察到的规律一致,这表明考虑流变效应的 SGDD 方法抓住了堆石体流变的主要机理,适合模拟堆石体的流变变形这一复杂的、非线性演化问题。数值试验结果表明,堆石体随外界环境的劣化程度、劣化速率、母岩强度对宏观流变变形有较大影响。

结合双江口心墙堆石坝,对堆石体的细观变形机理和细观数值模拟方法进行了研究,运用堆石体细观组构理论及基于随机颗粒不连续变形方法建立了堆石料的数值试验平台,提出能适用于高围压、复杂应力路径下的堆石体非线性流变本构模型,并对双江口心墙堆石坝进行了考虑堆石体流变效应的应力变形仿真分析。

<h3 style="text-align:center">参 考 文 献</h3>

[1] 王勇. 堆石流变的机理及研究方法初探[J]. 岩石力学与工程学报,2000,19(4):526-530.

[2] 梁军,刘汉龙,高玉峰. 堆石蠕变机理分析与颗粒破碎特性研究[J]. 岩土力学,2003,24(3):479-483.

[3] 周伟,胡颖,闫生存. 高堆石坝流变机制的组构理论分析方法[J]. 岩土工程学报,2007,29(8):1274-1278.

[4] 殷宗泽. 高土石坝的应力与变形[J]. 岩土工程学报,2009,31(1):1-14.

[5] 王海俊,殷宗泽. 堆石料长期变形的室内试验研究[J]. 水利学报,2007,38(8):914-919.

[6] 孙国亮,孙逊,张丙印. 堆石料风化试验仪的研制及应用[J]. 岩土工程学报,2009,31(9):1462-1466.

[7] 张丙印,孙国亮,张宗亮. 堆石料的劣化变形和本构模型[J]. 岩土工程学报,2010,32(1):

98-103.

[8] Oldecop L A, Alonso E E. A model for rockfill compressibility[J]. Geotechnique, 2001, 51 (2): 127-139.

[9] 谢强, 姜崇喜. 岩石细观力学实验与分析[M]. 西安: 西南交通大学出版社, 1997.

[10] Tran T H, Ve'nier R, Cambou B. Discrete modelling of rock-ageing in rockfill dams[J]. Computers and Geotechnics, 2009, 36: 264-275.

[11] Itasca Consulting Group, Inc. PFC2D (Particle Flow Code in 2 Dimensions), Version 4.0 [M], New York: Minneapolis, 2008.

[12] Potyondy D O. Simulating stress corrosion with a bonded-particle model for rock[J]. International Journal of Rock Mechanics and Mining Sciences, 2007, 44: 677-691.

[13] 郭兴文, 王德信, 蔡新, 等. 混凝土面板堆石坝流变分析[J]. 水利学报, 1999, 11(11): 42-46.

[14] 许洪发. 软岩强度和弹模的时间效应研究[J]. 岩石力学与工程学报, 1997, 16(3): 246-251.

[15] 李良权, 徐卫亚, 王伟, 等. 基于流变试验的向家坝砂岩长期强度评价[J]. 工程力学, 2010, 27(11): 127-136.

[16] 沈明荣, 谌洪菊. 红砂岩长期强度特性的试验研究[J]. 岩土力学, 2011, 32(11): 3301-3305.

[17] 李连崇, 徐涛, 唐春安, 等. 单轴压缩下岩石蠕变失稳破坏过程数值模拟[J]. 岩土力学, 2007, 28(9): 1978-1986.

[18] Jin F, Zhang C H. Creep modeling in excavation analysis of a high rock slope[J]. Journal of Geotechnical and Geoenvironmental Engineering, 2003, 129(9): 849-857.

[19] 马刚, 常晓林, 周伟, 等. 高堆石坝瞬变-流变参数三维全过程联合反演方法及变形预测 [J]. 岩土力学, 2012, 33(6): 1889-1895.

[20] 马刚, 周伟, 常晓林, 等. 颗粒劣化效应的堆石体流变细观数值模拟[J]. 岩土力学, 2012, 33 (S1): 257-264.

第5章 考虑流固耦合效应的堆石体应力变形细观数值模拟方法

随着我国西南地区水电开发进程的加快,一批 300m 级的高心墙堆石坝(如双江口、两河口、糯扎渡等)正在建设或即将开工建设。然而,在高心墙堆石坝的建设中还存在一系列亟待解决的重要问题,其中心墙的水力劈裂是备受关注的焦点。目前针对堆石或土石坝的心墙水力劈裂问题虽然已取得不少成果,但现有的成果大多是从宏观的角度进行研究,对心墙水力劈裂发生机制的认识尚未达成一致的观点。本章采用考虑流固耦合的颗粒流方法,从细观的角度探究了心墙水力劈裂发生的机理。

5.1 水 力 劈 裂

土(堆)石坝心墙的水力劈裂是指在高水压力作用下,高压水局部渗入心墙体并使心墙被劈开,产生集中渗漏通道的现象。在土(堆)石坝工程中,心墙发生水力劈裂而导致坝体渗漏或失事的报道十分常见。1976 年,美国 Teton 坝[1-3]失事,事后一些专家对事故原因进行了研究和调查,认为发生在心墙下部的水力劈裂导致的坝体内部冲蚀和管涌是造成溃坝的主要原因。此外,挪威的 Hyttejuvet 坝[4,5]、英国的 Balderhead 坝[6],以及美国的 Wister 坝[7]和 Yard's Creek 坝[8]等,均是心墙的水力劈裂导致了重大的经济损失乃至灾难性的后果。

由于心墙水力劈裂问题的重要性和复杂性,近年来工程和学术界已对此开展了大量的研究工作。但心墙水力劈裂的发生、发展过程很难直观地进行验证和仿真,长期以来,研究者只能从宏观的角度,通过推理的方法从工程、试验现象对其进行研究。为了弄清水力劈裂发生的机理及发展过程,研究者进行了大量的现场、室内试验和数值模拟研究。由于对水力劈裂发生机理的认识不同,以及在试验中模拟土(堆)石坝心墙水力劈裂发生条件的难度很大等多种原因,研究者对水力劈裂的发生条件、物理机理,以及判别方法等问题尚存有不同看法。目前我国高土石坝的建设正处于高峰时期,一批 300m 级的高心墙堆石坝(如双江口、两河口、糯扎渡等)正在建设或即将开工建设,高土石坝心墙的水力劈裂问题就成为心墙坝在设计当中亟待解决的关键问题。

目前从宏观的角度研究水力劈裂的发生、发展过程难以完全揭示水力劈裂的破坏机理,且尚未形成一致的观点,因此采用颗粒离散元方法对心墙堆石坝的心墙水力劈裂进行研究,有助于从细观角度探讨其发生机理,对今后高心墙堆石坝的设计与建设有着极其重要的指导意义。

自 20 世纪 70 年代以来,许多国外学者针对水力劈裂的发生机理开展了较多的研究工作。Vaughan[9] 认为当有效小主应力变为拉应力,且其数值大于土的抗拉强度时就会形成劈裂缝,而要保持裂缝张开,缝中的水压力必须大于边界上的总应力。Bjerrum 等[10,11] 通过现场渗透试验认为水力劈裂属于拉伸破坏。Nobari[12] 通过试验证实了水力劈裂的破坏形式是发生在小主应力面上的拉裂破坏,即水力劈裂破坏属于拉伸破坏。

Jaworski 等[13] 在立方体压力盒中进行了土的水力劈裂试验,并得出了土的劈裂压力经验公式,即

$$u_f = \sigma_{tf} + m_f \sigma_H \tag{5.1.1}$$

其中,σ_{tf} 是土的抗拉强度;m_f 是试验常数;σ_H 是土的水平主应力。

Jaworski、Seed 和 Duncan[14] 认为 Teton 坝失事的原因是水压力大于该点的总应力与抗拉强度之和。Jawoski 等[14] 假定土为不透水的线弹性材料、水力劈裂发生时有效应力为拉应力,且在数值上等于土的抗拉强度,并推导出起裂压力的近似解,认为水力劈裂是弱链破坏现象,劈裂起始于抗劈裂最弱的点。Hassani 等[15] 利用常规三轴仪,对黏性土的厚壁圆筒试样进行水力劈裂试验,试验结果表明,水力劈裂压力与围压呈线性关系,非饱和试样的水力劈裂压力大于饱和试样的水力劈裂压力。

Mori 和 Tamura[16] 对六种黏性土进行了室内水力劈裂试验,并根据试验成果提出水力劈裂计算公式,即

$$P_f = \sigma_3 + q_u \tag{5.1.2}$$

其中,σ_3 是小主应力;q_u 是无侧限抗压强度。

Panah 和 Yanagisawa[17] 对击实黏性土的厚壁圆筒试样进行了不同围压的水力劈裂试验,试验结果表明,在不固结不排水条件下,当孔周的总应力达到 Mohr-Coulomb 准则的破坏条件,试样发生水力劈裂。Murdoch[18-20] 认为水力劈裂是垂直于裂缝面的正应力达到一定值引起的,属于纯 I 型问题。Vallejo[21] 认为土石坝中的水力劈裂,不仅可以由垂直于裂缝面上的应力引起,而且可以由平行于裂缝面的剪应力引起,应属于 I-II 复合型裂缝的扩展问题。Andersen 等[22] 认为水力劈裂的破裂面可以沿水平方向,也可以沿竖直方向,其方向取决于水平向和竖向应力中,哪一个先出现拉应力,即那个方向的应力先满足水力劈裂的发生条件。Ng 和 Small[23] 采用有限元法对心墙的水力劈裂进行了研究,并认为如果心墙内的有效竖向应力减小至其抗拉强度,则心墙内会发生水力劈裂现象。Au 等[24] 利于改造的固结仪对高岭土试样进行了水力劈裂试验,分析了超固结比、边界条件等对水力劈裂压力的影响。

近 30 年来,关于心墙的水力劈裂研究国内的学者也取得了很多研究成果。黄

文熙[25]指出:"心墙中任何一点处的最小主应力的有效值降低到心墙料的抗拉强度时,心墙就会沿着这个最小主应力面产生水力劈裂"。孙亚平[26]通过试验研究和理论分析结果的比较,阐明了促使土体发生水力劈裂的必要条件是土体的最小有效主应力达到土的抗拉强度,应该采用有效应力分析方法进行水力劈裂分析和判别,并推导了平面应变条件下,渗水体积力作用的中空圆柱土体在等围压下的起裂压力弹性解。丁金粟等[27]采用中空圆柱试件在稳定渗流条件下进行水力劈裂试验,并将理论分析与试验结果进行了对比,建议今后在高土石坝设计中,考虑防渗体水力劈裂问题时,应当在分析渗水力对防渗体应力场影响的基础上研究发生水力劈裂的可能性。沈珠江等[28]模拟了 Teton 坝水力劈裂的离心模型试验,并得出结论深截水槽心墙未必会发生水力劈裂破坏,常用的总应力法过大地估计了水力劈裂发生的可能性。曾开华等[29]分析研究了心墙与坝壳的泊松比、弹性模量,以及心墙倾斜度等因素对心墙水力劈裂的影响,研究结果表明,提高心墙与坝壳泊松比都有利于防止心墙水力劈裂,且坝壳与心墙的弹性模量比越大,心墙越易产生水力劈裂,斜心墙比直心墙更利于防止水力劈裂。曾开华[30]在渐进拉裂破坏机理的基础上,考虑中主应力的影响,推导了三向应力作用下中空圆孔土体水力劈裂的弹性和弹塑性理论解,得出了起裂压力的弹性解是发生水力劈裂的下限值,而弹塑性解是发生水力劈裂的上限值的结论。张坤勇等[31]采用各向异性非线性弹性模型,对水荷载作用下黏土心墙坝进行了有限元数值分析,研究了各向异性对土质心墙坝水力劈裂的影响,认为邓肯 E-ν 模型由于不能模拟蓄水期土体各向异性特性,对于水力劈裂发生的评估可能偏于危险。殷宗泽等[32]分析了常用的有效应力法和总应力法计算水力劈裂时结果产生较大差异的原因,认为应该用心墙外水压力是否超过心墙上游面处土中的中主应力来判别水力劈裂发生的可能。张丙印等[33]研制了一种新型的水力劈裂试验装置,采用糯扎渡高心墙堆石坝心墙混合土料进行水力劈裂试验,结果证实了土石坝心墙中可能存在的渗水弱面及水库在快速蓄水的过程中产生的弱面水压楔劈效应是导致水力劈裂发生的重要条件。李全明等[34]采用弥散裂缝理论描述水力劈裂裂缝的发展过程,建立了用于描述水力劈裂发生和扩展过程的数学模型及有限元计算模式。朱俊高等[35]研究认为,水库蓄水初期是水力劈裂的危险期;完全均质的心墙内不会发生水力劈裂;裂缝或局部的缺陷及迅速蓄水的初期是土石坝心墙发生水力劈裂的两个重要条件,水力劈裂发生的根本原因是局部高水力梯度的存在。陈五一等[36]指出,目前水力劈裂分析常用的有效应力法存在不足,并提出改进方法,定义了一种判定水力劈裂的安全系数。曹雪山等[37]提出研究心墙水力劈裂问题的非饱和土固结简化计算的有效应力分析方法,研究发现提高心墙的渗透系数和心墙填筑土的初始饱和度及在初次蓄水时放慢蓄水速度等均可防止心墙水力劈裂的发生。毕庆涛[38]提出用非饱和心墙料做固结不排水试验得出总应力法计算模型参数的改进方法,以及一种新的水力劈裂判断标准,用心墙内紧靠上游表面单元的组合应力$(3\sigma_2 - \sigma_1)$与心墙前库水压力进行比较来判定水力劈裂的发生。周伟等[39]采用颗粒流程序分别对均质、非均质及均质含软弱带三种试样进行水力劈裂试验,对结果进行分析后初步认为水力劈裂破坏的力学机理是张拉破坏,且试验结果表明均质试样不会发生水力劈裂,含有软弱带的试样发生水力劈裂的可能性最大。

综上所述,国内外的研究者通过试验研究和数值模拟等方法对心墙水力劈裂发生的宏观机理进行了大量的研究工作,但是由于这一问题涉及的因素多,研究难度大,目前尚未从定量角度掌握心墙水力劈裂发生的内在细观机理,仍有待进一步探索和完善。

5.2 颗粒离散元流固耦合的计算方法

5.2.1 基本原理

颗粒流流固耦合的基本原理基于两个假设[40]。

① 假想固体中流体的渗流路径是由颗粒间接触处的平行板通道组成,该通道称为管道(如图 5.2.1 中黑色线段所示,灰色圆形表示颗粒,白色线段表示颗粒间的接触),其管径大小与接触处颗粒间的法向距离成正比。

② PFC[2D]颗粒流程序没有模拟实际的流体,而是通过流体压力体现流体作用,假设计算模型中存在能够存储压力的单元,并用域(由白色线条围成的一个闭合多边形区域,黑色圆点表示域的中心)定义这些单元。相邻域之间通过管道相连,从而根据域间的压力差实现流体流动的模拟。

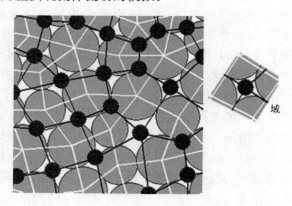

域

图 5.2.1 管道和域的示意图

PFC[2D]颗粒流程序根据如下流体计算公式和压力计算公式实现固体颗粒和流体的耦合作用。

5.2.2　流体计算

在 PFC 计算中,用管道概化流体的渗流路径,该管道相当于一个平行板通道,其长度为 L,管道孔径为 a,在垂直于平面的方向上取单位厚度。另外,域将流体计算区域离散后,计算域内的流体通过相邻域之间的压力差产生流动。由平行板均匀流的立方定律可以得到管道内的流量,即

$$q = ka^3 \frac{(P_2 - P_1)}{L} \tag{5.2.1}$$

其中,k 是渗透系数;a 是管道的孔径;$P_2 - P_1$ 是两相邻域间的压力差;L 是管道长度。

在 PFC 模型中,对于具有一定渗透性的无裂缝材料而言,其渗流通道用管道概化后,a 的大小将影响模型的渗透性。假设颗粒间的接触力为 0 时对应的管道孔径为 a_0,称为残余孔径,当给模型施加实际的应力边界条件后,接触法向可能的受力情况有 3 种,分别是受压、受拉和不受力。

当法向接触力为压力时,a 随接触法向压力的增大而逐渐减小,a 与 a_0 间的经验关系为

$$a = \frac{a_0 F_0}{F + F_0} \tag{5.2.2}$$

其中,F_0 是 a 减小到 $a_0/2$ 时的法向压力;F 是荷载作用下的法向接触压力。

当法向接触力为拉力或者 0 时,有

$$a = a_0 + mg \tag{5.2.3}$$

其中,g 是两颗粒表面间的法向距离;m 是两颗粒表面间法向距离的缩放因子。

当接触力为 0 时,两接触颗粒表面间的法向距离 g 为 0,由式(5.2.3)可以得出此时颗粒间接触处的 $a = a_0$,该结果与前面的假设一致。

5.2.3　压力计算

在一个时间步 Δt 内,域中流体压力的增量通过下式计算,即

$$\Delta P = \frac{K_f}{V_d} \left(\sum q \Delta t - \Delta V_d \right) \tag{5.2.4}$$

其中,K_f 是流体的体积模数;V_d 是域的表观体积;$\sum q$ 是每个域从周围管道中获得的总流量,以流入为正;ΔV_d 是力的作用引起的域的体积改变量。

5.2.4　流固耦合方式

在 PFC^{2D} 中,可以采用以下几种方式实现流固耦合。

① 通过接触的张开与闭合或者接触力的改变实现管道孔径的变化。

② 作用在颗粒上的力改变了域的体积,从而引起域内压力的变化。

③ 域间存在的压力差使得颗粒上作用着渗透体积力。

以上 3 种方式中的前两种由式(5.2.2)~式(5.2.4)实现。计算域内水压力施加在周围颗粒上的力时,假设该作用力沿颗粒间的连线均匀分布,如图 5.2.2 所示,黑色圆点表示域的中心,白色线段表示接触颗粒间的连线,黑色箭头表示均匀分布的水压力 P。

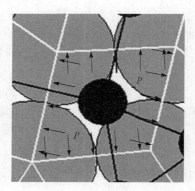

图 5.2.2　域内压力分布

由此可知,域内水压力作用在颗粒上的力可以表示为

$$\boldsymbol{F} = P\boldsymbol{n}s \tag{5.2.5}$$

其中,$\boldsymbol{n}$ 是接触颗粒间连线的法向单位矢量;s 是颗粒圆心到接触点的距离。

5.2.5　求解方法

PFC[2D]采用显示求解方法进行流固耦合计算,对每个管道和域分别计算流量和压力,并且在整个求解过程中两者的计算是交替循环进行的。

为了保证渗流计算的稳定性,渗流计算时步不应大于临界时步。假设某个域存在扰动压力 ΔP_p,根据式(5.2.1)可以计算得到由于扰动流入域内的流量,即

$$q = \frac{Nka^3 \Delta P_p}{2R} \tag{5.2.6}$$

其中,R 是该域周围颗粒的平均半径;N 是连通该域的管道个数。

由式(5.2.4)可以计算出该流量在域内产生的压力变化,即

$$\Delta P_r = \frac{K_f q \Delta t}{V_d} \tag{5.2.7}$$

要保证渗流计算稳定,那么扰动流量引起的压力变化 ΔP_r 必须小于扰动压力 ΔP_p,当两者相等时,由式(5.2.6)和式(5.2.7)可以求出临界时间步长,即

$$\Delta t = \frac{2RV_d}{NK_f ka^3} \tag{5.2.8}$$

在计算中,整体的时间步长必须取所有局部时间步长中的最小值,同时再乘以一个小于 1.0 的安全系数。

5.3 心墙水力劈裂的细观模拟

5.3.1 心墙水力劈裂的颗粒流计算模型

考虑到土石或堆石坝心墙的受力和变形近似符合平面应变特性,因此本节采用 PFC[2D] 模拟心墙的水力劈裂过程。

1. 建立颗粒流模型

本节参考张丙印教授等[33]室内试验数据资料,取颗粒流模型尺寸为 20cm×20cm,颗粒半径的取值范围为 2.0~3.0mm,其取值的分布形式采用均匀分布,孔隙率为 0.15。根据以上参数,本节颗粒流模拟生成的模型共有 1665 个颗粒,如图 5.3.1 所示,灰色圆形表示颗粒,四周的黑色线段表示墙。

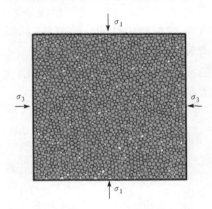

图 5.3.1 颗粒流模型

心墙作为土石或堆石坝的防渗体,其土料采用渗透性较低的黏性土,因此本节模拟在颗粒间设置接触黏结。不足之处是,目前 PFC 中的细观参数和宏观参数之间还没有建立起对应关系,而颗粒间的黏结强度(包括法向和切向)会对数值试验中水力劈裂的起裂压力值产生较大的影响。为了使数值计算结果符合室内试验的规律,本节对细观参数进行了多次调试,最终选取法向(n_bond)和切向(s_bond)的黏结强度均为 1.05×10^3 N。当颗粒间的接触力超过法向或切向黏结强度时,相应的接触黏结将发生破坏,即颗粒间产生裂缝。

为了保证计算模型的边界条件符合心墙实际的受力条件,本节通过采用 PFC[2D] 中的伺服机制(servo-control mechanism)控制边界墙的速度,使计算模型达到给定的应力边界条件,如图 5.3.1 所示。

2. 心墙水力劈裂发生的必备条件

目前很多学者对产生水力劈裂的条件有着一致的看法,认为产生水力劈裂必须具备以下条件[41]。

① 心墙中存在初始裂缝或缺陷。

② 心墙材料具有较低的渗透性。

③ 能够产生楔劈效应。

④ 水库快速蓄水。

为了能够较真实地模拟水力劈裂的发生和发展过程,本节的颗粒流模型应尽可能地满足上述四个必备条件。

本节的模型在上游侧设置了长 0.08m,厚 0.005m 的水平软弱带,并通过在上游面和水平软弱带区域内设置相应的库水压力来模拟水库的快速蓄水过程,如图 5.3.2 中深灰色区域所示(为了更加清晰地显示上游水压力和软弱带的布置,图中只标出了颗粒圆心的位置并未显示颗粒,浅灰色线条表示颗粒间的接触,圆圈表示测量圆 1,该测量圆用于测量模型内部的应力值)。如果模型在初设的上游库水压力作用下未发生水力劈裂,则逐渐增加库水压力,直至水力劈裂发生。本节在模型中设置水平初始缺陷的原因是,与竖向初始缺陷相比,土石或堆石坝在逐层碾压的施工过程中更易产生水平缺陷。

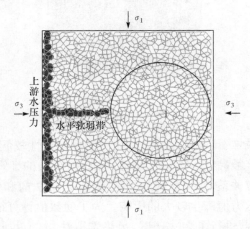

图 5.3.2　数值模型

5.3.2　流体计算参数的敏感性分析

采用颗粒流模拟土的实际宏观力学行为时,能否实现细观参数与宏观力学参数的统一将影响到模拟结果的正确与否。然而,这是一个十分复杂的过程,目前尚无统一的方法。为了减少选取参数的盲目性,本节对流固耦合所需的流体计算参数逐一地进行敏感性分析,结果如图 5.3.3 所示。

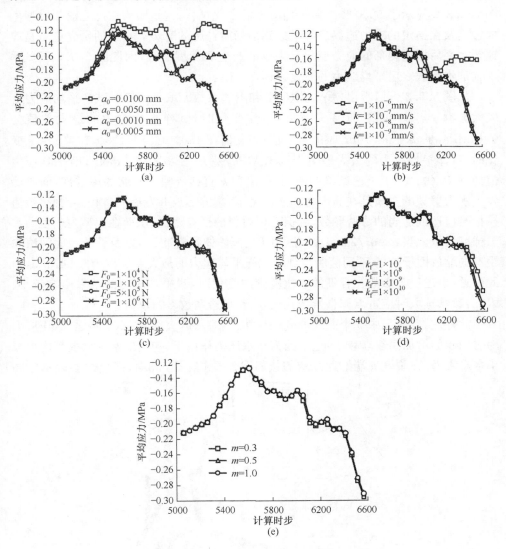

图 5.3.3　平均应力-时步关系曲线

图 5.3.3 中的 5 个曲线图均显示了计算模型中平均应力$(\sigma_1+\sigma_2)/2$随时步的变化过程,σ_1 和 σ_2 是通过模型内部的测量圆 1 测得的主应力。由于在水力劈裂研究中十分关注裂缝的继续扩展过程,因此本节将测量圆 1 布置在如图 5.3.2 所示的位置,用来记录模型水平软弱带之后区域内的平均应力变化过程。本节将心墙

中的平均应力作为衡量指标,是因为目前很多学者认为当心墙前的外水压力值大于心墙内的某一主应力或几个主应力的组合时,上游库水压力将导致心墙发生水力劈裂。由此可见,心墙内的应力值是判断水力劈裂发生的重要数据之一。此外,图 5.3.3 只显示了 5000 步之后平均应力的变化过程,这是因为在此之前是模型生成过程及在给定的应力边界条件下达到平衡所经历的时步。本节的研究重点是快速蓄水之后模型内部的应力变化及裂缝的产生和发展过程,因此图 5.3.3 只显示了施加水荷载之后平均应力的变化过程。

从图 5.3.3 可以看出,残余孔径 a_0 和渗透系数 k 取不同值对试样平均应力有较大影响。当 a_0 值在 $0.01 \sim 0.0005$mm 变化时,试样平均应力的最大差值为 0.16MPa,是 $a_0 = 0.01$mm 时的 1.3 倍;当 k 值在 $1.0 \times 10^{-6} \sim 1.0 \times 10^{-9}$mm/s 变化时,试样平均应力的最大差值为 0.13MPa,是 $k = 1.0 \times 10^{-6}$mm/s 时平均应力值的 0.79 倍。产生上述结果的原因是 a_0 和 k 直接反映了心墙的渗透性,而心墙发生水力劈裂的实质是在高水力梯度作用下,裂缝形成并发展的过程。因此,数值模拟时应选取适当的渗透参数,确保心墙材料的低渗透性,从而在模型内产生高水力梯度区域。当 $a = a_0/2$ 时,法向压力 F_0、流体体积模数 k_f,以及颗粒表面间法向距离的缩放因子 m 取不同值所得到的试样平均应力的最大差值仅为 0.04MPa,由此可见,上述三个参数在合理的取值范围内变化时,对平均应力的结果影响较小。因此,参数选取时应重点调整残余孔径 a_0 和渗透系数 k 的取值。

此外,图 5.3.3 中 5 个曲线的变化规律基本一致,大约在 5500 步之前,压应力随时间步的增加而逐渐减小,这是因为在水压力作用下,初始的水平软弱带内形成了水平裂缝,在裂缝尖端附近区域的接触黏结受拉(图 5.3.4,黑色线段表示颗粒

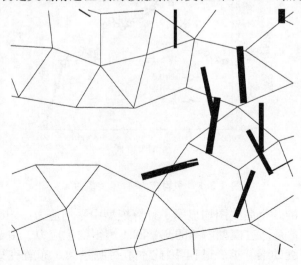

图 5.3.4　裂缝尖端区接触拉力分布

间的接触黏结受拉,线段越粗表示其受到的拉力越大,灰色线段表示颗粒间的接触),这部分拉力抵消了一部分初始竖向压力,这种效应被称为水压楔劈效应[3]。之后压应力又随时间步的增大而逐渐增加,其原因是当接触黏结破坏导致颗粒间产生裂缝后,相应的接触黏结所承受的拉力被释放,作用在颗粒上的水压力使颗粒向裂缝两侧移动,增加了裂缝两侧颗粒间的接触压力。当 a_0 和 k 取值较大时,由于模型的渗透性较大,初始弱面周围未能形成高水力梯度区域,因此模型未能发生水力劈裂,之前产生的拉应力也就无法释放。

　　根据敏感性分析的结果,最终选取的流体计算参数值如表 5.3.1 所示。

表 5.3.1　流体计算参数

残余孔径 a_0/m	渗透系数 $k/(\mathrm{mm/s})$	流体体积模数 K_f/Pa	法向压力 F_0/N	距离缩放因子 m	域的表观体积 $V_\mathrm{d}/\mathrm{m}^3$	时间步长 $\Delta t/\mathrm{s}$
1×10^{-3}	1.0×10^{-5}	1.0×10^{9}	5×10^{3}	1.0	1.0×10^{-3}	5×10^{-2}

5.3.3　水力劈裂机理的细观分析

　　本节在模拟心墙水力劈裂时,首先在模型的上游表面和水平弱面内施加初始水压力。如果模型在给定的水压力值下运行 2000 步后未能产生新裂缝(以接触黏结发生破坏作为相应接触部位产生裂缝的判定准则),则在模拟过程中逐渐增加水压力值,直至在模型内部产生连通上下游的贯穿性裂缝(图 5.3.5),并以此作为判别水力劈裂发生的依据,此时施加的库水压力即为劈裂水压力 P_f。

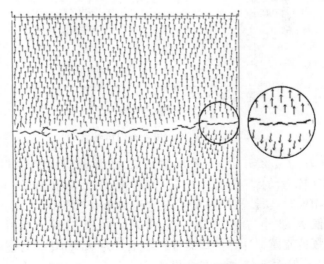

图 5.3.5　PFC2D 模拟结果

　　本节对表 5.3.2 中的三种 (σ_1, σ_3) 组合方案分别进行了颗粒流模拟,并将 PFC²ᴰ的模拟结果与室内试验成果[33]做了比较(表 5.3.2 和图 5.3.6)。从图 5.3.6可以看出,数值模拟的结果规律与室内试验的规律基本一致,即劈裂水压力 P_f 随竖向应力的增大而增大,且两者基本呈线性关系。但是,由于 PFC²ᴰ的模拟中还存在一些不确定的因素,如颗粒的大小及颗粒的组装形式等对计算结果的影响较大。另外,在流固耦合计算中还做了一些简化和假定,从而导致计算结果均较室内成果偏大。

表 5.3.2　PFC2D 数值计算结果

应力组合/MPa		劈裂水压力/MPa	
σ_1	σ_3	PFC 模拟	室内试验
0.2	0.115	0.21	0.18
0.3	0.172	0.29	0.27
0.4	0.230	0.38	0.35

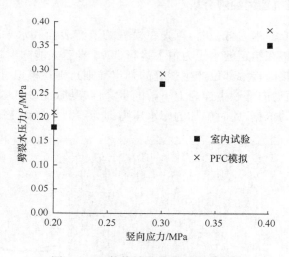

图 5.3.6　数值结果与室内试验成果

　　当竖向应力为 0.2MPa 时,采用颗粒流数值模拟得到的劈裂水压力为 0.21MPa,比室内试验的结果大 0.03MPa,偏大部分占室内结果的 16.7%;当竖向应力采用 0.3MPa 时,颗粒流模拟的劈裂水压力为 0.29MPa,比室内试验的结果大 0.02MPa,偏大部分占室内结果的 6.9%;在第三种方案中竖向应力取 0.4MPa,此时颗粒流模型计算得到的劈裂水压力为 0.38MPa,与室内试验的结果相比大 0.03MPa,偏大部分占室内结果的 8.6%。经过上述比较可以看出,采用 PFC²ᴰ进行水力劈裂模拟,其结果虽与室内试验的成果有一定出入,但偏大的范围不大,仅在 $6.9\%\sim16.7\%$,这说明采用颗粒流方法研究心墙的水力劈裂是可行的。

产生水力劈裂后的模型如图 5.3.5 所示。从图中可以清晰地看到,模型在高水力梯度的作用下,由初始水平软弱带向下游发展形成的水力劈裂面,见图中近似水平的白色连通区域(其内部用黑色的线段表示颗粒间产生的裂缝)。此外,图 5.3.5 还显示了模型内部的速度场分布,从局部放大图可以看出裂缝周围颗粒的速度方向(黑色箭头所示)基本垂直于裂缝的形成方向,从而初步证明心墙水力劈裂破坏属于颗粒间的张拉破坏,其破坏的主要力学原因是心墙中的张拉应力超过了土体的抗拉强度。

然而,目前关于水力劈裂发生的力学原因,主要有两种观点,即拉裂破坏和剪切破坏[42]。本节在模拟水力劈裂的发展过程中,除了根据裂缝周围颗粒的速度方向定性地证明水力劈裂破坏属于颗粒间的张拉破坏外,还分别记录了法向和切向接触黏结破坏数目的变化过程,如图 5.3.7 所示。图 5.3.7 显示的是初始竖向应力为 0.2MPa 的结果,另外两种方案的结果规律与之类似。图中初始的 21 条法向黏结破坏裂缝是由于水平软弱带内瞬时施加水压力产生的。当程序运行到 6622 步时,模型内形成了贯穿性裂缝,总的法向黏结破坏裂缝数目达到 57 条。从该图可以看出,法向黏结破坏的数目随着水力劈裂的发展逐渐增加,而切向黏结破坏的个数始终为零。这一结果再次证明,心墙内部的法向拉裂破坏导致了水力劈裂现象的发生。

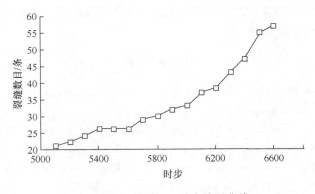

图 5.3.7　裂缝数目-时步关系曲线

此外,从图 5.3.7 还可以看出,形成的裂缝数目与计算时步之间并不呈线性关系。其原因是,只有在裂缝尖端处积聚的能量才足以使裂缝进一步扩展,才能在模型中产生新的裂缝。因此,图中线段斜率较小的时步段对应的是裂缝尖端处能量积聚及内部应力调整的时段,一旦能量足够大,就会形成新裂缝。

从裂缝的发展方向(图 5.3.5)可以看出,水力劈裂面近似垂直于 σ_1 的作用方向,这表明在高水力梯度作用下,产生的水力楔劈效应降低了裂缝尖端区附近的 σ_1。从图 5.3.6 和表 5.3.2 可以看出,对于三组不同的 (σ_1, σ_3) 组合,当 σ_1 小于或接近心墙上游面的外水压力时,模型就会发生水力劈裂。

5.4 小　　结

本章运用 PFC^{2D} 模拟心墙水力劈裂的发生和发展过程,以模型中产生连通上下游的贯穿性裂缝作为判别水力劈裂发生的依据,将数值模拟的结果和室内试验的成果做了对比,两者的规律基本一致,即随着竖向应力的增加,模型发生水力劈裂所需的水压力大致呈线性关系增加。通过本节颗粒流模拟的结果可以看出,水力劈裂发生的原因是心墙在高水力梯度作用下形成的水楔效应导致心墙内裂缝尖端区的张拉破坏,破坏面近似垂直于 σ_1 的作用方向,这表明水楔效应降低了心墙内原有的 σ_1,当该值小于或接近心墙的外水压力将会发生水力劈裂。此外,由于模型在发生水力劈裂破坏的过程中法向黏结破坏的数目随时步不断增加,切向黏结破坏始终未发生,这一现象进一步证明了水力劈裂的破坏形式属于法向张拉破坏。

然而,本章是从细观角度对心墙水力劈裂破坏机理的初步研究,尚有不足之处需改进。例如,颗粒的大小及组装形式对计算结果有较大影响;计算参数的选取尚没有较严格的理论依据;流固耦合中没有考虑应力对渗透特性的影响;研究成果未能深入揭示水力劈裂发生的机理等,但是本章的研究成果为今后进一步研究心墙的水力劈裂提供了新思路。

参 考 文 献

[1] Interior Review Group. Failure of Teton dam, a report of findings[R]. U. S. Department of the Interior, Washington, 1977.

[2] Chadwick W L. Case study of Teton dam and it's failure[C]// Proceedings of the 9th International Conference on Soil Mechanics and Foundation Engineering, 1977.

[3] Independent Panel of Experts and Another of Top Dam Designers in Federal Agencies. Teton Dam Failure[J]. Civil Engineering, ASCE, 1977: 56-61.

[4] Kjoernsli B, Torblaa I. Leakage through horizontal cracks in the core of Hyttejuvet dam [C]//Norwegian Geotechnical Institute, 1968.

[5] Wood D M, Kjaernsli B, Hoeg K. Thoughts concerning the unusual behavior of hyttejuvet dam[C]// Proceeding 12th ICOLD Congress, 1976, 2: 391-414.

[6] Vaughan P R, Kluth D J, Leonard M W, et al. Cracking and erosion of the rolled clay core of Balderhead dam and the remedial works[C]//The 10th International Congress on Large Dams, 1970, 3: 73-93.

［7］ Sherard J L, Decker R S, Reker N L. Hydraulic fracturing in low dams of dispersive clay Proceedings of the specialty conference on performance of earth and earth-supported structures［J］. ASCE, 1972.

［8］ Bertram G E. Experience with seepage control measures in earth and rockfill dams［C］// Proceeding of 9th International Congress on Large Dams, 1976, 3: 91-109.

［9］ Vaughan P R. The use of hydraulic fracturing tests to detect crack formation in embankment dam cores［R］. London: Department of Civil Engineering, Imperial College, 1971.

［10］ Bjerrum L, Nash J K T I, Kennard R M, et al. Hydraulic fracturing in field permeability testing［J］. Géotechnique, 1972,22(2): 319-332.

［11］ Bjerrum L, Andersen K H. In-situ measurement of lateral pressures in clay［C］//proceedings of the 5th European Regional Conference, International Society of Soil Mechanics and Foundation Engineering, 1972.

［12］ Nobari E S, Lee K L, Duncan J M. Hydraulic fracturing in zoned earth and rockfill dams ［R］. Berkeley: University of California, 1973.

［13］ Jaworski G W. An experimental study of hydraulic fracturing［D］. California: University of California Berkeley, 1979.

［14］ Jaworski G W, Duncan J M, Seed H B. Laboratory study of hydraulic fracturing［J］. Journal of Geotechnical Engineering Division, 1981, 107(6): 713-732.

［15］ Hassani A W, Singh B, Saini S S,et al. Laboratory simulation of hydraulic fracturing［C］ //Proceeding of the 11th International Conference on Soil Mechanics and Foundation Engineering, 1985.

［16］ Mori A, Tamura M. Hydrofracturing pressure of cohesive soils［J］. Soils and Foundations, 1987, 27 (2): 14-22.

［17］ Panah A K, Yanagisawa E. Laboratory studies on hydraulic fracturing criteria in soil［J］. Soils and Foundations, 1989, 29(4): 14-28.

［18］ Murdoch L C. Hydraulic fracturing of soil during laboratory experiments, part1: methods and observations［J］. Geotechnique, 1993, 43(2): 255-265.

［19］ Murdoch L C. Hydraulic fracturing of soil during laboratory experiments, part2: methods and observations［J］. Geotechnique, 1993, 43(2): 267-276.

［20］ Murdoch L C. Hydraulic fracturing of soil during laboratory experiments, part3: methods and observations［J］. Geotechnique, 1993, 43(2): 277-287.

［21］ Vallejo L E. Shear stresses and the hydraulic fracturing of earth dam soils［J］. Soils and Foundations, 1993, 33(3): 14-27.

［22］ Andersen K H, Rawlings C G, Lunne T A, et al. Estimation of hydraulic fracture pressure in clay［J］. Canadian Geotechnical Journal, 1994, 31(6): 817-829.

［23］ Ng A K L, Small J C. Acase study of hydraulic fracturing using finite element methods［J］. Canadian Geotechnique Journal, 1999, 36(5): 861-875.

［24］ Au S K A, Soga K, Jafan M R, et al. Factors affecting long-term efficiency of compensation grouting in clays[J]. Journal of Geotechnical and Geoenvironmental Engineering, ASCE, 2003, 129(3): 254-262.

[25] 黄文熙. 对土石坝科研工作的几点看法[J]. 水利水电技术, 1982, (4): 23-27.

[26] 孙亚平. 水力劈裂机理研究[D]. 北京: 清华大学博士学位论文, 1985.

[27] 丁金粟, 杨斌. 击实粘性土水力劈裂性能研究[J]. 岩土工程学报, 1987, 9 (3): 1-15.

[28] 沈珠江, 易进栋, 左元明. 土坝水力劈裂的离心模型试验及其分析[J]. 水利学报, 1994, (9): 67-77.

[29] 曾开华, 殷宗泽. 土质心墙坝水力劈裂影响因素的研究[J]. 河海大学学报, 2000, 28(3): 1-6.

[30] 曾开华. 土质心墙坝水力劈裂机理及影响因素的研究[D]. 南京: 河海大学博士学位论文, 2001.

[31] 张坤勇, 殷宗泽, 朱俊高. 各向异性对土质心墙坝水力劈裂的影响[J]. 岩土力学, 2005, 26(2): 243-246.

[32] 殷宗泽, 朱俊高, 袁俊平, 等. 心墙堆石坝的水力劈裂分析[J]. 水利学报, 2006, 37(11): 1348-1352.

[33] 张丙印, 李娜, 李全明, 等. 土石坝水力劈裂发生机理及模型试验研究[J]. 岩土工程学报, 2005, 27(11): 1277-1281.

[34] 李全明, 张丙印, 于玉贞, 等. 土石坝水力劈裂发生过程的有限元数值模拟[J]. 岩土工程学报, 2007, 29(2): 212-217.

[35] 朱俊高, 王俊杰, 张辉. 土石心墙水力劈裂机制研究[J]. 岩土力学, 2007, 28(3): 487-492.

[36] 陈五一, 赵颜辉. 土石心墙水力劈裂计算方法研究[J]. 岩石力学与工程学报, 2008, 27(7): 1380-1385.

[37] 曹雪山, 殷宗泽. 土石坝心墙水力劈裂的非饱和土固结方法研究[J]. 岩土工程学报, 2009, 31(12): 1851-1856.

[38] 毕庆涛. 心墙水力劈裂的总应力法分析[J]. 水力发电, 2010, 36(3): 51-54.

[39] 周伟, 熊美林, 常晓林, 等. 心墙水力劈裂的颗粒流模拟[J]. 武汉大学学报, 2011, 44(1): 1-6.

[40] Itasca Consulting Group. Verification Problems and Example Applications[M]. USA Minneapolis, 2005: 7-9.

[41] 王俊杰, 朱俊高, 张辉. 关于土石坝心墙水力劈裂研究的一些思考[J]. 岩石力学与工程学报, 2005, 24(S2): 5664-5668.

[42] 王俊杰. 基于断裂力学的土石坝心墙水力劈裂研究[D]. 南京: 河海大学博士学位论文, 2005.

第6章 基于细观数值试验的高堆石坝宏细观变形机制研究

堆石体是一种复杂的不连续介质,其在外部荷载下的响应是颗粒间摩擦、颗粒破碎、颗粒变形和颗粒运动等作用的综合结果。堆石体的复杂性使我们长期以来只能用室内试验的手段研究堆石体的力学变形特性。计算机模拟技术的飞速发展和数值计算方法的进步,使我们可以从多角度、多层面去研究堆石体,从细观尺度探究堆石体的变形机理,将堆石体的细观结构与宏观力学反应联系起来,以加深对堆石体变形特性的了解。与室内试验相比,堆石体细观数值模拟可以减小试验成本,突破试样尺寸的限制,避免由于颗粒级配变化产生的缩尺效应,同时可以动态地观察细观结构的变化,包括颗粒的运动规律、宏观应力-应变曲线和能量耗散过程,为堆石体的变形机制的研究提供有效的方法。本章基于连续-离散耦合思想,自主研发了大型 FEM/DEM 耦合数值分析平台,高效模拟高坝结构变形演化的连续-非连续破坏全过程;在 FEM/DEM 耦合数值分析平台的框架内,进一步考虑复杂堆石体颗粒形状和破碎效应,研发堆石体细观随机散粒体不连续变形 SGDD 数值程序,为解决复杂环境下高坝结构变形控制与稳定评价问题提供了重要分析手段。

6.1 细观数值试验的参数敏感性分析

目前,在堆石体细观数值方面的研究比较少,Rockefeller[1]提出基于随机散粒体不连续变形理论的细观流变模型;郭培玺等[2]运用不连续变形方法 DDA 研究了二维粗粒料的力学特性,应当指出将堆石颗粒简化为球形的刚性体过于理想化,而且没有考虑颗粒自身变形,特别是没有考虑颗粒的破碎;周伟等[3]建立基于随机数值模拟技术的随机颗粒不连续变形(SGDD)模型,对堆石体的三轴剪切试验进行了细观数值模拟,但将堆石颗粒简化为二维多边形,没有考虑堆石颗粒物理力学性质的非均匀性,且对三轴试验条件模拟不充分。

本节采用 3.1 节介绍的三维随机多面体生成算法生成数值试样,进行常规三轴数值试验,研究不同参数对堆石体的强度、变形特性的影响。试样尺寸为 $300\text{mm} \times 600\text{mm}$,最大粒径为 $d_{\max} = 60\text{mm}$,孔隙率 35%,试样级配曲线如图 6.1.1 所示。定义颗粒的外接椭球的长短径之比为颗粒的形状指标,试样中颗粒的形状指标在 1.4 与 1.6 之间均匀分布,共生成 8708 个颗粒,采用二阶四面体单元离散为 118 850 个单元,339 164 个节点。

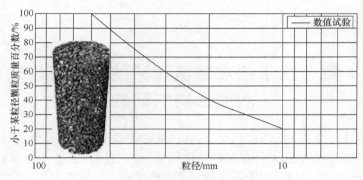

图 6.1.1　级配曲线图

　　根据三轴压缩试验的试验装置和试验过程,试样上下两端为刚性板,底部刚性板全约束,采用位移控制式加载施加在顶部刚性板上,加载速率 0.0001mm/步,模型四周用橡胶膜包裹住,橡胶膜上下端绑定在刚性板上,围压施加在橡胶膜上。数值模拟开始时,先对试样施加围压进行固结,然后采用位移控制进行轴向加载。图 6.1.2 为细观数值模拟的加载示意图。

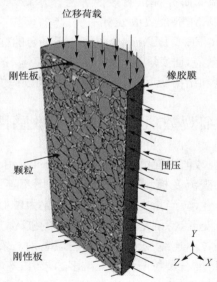

图 6.1.2　加载示意图

6.1.1　颗粒间摩擦系数

　　堆石体是无黏性颗粒组成的摩擦性材料,在整个剪切过程中,与外荷载平衡的主要是颗粒间的摩擦阻力。目前测定颗粒间的摩擦角的试验很少,Rowe[4]测定的颗粒间摩擦角在 22°～30°,李广信[5]整理了无黏性矿物和黏性矿物的摩擦角,其中无黏性矿物的摩擦角在 12.4°～37.6°。为了研究颗粒间摩擦角对堆石宏观力学性能的影响,设计了 4 组数值试验,颗粒单轴抗压强度 $f_c = 60\mathrm{MPa}$,法向接触刚度 $k_n = 20 \times 10^9\mathrm{N/m}$,法向切向刚度比 k_n/k_s 取 1,粒间摩擦角 φ_u 分别为 18°、22°、26°、30°,数值试样如图 6.1.1 所示。

图 6.1.3 和图 6.1.4 为不同粒间摩擦角的偏应力-轴变和体变-轴变关系曲线。可以看出,4 组数值试验得到的曲线差异明显,粒间摩擦角越大,试样的峰值偏应力差越大,初始模量也明显提高,试样在剪切时的体积收缩量也增大。

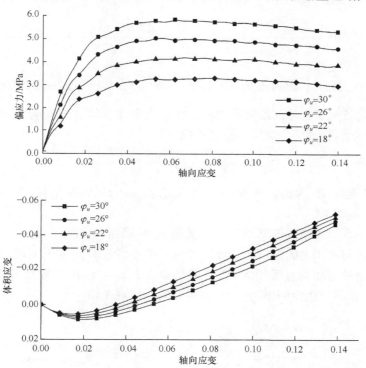

图 6.1.3 不同粒间摩擦角的轴向应变-偏应力与轴向应变-体积应变关系曲线($\sigma_3 = 0.8\mathrm{MPa}$)

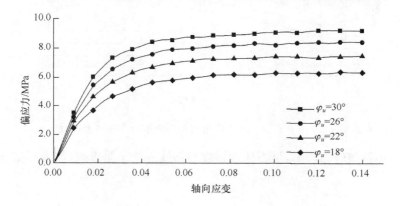

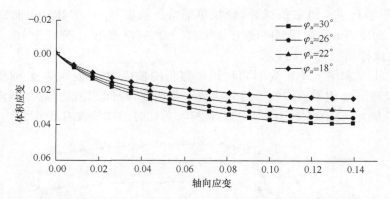

图 6.1.4　不同粒间摩擦角的轴向应变-偏应力与轴向应变-体积应变关系曲线($\sigma_3 = 2.4$MPa)

为了定量地研究粒间摩擦角对堆石体强度和变形特性的影响,根据常规三轴数值试验结果,整理部分变形和强度参数,即

$$E_i = KP_a \left(\frac{\sigma_3}{P_a} \right)^n \tag{6.1.1}$$

其中,σ_3 是围压;E_i 为初始模量;K 为模量参数;n 为无因次指标;P_a 为标准大气压,单位与 σ_3 相同。

图 6.1.5 为 4 组数值试验的初始模量 E_i 与围压 σ_3 关系曲线,可以看出试样的初始模量与围压之间可以满足较好的对数关系。在相同围压下,初始模量随着粒间摩擦角的增加而显著增大;初始模量参数 K、n 与粒间摩擦角基本呈线性关系,K 随着粒间摩擦角的增加而增大,而 n 的变化规律相反。

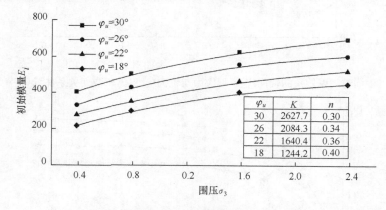

φ_u	K	n
30	2627.7	0.30
26	2084.3	0.34
22	1640.4	0.36
18	1244.2	0.40

图 6.1.5　不同粒间摩擦角的初始模量与围压关系曲线

由于颗粒破碎的影响,堆石体的强度包络线一般不是直线,与围压呈非线性关系,即

$$\varphi = \varphi_0 - \Delta\varphi \lg(\sigma_3/p_a) \tag{6.1.2}$$

其中，φ_0 和 $\Delta\varphi$ 均为模型参数；$\Delta\varphi$ 反映了非线性程度。

图 6.1.6 为 4 组数值试验的峰值内摩擦角 φ_p 与围压 σ_3 关系曲线，峰值内摩擦角与围压之间满足式 (6.1.2) 的对数关系。在相同围压下，峰值内摩擦角随着粒间摩擦角的增加而增大；非线性强度参数 φ_0、$\Delta\varphi$ 与粒间摩擦角均随着粒间摩擦角的增加而增大。Scott[6] 和 Oda[7] 采用圆球颗粒研究颗粒摩擦系数与宏观内摩擦角的关系，认为它们之间呈线性关系。由图 6.1.7 可以看出，峰值内摩擦角 φ_p 与粒间摩擦角 φ_u 并不是理想线性关系，而且 φ_p 增加的幅度小于 φ_u 增加的幅度，围压为 0.8MPa 时，$\varphi_u = 30°$ 的试样峰值内摩擦角 φ_p 为 51.67°，而 $\varphi_u = 26°$ 的试样峰值内摩擦角 φ_p 为 49.33°，两者仅相差 2.34°，小于粒间摩擦角的增加值 4°。

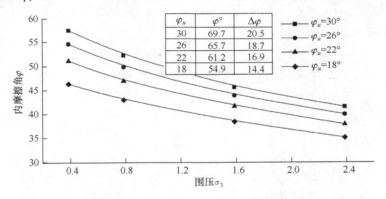

图 6.1.6　不同粒间摩擦角的峰值内摩擦角与围压关系曲线

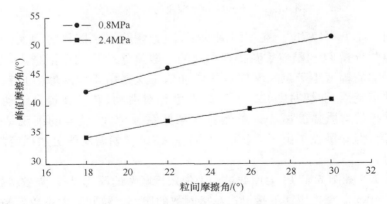

图 6.1.7　峰值内摩擦角与粒间摩擦角关系曲线

对于堆石这种散体材料来说，外部荷载所做的功，消耗于颗粒间的摩擦、试样的剪胀、颗粒的重新排列和破碎[8]。为了进一步说明粒间摩擦角对堆石体强度的影响,可以将峰值内摩擦角分为颗粒间的摩擦引起的摩擦角分量 F,由剪胀引起的摩擦角分量 D,由颗粒重新排列引起的摩擦角分量 R。峰值内摩擦角 φ_p、扣除剪胀后的内摩擦角 φ_f 可以由下式求得,即

$$\sin\varphi_p = \frac{(\sigma_1 - \sigma_3)_f}{(\sigma_1 + \sigma_3)_f}$$

$$\frac{\sigma_1}{\sigma_3} = \left(1 - \frac{\mathrm{d}\varepsilon_v}{\mathrm{d}\varepsilon_a}\right)\tan^2\left(45 + \frac{\varphi_f}{2}\right)$$

$$D = \varphi_p - \varphi_f$$

$$R = \varphi_f - \varphi_u$$

$$F = \varphi_u \tag{6.1.3}$$

其中,σ_3 是围压;$(\sigma_1 - \sigma_3)_f$ 为峰值偏应力;$(\sigma_1 + \sigma_3)_f$ 为峰值主应力差对应的 σ_1 与 σ_3 之和 $\mathrm{d}\varepsilon_v/\mathrm{d}\varepsilon_a$ 为剪胀比。

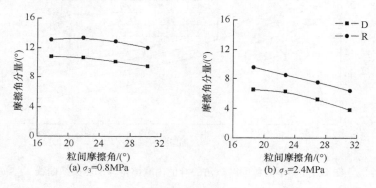

图 6.1.8 不同粒间摩擦角的内摩擦角分量

由图 6.1.8 可以看出,在相同围压下,随着颗粒间摩擦角的增大,由剪胀引起的摩擦角分量 D 和颗粒重新排列引起的摩擦角分量 R 均逐渐减小,导致峰值摩擦角增加的幅度小于粒间摩擦角的增加值。这是由于粒间摩擦角越大,颗粒受到的约束越强,剪切时颗粒间不容易发生相对滑动、转动和提升错动,宏观上表现为试样的剪胀体变减小。虽然粒间摩擦系数越大,试样的细观结构(如力链)越稳定,但却牺牲了由于颗粒滑动和转动使试样朝着新的更加稳定的结构转化的能力。

图 6.1.9 和图 6.1.10 为加载过程中失效接触率的演化过程,失效接触率定义为满足 Coulomb 摩擦定律的接触占总接触数的比例。粒间摩擦系数较高的试样,失效接触率较低,试样的细观结构越稳定,同时围压越高,接触失效率越低,体现出了堆石体摩擦性材料的特点。

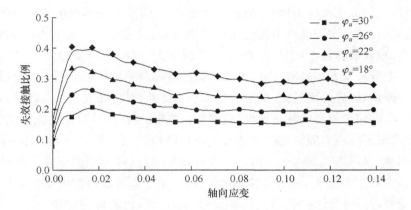

图 6.1.9　不同粒间摩擦角的失效接触比例($\sigma_3 = 0.8$MPa)

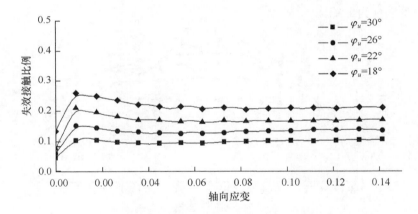

图 6.1.10　不同粒间摩擦角的失效接触比例($\sigma_3 = 2.4$MPa)

6.1.2　颗粒强度

大量的试验研究表明,颗粒破碎对堆石体的强度和变形特性有显著的影响。影响颗粒破碎的因素较多,如颗粒形状、母岩强度、级配、围压、应力水平等。一个普遍的认识是,对于棱角状颗粒,母岩强度越低,级配不均匀系数越小,围压越大,应力水平越高,颗粒破碎程度越大。

为了研究不同颗粒强度对堆石体力学性能的影响,分别进行 4 组三轴数值试验,法向接触刚度 $k_n = 20 \times 10^9$ N/m,法向切向刚度比 k_n/k_s 取 1,粒间摩擦角 φ_u 为 26°,颗粒强度分别为 100MPa、80MPa、60MPa、40MPa,数值试样如图 6.1.11 所示。

图 6.1.11 和图 6.1.12 为不同颗粒强度的试样偏应力-轴变和体变-轴变关系曲线。不同强度的偏应力-轴变曲线显示,颗粒强度对堆石体的变形模量有明显

的影响,以围压 0.8MPa 为例,在加载的初期,颗粒强度对变形模量的影响较小,在 1% 轴变以前,各方案下偏应力应变曲线基本重合,这是由于当前的围压和应力水平还不高,颗粒破碎还不明显,但随着围压的增大,颗粒破碎量增大,差异逐渐明显。从以上分析来看,与颗粒强度有关的颗粒破碎现象降低了堆石体的变形模量,颗粒强度越低,破碎程度越大,变形模量越小。此外,颗粒强度较高的试样,其应力应变曲线存在较为明显的软化现象,随着颗粒强度的降低,这种软化现象减弱并消失,甚至出现了偏应力随应变持续增大的硬化特性。颗粒强度对堆石体的体积变形影响明显,以围压 0.8MPa 为例,$f_c=100$MPa 时,试样表现出很强的剪胀特性,最终体积变形为 8.62%,随着颗粒强度的降低,由于颗粒破碎量的增加,试样的剪胀越来越弱,$f_c=40$MPa 时,最终体积变形为 1.7%,仍表现为剪胀。随着围压的增大,颗粒破碎更加明显,除了 $f_c=100$MPa 的最终体积变形表现为剪胀外,其余强度下均表现为剪缩。

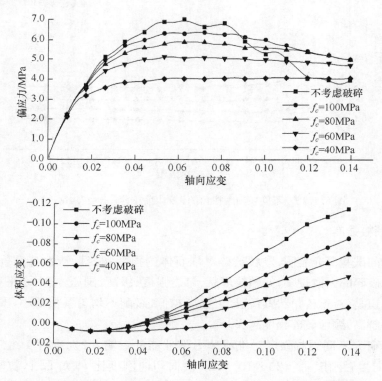

图 6.1.11　不同颗粒强度的轴向应变-偏应力与轴向应变-体积应变关系曲线($\sigma_3=0.8$MPa)

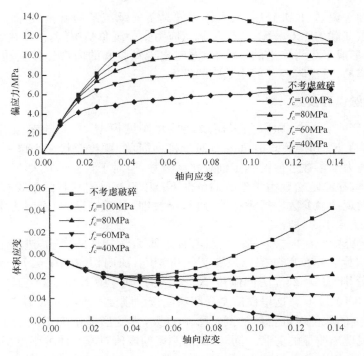

图 6.1.12　不同颗粒强度的轴向应变-偏应力与轴向应变-体积应变关系曲线($\sigma_3 = 2.4$MPa)

　　根据 4 组试验数值,整理了不同颗粒强度的峰值内摩擦角 φ_p(图 6.1.13)。对于同种材料,峰值内摩擦角 φ_p 随围压的增加而降低,当颗粒抗压强度 $f_c =$ 100MPa 时,围压由 0.4MPa 增加到 2.4MPa 时,φ_p 降低了 11.85°;当颗粒抗压强度 $f_c = 40$MPa 时,φ_p 降低了 15.92°。另一方面,在相同围压下,峰值内摩擦角 φ_p 随颗粒强度的降低而降低。可以看出,与颗粒强度有关的颗粒破碎对堆石体强度有明显影响,趋势是颗粒强度越低,颗粒破碎越严重,峰值内摩擦角越低。

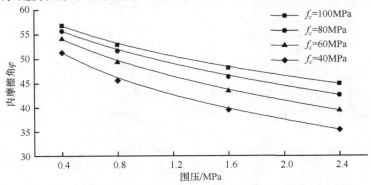

图 6.1.13　不同颗粒强度的峰值内摩擦角与围压关系曲线

从机理来说,颗粒破碎后,堆石体原先具备的承载结构就被破坏,从而引起颗粒间接触点荷载的重新分配,由于接触点应力集中现象被缓解,使得接触点荷载分布平均化,形成了更为稳定的结构,但同时出现颗粒间的内部连接变弱,颗粒移动变得相对容易,反而阻碍了剪胀效应的发挥。

6.1.3　接触模型参数

在 SGDD 方法中,颗粒间采用线性接触刚度模型,需要的参数有法向刚度 K_n、切向刚度 K_s 和接触摩擦角 φ_u。对于排列简单、颗粒形状大小单一的材料,可以通过宏观力学参数近似的确定细观接触参数,但对于颗粒形状大小不一、分布随机的堆石体,在给定宏观力学参数的条件下难以直接确定材料的细观接触参数,这就需要对细观接触参数进行敏感性分析,寻找细观接触参数与宏观力学特性的对应关系,如图 6.1.14 所示。

为了研究颗粒法向接触刚度对堆石体宏观力学特性的影响,进行了 4 组三轴剪切数值试验。颗粒单轴抗压强度 $f_c = 60$MPa,法向切向刚度比 K_n/K_s 取 1,粒间摩擦角分别 φ_u 为 26°,法向刚度 K_n 分别为 30×10^9N/m、20×10^9N/m、10×10^9N/m、5×10^9N/m。这里仅简要介绍法向接触刚度对堆石体应力变形的影响规律,法向刚度的取值对堆石体的变形影响较大,其变形模量随 K_n 的增加而增大,体积变形表现出明显的剪胀。同时,法向刚度的取值对堆石体的强度影响不大。

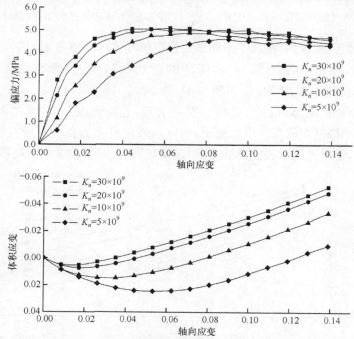

图 6.1.14　不同法向接触刚度的轴向应变-偏应力与轴向应变-体积应变关系曲线
($\sigma_3 = 0.8$MPa)

对于法向切向刚度比,很多学者给出了不同的建议。蒋明镜等[9]认为根据散粒体弹性理论可得,颗粒的法向刚度与切向刚度的比值在 1.5 附近,建议取值1.5,其他一些学者进行离散元数值模拟时一般取 1 或者 2。图 6.1.15 是不同刚度比的偏应力-轴变与体积应变-轴变关系曲线,$K_n/K_s=0$ 表示切向刚度无穷大,类似于刚塑性模型。刚度比对变形和强度有一定地影响,刚度比越小,变形模量越大,峰值偏应力越高,而不同刚度比的体积变形曲线接近重合,K_n/K_s 在 0～2 时偏应力-轴变曲线相差不大。

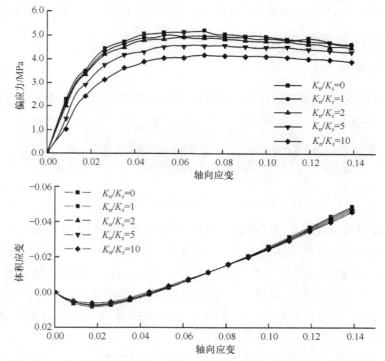

图 6.1.15 不同刚度比的轴向应变-偏应力与轴向应变-体积应变关系曲线
($\sigma_3=0.8$MPa)

6.2 堆石体复杂应力路径下的力学特性

堆石体的力学特性具有非线性、压硬性、剪胀性和各向异性,还具有应力路径相关性。300m 级高堆石坝工程的建设需求,对堆石体力学特性的研究提出了更高的要求。受试验条件的限制,对堆石体力学特性的研究大多采用围压不变的常规三轴试验,而大量的工程实测结果表明,堆石坝工程在填筑期的应力路径近似为等应力比路径,蓄水期应力路径发生偏转呈复杂的应力路径形态[18]。因此,复杂应力路径下堆石体的力学特性研究已成为目前的研究热点之一。堆石体复杂应力路径的大型三轴试验研究虽然开展得较晚,但近些年已经取得了一些研究成果[18-28]。

　　由于复杂应力路径下的大型三轴试验较常规三轴试验更为复杂,同时为了获得不同应力路径下的强度和变形参数,需要进行多个围压下的三轴试验。因此,开展数个不同级配堆石体应力路径大型三轴试验将耗费大量人力、物力和财力,且难以实时观测堆石体的细观组构。细观数值模拟可以动态地观察细观组构的演化过程,包括观察颗粒的运动、进行细观组构的量化、提取组构量的演化规律,还可以方便快捷地进行大量的敏感性分析。通过将数值模拟与试验结合起来,相互印证和补充,可以揭示一些复杂的机制,丰富我们对堆石体这种复杂材料的认识。

6.2.1　常规三轴试验

1. 试样的制备

定义颗粒的外接椭球的长短径之比为颗粒的形状指标 α,如图 6.2.1 所示。

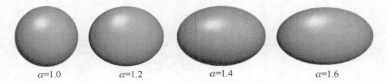

$\alpha=1.0$　　　　$\alpha=1.2$　　　　$\alpha=1.4$　　　　$\alpha=1.6$

图 6.2.1　不同长短径比的椭球

　　采用随机模拟技术生成三维凸多面体颗粒及其在空间中的分布,再压缩成指定大小的试样,试样尺寸为 $300\text{mm} \times 600\text{mm}$,最大粒径为 $d_{\max} = 60\text{mm}$,孔隙率32%,试样级配曲线如图 6.2.2 所示。生成 5 个数值试样,试样的颗粒形状指标 α 分别为 1.0、1.2、1.4、1.6,以及一个混合试样,即试样中颗粒的形状指标在[1.0,1.6]均匀分布,如图 6.2.3 所示。不同颗粒形状指标的数值试样的基本信息如表 6.2.1 所示。

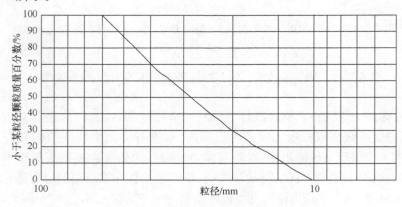

图 6.2.2　级配曲线图

试样1　　　　试样2　　　　试样3　　　　试样4　　　　试样5

图 6.2.3　数值试样

表 6.2.1　数值试样信息

试样	试样 1	试样 2	试样 3	试样 4	试样 5
α	1.0	1.2	1.4	1.6	[1.0,1.6]
孔隙率	0.319	0.318	0.321	0.320	0.319
颗粒数	6157	6161	6139	6110	6130
单元数	287 004	297 398	314 532	338 410	309 092
节点数	108 285	113 121	121 147	132 837	118 728

2. 加载方式

根据三轴压缩试验的试验装置和试验过程,试样上下两端为刚性板,底部刚性板全约束,采用位移控制式加载施加在顶部刚性板上,加载速率 0.0001mm/步,模型四周用橡胶膜包裹住,橡胶膜上下端绑定在刚性板上,围压施加在橡胶膜上。数值模拟开始时,先对试样施加围压进行固结,然后采用位移控制进行轴向加载,图 6.2.4 为细观数值模拟的加载示意图。

3. 细观参数

堆石体细观数值模拟中涉及的参数有 φ_u 为颗粒间的摩擦角;k_n 为法向接触刚度;k_s 为切向刚度;u_E 和 σ_E 分别为细观单元弹性模量概率分布的均值和标准差;u_f 和 σ_f 分别为细观单元抗压强度概率分布的均值和标准差;rho 是细观单元弹性模量与抗压强度概率分布之间的相关系数; $c_v = \sigma/u$ 是概率分布的不均匀系数。本节中弹性模量和抗压强度概率分布的不均匀系数均取 0.15,细观参数取值如表 6.2.2 所示。

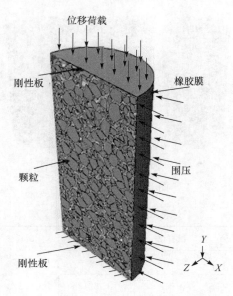

图 6.2.4　加载示意图

表 6.2.2　细观参数取值

$\varphi_u/(°)$	$k_n/(\text{N} \cdot \text{m}^{-1})$	$k_s/(\text{N} \cdot \text{m}^{-1})$	u_E/GPa	u_f/MPa	c_v	rho
25	12×10^9	8×10^9	30	120	0.15	0.8

4. 颗粒形状对宏观力学特性的影响分析

不同颗粒形状的数值试样的偏应力 $(\sigma_1 - \sigma_3)$ 与轴向应变 ε_a 关系、体积应变 ε_v 与轴向应变 ε_a 的关系曲线如图 6.2.5 和图 6.2.6 所示。

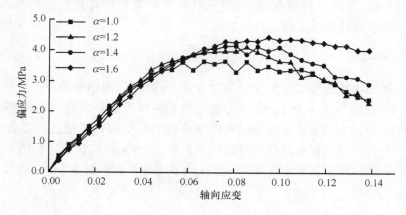

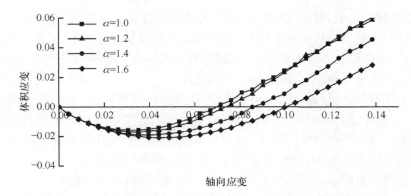

图6.2.5　不同颗粒形状的轴向应变-偏应力与轴向应变-体积应变曲线($\sigma_3 = 0.8$MPa)

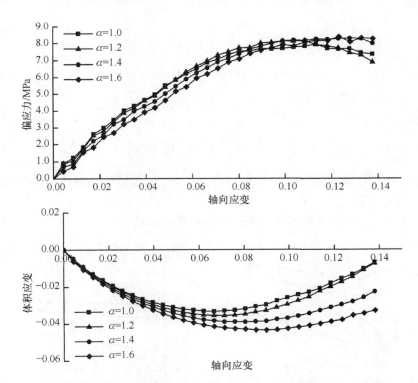

图 6.2.6　不同颗粒形状的轴向应变-偏应力与轴向应变-体积应变曲线($\sigma_3 = 2.4$MPa)

从图 6.2.5 和图 6.2.6 可以看出,不同颗粒形状的数值试样的偏应力-轴向应变曲线规律相似,近似双曲线型;在低围压下偏应力差超过峰值强度后逐渐下降,直至残余强度,变现出明显的软化现象,在高围压下软化现象不明显;在低围压下,随着剪切的进行,堆石体由减缩转为剪胀,在高围压下,主要表现为剪缩;在相同围压下,随着颗粒形状指标 α 的增大,数值试样的峰值强度和残余强度均明显增大,峰值强度对应的轴向应变逐渐增加,而试样的初始模量逐渐减小;试样的颗粒形状指标 α 越大,体积收缩量增加,由剪缩转为剪胀时对应的轴向应变逐渐增加;试样的颗粒形状指标 α 越小,表现出越强的剪胀性。

对于堆石体来说,通过围压和轴向荷载施加的外部能量,消耗与颗粒间的摩擦、试样的剪胀、颗粒的重新排列和破碎相关[29]。为了进一步说明颗粒形状对堆石体强度的影响,可以将峰值内摩擦角分为颗粒间的摩擦引起的摩擦角分量 F,剪胀引起的摩擦角分量 D,颗粒重新排列引起的摩擦角分量 R。

在研究颗粒形状对堆石体宏观特性的影响时,颗粒间摩擦角为 $\varphi_u = 25°$。峰值内摩擦角 φ_P、经过能量修正后的内摩擦角 φ_r、扣除剪胀后的内摩擦角 φ_f 可由下式求得,即

$$\sin\varphi_P = \frac{(\sigma_1 - \sigma_3)_f}{(\sigma_1 + \sigma_3)_f} \tag{6.2.1}$$

$$(\sigma_1 - \sigma_3)_r = (\sigma_1 + \sigma_3)_f + \sigma_3 \frac{d\varepsilon_v}{d\varepsilon_a} \tag{6.2.2}$$

$$\sin\varphi_r = \frac{(\sigma_1 - \sigma_3)_r}{(\sigma_1 + \sigma_3)_r} \tag{6.2.3}$$

$$\frac{\sigma_1}{\sigma_3} = \left(1 - \frac{d\varepsilon_v}{d\varepsilon_a}\right)\tan^2\left(45 + \frac{\varphi_f}{2}\right) \tag{6.2.4}$$

其中,σ_3 是围压;$(\sigma_1 - \sigma_3)_f$ 是峰值偏应力;$(\sigma_1 - \sigma_3)_r$ 是经过能量修正后的偏应力;$d\varepsilon_v/d\varepsilon_a$ 为剪胀比。

图 6.2.7 为不同颗粒形状的内摩擦角及其各分量。

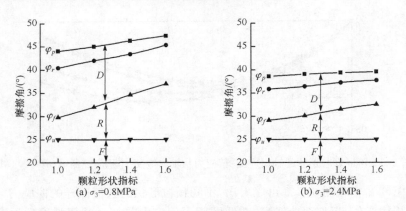

图 6.2.7　不同颗粒形状的内摩擦角及其各分量

由图 6.2.7 可以看出,在相同围压下,随着颗粒形状指标 α 的增大,峰值内摩擦

角 φ_P、经过能量修正后的峰值内摩擦角 φ_r、扣除剪胀后的内摩擦角 φ_f 均逐渐增大，且围压越大，增大越明显；在相同围压下，随着颗粒形状指标的增大，由剪胀引起的摩擦角分量 D 逐渐减小，相反由颗粒重新排列引起的摩擦角分量 R 增大，但前者减小的数值小于后者增加的数值。总的来说，使堆石体的峰值内摩擦角增大。

图 6.2.8 为不同颗粒形状的数值试样的颗粒配位数在加载过程中的变化。可以看出，随着加载的进行，数值试样逐渐密实，颗粒配位数逐渐增大，低围压下的颗粒配位数小于高围压的颗粒配位数。在低围压下，数值试样在剪切时产生明显的体积膨胀，颗粒配位数逐渐降低，表明粒间的有效接触减少；在高围压下，主要发生剪缩，所以颗粒配位数没有明显地减少。颗粒的形状指标 α 越大，颗粒的配位数越大，因此颗粒形状的影响在细观机理上与试样的配位数有关。

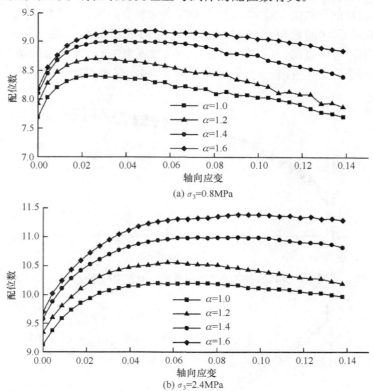

(a) $\sigma_3=0.8\mathrm{MPa}$

(b) $\sigma_3=2.4\mathrm{MPa}$

图 6.2.8　不同颗粒形状的颗粒配位数在加载中的演化过程

为了研究颗粒接触法向的演化规律与颗粒形状的关系，定义颗粒的接触法向系数（orientation coefficient，OC）和颗粒的接触法向向列数（orientation order parameter，OOP）为

$$OC = \frac{1}{N} \sum_{i=1}^{N} |\sin\theta_i| \qquad (6.2.5)$$

$$OOP = \frac{1}{N} \sum_{i=1}^{N} \cos\theta_i \qquad (6.2.6)$$

其中,N 是颗粒接触数;θ_i 颗粒接触法向与水平向的夹角;OC 反映颗粒接触法向的主方向,OC 接近 1,表明颗粒接触法向以铅直向居多,OC 接近 0,表明颗粒接触法向以水平向居多;OOP 反映颗粒接触法向的各向异性,OOP 越小,各向异性越明显。

不同颗粒形状的数值试样的接触法向系数在加载过程中的演化过程如图 6.2.9所示。可以看出,在加载过程中,接触法向系数逐渐增大,表明接触法向逐渐向加载方向倾斜;颗粒的形状指标越大 α 越大,颗粒向加载方向倾斜的程度越大。

不同颗粒形状的数值试样的接触法向向列数在加载过程中演化过程如图6.2.10 所示。可以看出,在加载过程中,向列数逐渐减小,表明接触法向的各向异性程度逐渐增强;颗粒的形状指标越大 α 越大,各向异性程度越明显。

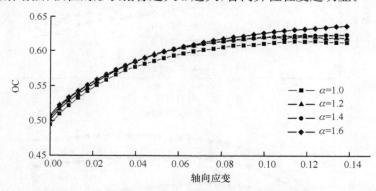

图 6.2.9　不同颗粒形状的颗粒接触法向系数在加载中的演化过程($\sigma_3 = 0.8$MPa)

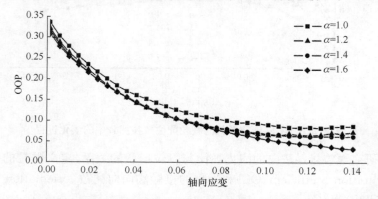

图 6.2.10　不同颗粒形状的颗粒接触法向向列数在加载中的演化过程($\sigma_3 = 0.8$MPa)

6.2.2　等应力比加载路径

本节采用考虑颗粒破碎的随机颗粒不连续变形方法[3,19,30,31]，进行堆石体等应力比加载路径三轴试验的细观数值模拟，研究固结应力和加载应力比对堆石体强度和变形特性的影响，分别从宏观和细观两个尺度分析数值模拟结果，深入分析不同应力路径条件下堆石体的抗剪强度、应力-应变、体积应变等复杂剪切特性，揭示其细观组构与宏观力学特性，特别是与应力路径相关性的内在联系。

1. 数值试样

数值试样尺寸 300mm×615mm，最大粒径 $d_{max}=60$ mm，孔隙率为 30%，共生成 8586 个颗粒，采用二阶四面体网格离散为 111 572 个实体单元，323 884 个节点。图 6.2.11 为数值试样及其颗粒级配曲线。

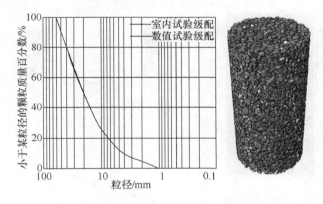

图 6.2.11　数值试样及级配曲线图

细观参数取值是数值试验的关键，在考虑破碎的堆石体随机颗粒不连续变形方法中，有两类参数。一类参数是颗粒间接触特性参数，如 K_n、K_s 和摩擦系数 u，由于缺乏成熟的试验设备和测试技术，关于这些参数的试验成果鲜有发表，文献 [32]，[33] 收集和整理了关于颗粒间摩擦系数的试验成果，一般可以认为堆石颗粒间的摩擦系数在 0.35～0.7，且随着颗粒粒径的增大，摩擦系数有减小的趋势；另一类参数是反映颗粒变形和强度的参数，如弹性模量 E、单轴抗压强度 f_c 等。由于参数较多，且大部分不能通过试验直接获取，因此只能采用类比或试算的方法间接确定。本节通过调整细观参数，使数值试验得到的应变-应力曲线和接近室内三轴试验成果，如图 6.2.12 所示。表 6.2.3 为最终的细观参数。室内试验成果来自长江科学院所做的双江口堆石体三轴试验。

表 6.2.3　细观参数

密度 $\rho/(kg/m^3)$	2790	内摩擦角 $\varphi/(°)$	30
泊松比 ν	0.2	摩擦系数 u	0.466
弹性模量 E/GPa	20	$K_n/(N/m)$	$20×10^9$
单轴抗压强 f_c/MPa	90	$K_s/(N/m)$	$20×10^9$

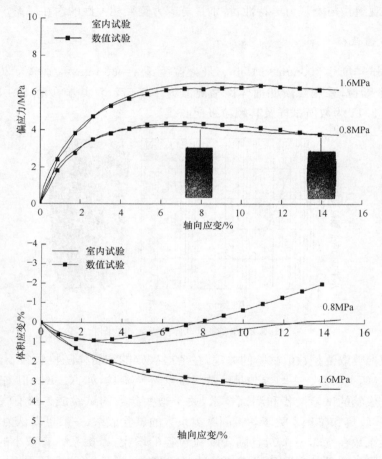

图 6.2.12　数值试验中细观参数取值

2. 试验方案

为了研究堆石体在不同应力路径下的力学特性,分别进行了常规三轴试验、等应力比记载试验的细观数值模拟。$p\text{-}q$ 平面内等应力比路径如图 6.2.13 所示,各个符号的定义如下。

固结应力:σ_c。

大主应力:$\sigma_1=\sigma_c+\mathrm{d}\sigma_1$。

小主应力:$\sigma_3=\sigma_c+\mathrm{d}\sigma_3$。

广义剪应力:$q=\sigma_1-\sigma_3$。

平均主应力:$p=(\sigma_1+2\sigma_3)/3$。

主应力比:$R=\mathrm{d}\sigma_1/\mathrm{d}\sigma_3$。

应力比:$\eta=q/p=3(R-1)/(R+2)$。

在常规三轴试验中,选取 4 个固结应力 σ_c,分别为 0.4MPa、0.8MPa、1.2MPa、1.6MPa。在常规三轴试验中,σ_3 保持不变,即 $\mathrm{d}\sigma_3$ 为 0,对应于 $R=\infty$、$\eta=3.0$。

在等应力比加载试验中,选取 4 个主应力比 R,分别为 1.5、2.5、4.0、8.0,对应的应力比 η 分别为 0.43、1.0、1.5、2.1。

数值模拟时,先对试样施加固结应力 σ_c,固结完成后再剪切,剪切速率为 0.0001mm/步。大主应力方向采用位移控制加载,提取上一时步大主应力方向的反作用力计算得到 σ_1,再根据主应力比计算出 σ_3,将其施加到试样上。

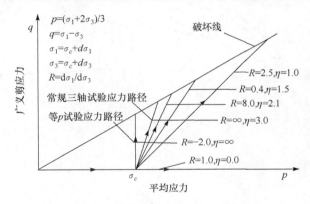

图 6.2.13　p-q 平面内的加载应力路径

3. 宏观力学响应分析

(1) 应力应变关系

在不同固结应力 σ_c 下,各个加载应力路径的偏应力($\sigma_1-\sigma_3$)与轴向应变 ε_a、体积应变 ε_v 与轴向应变 ε_a 的关系曲线如图 6.2.14 和图 6.2.15 所示,受篇幅限制只列出固结应力为 0.4MPa 和 1.2MPa 的模拟结果。分析试验结果,可以得到应力路径下堆石体应力应变的规律。

① 峰值偏应力随固结应力的增大而增大;试样在低固结应力、高加载应力比(如 $\sigma_c=0.4$MPa,$\eta=3.0$)时应力-应变曲线表现为弱应变软化型,达到强度峰值后

强度有所降低,但软化的程度较小,说明粗粒料的应变软化没有细粒土那么显著,其在峰值后仍可承受较大应力作用;随着固结应力的增加、加载应力比的减小,应力应变曲线由应变软化型向硬化性转化;高固结应力、低加载应力比(如 $\sigma_c =$ 1.6MPa, $\eta = 1.0$)应力-应变曲线几乎都是应变硬化型。

② 当加载应力比较大时,例如常规三轴试验应力路径,体积应变由低压剪胀向高压剪缩发展;当加载应力比较小时,试样始终为剪缩变形。

③ 如图 6.2.16 所示,当固结应力 σ_c 一定时,对于相同的轴向应变,试样的偏应力随加载应力比的增加而逐渐减小;当固结应力较小时,加载应力比对应力应变曲线的影响较大,对于相同的轴向应变,不同加载应力比对应的偏应力差别显著;当固结应力较大时,加载应力比的影响就比较小了;加载应力比对试样应力应变曲线的影响也是随应力比的减小而逐渐衰弱。

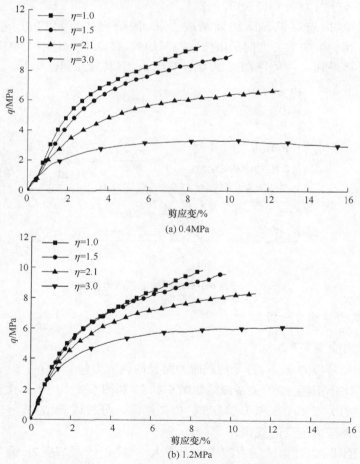

图 6.2.14　不同固结应力下的偏应力-剪应变关系曲线

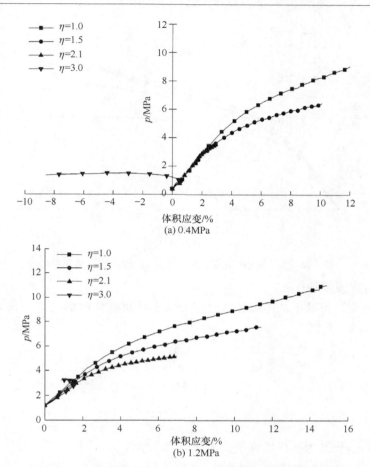

(a) 0.4MPa

(b) 1.2MPa

图 6.2.15   不同固结应力下的体积应变-平均应力关系曲线

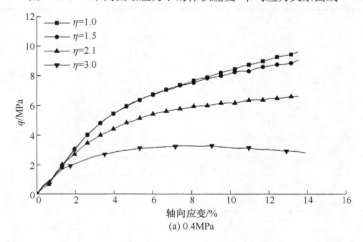

(a) 0.4MPa

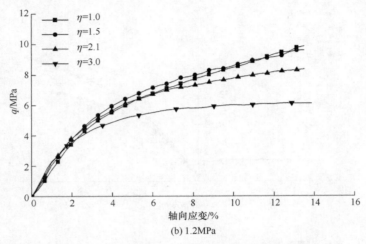

(b) 1.2MPa

图 6.2.16　不同固结应力下的偏应力-轴向应变关系曲线

（2）抗剪强度特性

由不同应力路径下试样破坏时的应力状态计算破坏时的内摩擦角 φ_f 和应力比 M_f（表 6.2.4），即

$$\sin\varphi_f = \frac{(\sigma_1 - \sigma_3)_f}{(\sigma_1 + \sigma_3)_f} \tag{6.2.7}$$

$$q = M_f p \tag{6.2.8}$$

$$M_f = \frac{6\sin\varphi_f}{3 - \sin\varphi_f} \tag{6.2.9}$$

其中，σ_{1f} 和 σ_{3f} 分别为试样的峰值大主应力和小主应力。

表 6.2.4　破坏时不同应力路径下试样的应力状态

η	σ_c/MPa	σ_1/MPa	σ_3/MPa	p/MPa	q/MPa	M_f	φ_f/(°)
	0.40	3.73	0.40	1.51	3.33	2.20	53.72
	0.80	5.73	0.80	2.44	4.93	2.02	49.02
3.00	1.20	7.31	1.20	3.24	6.11	1.89	45.90
	1.60	8.67	1.60	3.96	7.07	1.79	43.50
	0.40	7.97	1.35	3.56	6.63	1.86	45.32
	0.80	9.59	1.90	4.46	7.69	1.72	42.02
2.10	1.20	10.73	2.39	5.17	8.34	1.61	39.46
	1.60	11.49	2.84	5.72	8.65	1.51	37.16
	0.40	12.48	3.42	6.44	9.06	1.41	34.74
	0.80	13.42	3.95	7.11	9.46	1.33	33.01
1.50	1.20	13.98	4.39	7.59	9.58	1.26	31.44
	1.60	14.69	4.87	8.14	9.82	1.21	30.12

续表

η	σ_c/MPa	σ_1/MPa	σ_3/MPa	p/MPa	q/MPa	M_f	φ_f/(°)
	0.40	16.48	6.83	10.05	9.65	0.96	24.45
	0.80	16.73	7.17	10.36	9.56	0.92	23.57
1.00	1.20	16.95	7.50	10.65	9.45	0.89	22.74
	1.60	17.11	7.80	10.91	9.31	0.85	21.93
	0.40	17.28	11.65	13.53	5.63	0.42	11.21
	0.80	17.00	12.13	13.76	4.87	0.35	9.62
0.43	1.20	16.80	12.40	13.87	4.40	0.32	8.67
	1.60	16.60	12.67	13.98	3.93	0.28	7.72

将不同应力路径下试样破坏时的应力状态绘于 p-q 平面。从图 6.2.17 可以看出,堆石体具有剪切和压缩两种破坏型式,在高平均应力下,破坏类型不再是剪切破坏,而是剪切和压缩共同作用导致的破坏。这是由于随着应力比的减小,试样逐渐呈各向等压应力状态,此时堆石颗粒在高应力作用下破碎明显,小颗粒并填充试样的孔隙,在应力应变曲线上表现出较强的剪缩和应变硬化特征。在数值试验中,当 p<9.5MPa 时,强度包络线为剪切破坏面;当 p>9.5MPa 时,强度包络线为压缩破坏面。

堆石体的剪切强度包络线具有明显的非线性,随着平均应力的增加强度包络线明显下弯,低围压下堆石体表现出较强的剪胀性,强度较高,随着平均应力的增加,颗粒接触应力超过其破碎强度,颗粒破碎效应逐渐占主导作用,而剪胀效应逐渐衰弱并消失,剪切强度逐渐降低。因此,在应力变化范围较大的情况下,采用非线性强度表达式描述抗剪强度更为合理。不同应力路径下试样破坏时的应力状态均落在图 6.2.17 所示的强度包络线附近,说明应力路径对强度表达式的参数影响不大,这与刘萌成等[22]进行的应力路径下堆石体剪切特性试验研究的结论相同。

堆石体的破坏时内摩擦角 φ_f 与围压 σ_3 的非线性关系可以表示为

$$\varphi_f = \varphi_0 - \Delta\varphi \lg(\sigma_3/p_a) \tag{6.2.10}$$

其中,φ_0 和 $\Delta\varphi$ 为模型参数;$\Delta\varphi$ 反映非线性程度;p_a 为一个标准大气压。

如图 6.2.18 所示,在不同应力比 η 的加载应力路径试验中,内摩擦角 φ_f 与固结应力 σ_c(常规三轴应力路径中 $\sigma_3=\sigma_c$)的关系均可用式(6.2.10)描述。值得注意的是,内摩擦角不仅与固结应力 σ_c 有关,还与加载应力比有关,相同固结应力 σ_c,应力比 η 越小,内摩擦角 φ_f 越小,以 $\sigma_c=0.8$MPa 为例,$\eta=1.0$ 时,$\varphi_f=23.57$,而 $\eta=3.0$ 时(常规三轴剪切试验所对应的应力比)$\varphi_f=49.02$,两者相差超过一倍。这一现象同样可以用颗粒破碎来解释,应力 η 越小,在加载过程中施加在试样上的

围压 σ_3 越大,这就限制了试样侧向的变形,导致颗粒间的约束作用增强,使颗粒之间不易发生翻越、错动等相对运动,增大了轴向的承载能力。然而,颗粒间的约束作用越强,其接触力也越大,超过堆石体母岩强度时,颗粒发生破碎,弱化了堆石体的剪胀效应,导致抗剪强度参数降低。由图 6.2.18 可以看出,不同固结应力 σ_c 和应力比 η 下试样破坏时的内摩擦角 φ_f 和相应的平均应力 p 落在一条曲线附近,它们的关系可以用一个表达式描述,这里我们采用与式(6.2.10)相似的表达式,不同的是式(6.2.10)中的围压 σ_3 替换为破坏时的平均应力 p,即 $\varphi = \varphi_0 - \Delta\varphi \lg(p/p_a)$,拟合得到 $\varphi_0 = 95.4$、$\Delta\varphi = 14.46$,相关系数 $R = 0.9918$。

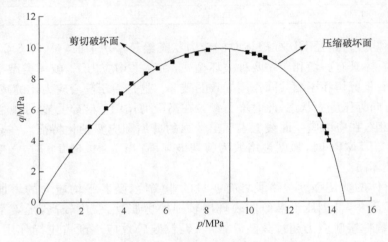

图 6.2.17　$p\text{-}q$ 平面上的强度包络线

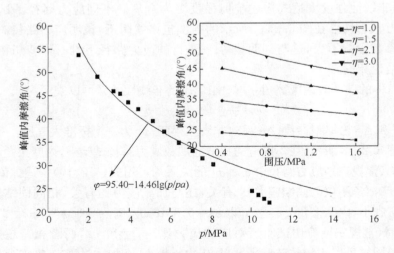

图 6.2.18　内摩擦角与平均应力的关系曲线

　　将不同固结应力 σ_c、应力比 η 下试样的破坏应力比 M_f 与平均应力 p 绘于图 6.2.19,其规律与图 6.2.18 所示的内摩擦角 φ_f 与平均应力 p 的关系相似,采用如下表达式可以较好地描述发生剪切破坏的试样破坏应力比,但对压缩破坏的点偏差较大,即

$$M_f = M_0 - \Delta M \lg(p/p_a) \tag{6.2.11}$$

其中,M_f 为破坏应力比;M_0 和 ΔM 为模型参数。

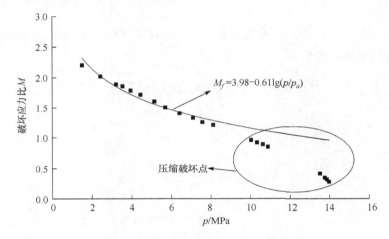

图 6.2.19　破坏应力比与平均应力的关系曲线

　　联立式(6.2.8)和式(6.2.11),可以得到 $p\text{-}q$ 面上剪切破坏线的表达式,即

$$q = M_f p = (M_0 - \Delta M \lg(p/p_a))p \tag{6.2.12}$$

　　$p\text{-}q$ 平面上剪切破坏线的各种表达式拟合曲线如图 6.2.20 所示。采用线性强度表达式 $q = M(p+p_0)$ 的拟合精度较差;幂函数表达式 $q = Ap_a(p/p_a)^B$ 的拟合精度也不高;式(6.2-12)拟合出的剪切破坏线与破坏点比较吻合,但是不满足

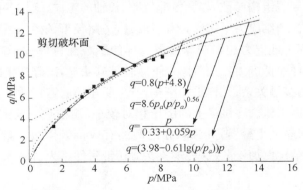

图 6.2.20　$p\text{-}q$ 平面上剪切破坏线的拟合曲线

$p \to 0$ 时, $q \to 0$ 的条件,因此不适合描述堆石体剪切强度;双曲线型表达式 $q = p/(a+bp)$ 拟合出的剪切破坏线与试验点较吻合,而且表达式无奇异性,是描述堆石体抗剪强度的理想选择之一。

压缩破坏线是封闭的,一端与 p 轴相接,另一端与剪切破坏面相接,其形状通常是椭圆曲线,即

$$\frac{p^2}{a^2} + \frac{q^2}{b^2} = 1 \tag{6.2.13}$$

从图 6.2.21 可以看出,采用双曲线型的剪切破坏线与椭圆形的压缩破坏线与数值试验结果比较吻合。

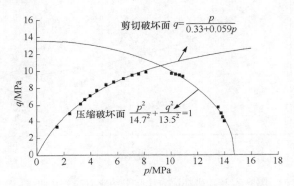

图 6.2.21　p-q 平面上强度包络线的双破坏面拟合

4. 细观组构演化分析

堆石体的颗粒组成、颗粒排列方式和粒间的接触力是决定其宏观力学特性的重要因素,而数值试验最明显的优势在于可实时观察颗粒在加载过程中的运动规律,提取试样的细观组构参数,如颗粒配位数、长轴的定向、组构各向异性演化等。

图 6.2.22 为固结应力一定时,不同加载应力路径下试样的颗粒配位数在剪切过程中演化过程。低应力比加载路径下试样的颗粒配位数大于高应力比加载路径,这是由于试样在低应力比加载路径下颗粒破碎明显,破碎产生的小颗粒与其周围颗粒产生新的接触关系,试样更加密实,产生明显的剪缩特性。在高应力比加载路径试验中的,由于施加在试样上的围压相对较小,颗粒间的约束作用较弱,颗粒在剪切过程中容易发生翻转,导致颗粒之间的有效接触数减少,试样的孔隙率增大,试样的细观结构更加松散,这种现象在剪切带附件更为明显。

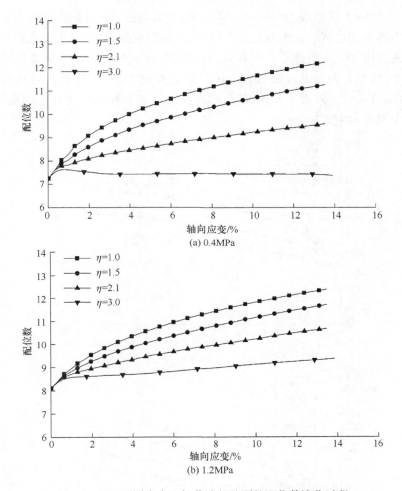

图 6.2.22　不同应力比加载路径的颗粒配位数演化过程

为了研究颗粒接触法向的演化规律与颗粒形状的关系,定义颗粒的接触法向系数和颗粒的接触法向向列数为

$$\mathrm{OC} = \frac{1}{N} \sum_{i=1}^{N} |\sin\theta_i| \qquad (6.2.14)$$

$$\mathrm{OOP} = \frac{1}{N} \sum_{i=1}^{N} \cos\theta_i \qquad (6.2.15)$$

其中,N 是颗粒接触数;θ_i 颗粒接触法向与水平向的夹角;OC 反映颗粒接触法向的主方向,OC 接近于 1,表明颗粒接触法向以铅直向居多,OC 接近于 0,表明颗粒接触法向以水平向居多;OOP 反映颗粒接触法向的各向异性,OOP 越小,各向异性越明显。

　　图 6.2.23 为固结应力一定时,不同加载应力路径下试样的接触法向系数在加载过程中的演化过程。在加载过程中,接触法向系数逐渐增大,表明颗粒接触的法线方向逐渐向加载方向倾斜。在高应力比加载路径中,由于试样周边的约束作用相对较小,接触方向向轴向加载方向演化的趋势更为明显;在低应力比加载路径中,试样的应力状态趋近于各向等压,轴向和侧向施加在试样上的作用差别较小,没有一个明显的主方向。

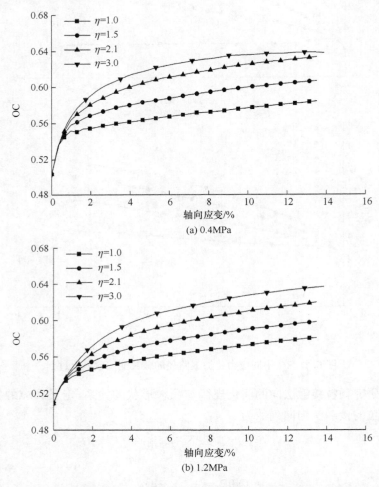

(a) 0.4MPa

(b) 1.2MPa

图 6.2.23　不同应力比加载路径的颗粒接触法向系数演化过程

　　图 6.2.24 为固结应力一定时,不同加载应力路径下试样在加载过程中演化过程。在加载过程中,向列数 OOP 逐渐减小,表明颗粒间接触的各向异性程度逐渐增强,试样表现出明显的应力诱导各向异性;应力比 η 越大,施加在试样上的各向

应力差别越大,由此产生的各向异性程度越明显。

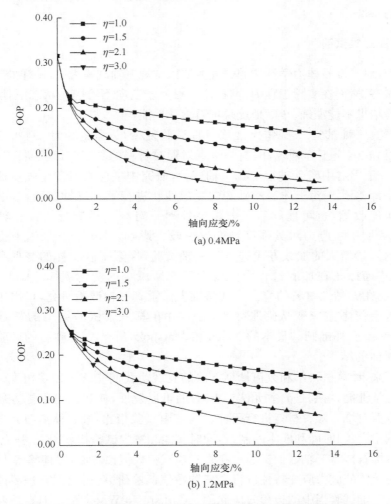

图 6.2.24　不同应力比加载路径的颗粒接触法向向列数演化过程

综合以上分析,堆石体的宏观力学特性与加载过程中细观组构的演化规律密切相关。在低固结应力、高应力比加载路径下,作用在试样上的侧向约束较小,轴向和侧向应力差别较大,导致颗粒容易产生相对运动,细观组构的各个要素发生演化,具体来说颗粒的配位数先增加后减小,颗粒间接触方向逐渐向轴向旋转,颗粒间接触的各向异性程度增强,在宏观上试样的应力应变曲线表现出明显的软化和剪胀特性;在高固结应力、低应力比加载路径下,作用在试样上的侧向约束增强,颗粒接触紧密,限制了颗粒间的相对运动,同时颗粒破碎明显,在细观组构的演化上,颗粒配位数逐渐增加,颗粒间的接触方向向轴向加载方向旋转的趋势不太明显,由于应力诱导的各向异性程度较低,在宏观上试样的应力应变曲线呈现出应变硬化和剪缩的特性。

6.2.3　真三轴试验

目前,对于堆石体力学性能的研究主要以常规三轴试验为主,试样处于轴对称的应力状态,然而在实际工程中,堆石体一般处于三向不等应力状态下,因此常规三轴试验结果不能准确、全面地反映堆石力学性能。

由于真三轴试验[34]操作比常规三轴试验复杂,设备的设计、制作和加载都比较困难,在岩土工程领域,国内外学者对颗粒材料的真三轴试验研究还相对较少。李广信[35]对中密砂进行了真三轴试验,研究中主应力对砂土强度曲线的影响。殷宗泽等[32,36]对土体和粉砂侧向变形性状进行了真三轴试验,表明土体侧向变形可能收缩,也可能膨胀。朱俊高等[33,37]对粗粒料进行了真三轴试验研究,结果表明中主应力对其强度和变形有较大影响。Ko 等[38]采用中主应力从小主应力开始增大的加载方式进行真三轴试验,探索了砂试样的变形和破坏过程,以及内摩擦角在加载过程中先变大后有所减小的变化规律。Lade 和 Duncan[39-41]也在无黏性材料的应力应变特性上做了真三轴试验研究,指出中主应力比的增大会使中主应变从膨胀变为压缩,并在真三轴试验结果的基础上提出Lade-Duncan 破坏准则。日本的 Nakai 和 Matsuoka 等[42,43]对砂石的试验研究也得到了相似的结论。

近年来,计算机科学和数值计算方法的发展使我们能够从细观角度来研究堆石体的力学性能,特别是离散元法(DEM)的迅展发展,使我们可以更方便地从细观结构方面对堆石颗粒材料进行研究。与室内试验相比,堆石体离散元数值模能够克服试验设备、时间和成本的制约,同时又能和室内试验相互印证、补充,所以有必要进行堆石体真三轴数值试验。在真三轴试验数值拟方面,殷建华等[44]采用混合边界对土体的应力应变特性进行真三轴数值试验研究,得出混合边界能够很好地解决真三轴试验当中的边角效应问题。Callisto 和 Wood 等[45]对自然和重塑状态下的比萨黏土分别进行了常规三轴和真三轴的数值模拟试验,研究土体的各向异性和本构关系。Thornton[46]对散粒体材料进行真三轴数值仿真,研究结果表明离散元法能够较真实的模拟散粒体材料的应力应变扩张现象,颗粒间的运动和接触行为影响着颗粒材料的力学性能。Belheine[47]应用三维离散元法进行土体排水剪数值仿真试验,从细观参数层面分析土体颗粒的强度变形特性。Tang-Tat Ng[48,49]对颗粒材料在不同应力路径下的力学性能做了真三轴数值模拟研究,验证了颗粒材料的各向异性,同时得出不同的应力路径对于颗粒材料力学性能有一定的影响。

Thornton 和 Tang-Tat 采用颗粒离散元进行真三轴数值试验研究,然而对于堆石体这种多面体颗粒不容易真实模拟其形态。本节基于变形体离散元法，在随机数值模拟技术基础上生成三维多面体颗粒，颗粒的物理力学性能符合 Weibull 分布函数，采用周伟等[3,30]建立的随机颗粒不连续变形（SGDD）模型来模拟堆石体的真三轴试验。本节通过真三轴数值试验研究堆石体的变形及不同应力路径下的应力应变关系，探讨堆石体细观层面的力学性能。

1. 数值试样及加载方式

根据图 6.2.25 所示的试样级配曲线，采用随机模拟技术生成多面体颗粒，再压缩成指定大小的试样，试样尺寸为 120mm×60mm×120mm，最大粒径为 $d_{max}=$ 10mm。在建模的时候，考虑到计算能力的限制，去掉粒径小于 1mm 的小颗粒，采用较大粒径颗粒等体积替代，堆石体随机颗粒模型如图 6.2.26 所示。由于模型颗粒形状极不规则，采用二阶四面体单元离散，堆石体试样的相关参数如表 6.2.5 所示。

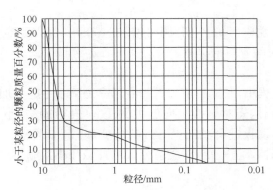

图 6.2.25　堆石体级配曲线

图 6.2.26　随机颗粒模型

表 6.2.5　试样颗粒数值模型相关参数

孔隙率	颗粒数	单元数	节点数
35%	5796	90 619	257 609

　　真三轴试验加载方式一般有三种,即刚性板加载方式、柔性带加载方式和复合加载方式。本节采用刚性板加载方式,加载模具如图 6.2.27 所示。为了模拟室内真三轴试验的试验条件,模型上下两端及两侧为六块刚性板,底部刚性板全约束,顶板铅直向自由约束,侧板分别在加压方向自由约束。

　　本节采用等应力比参数 b 加载路径,反映中主应力与大小主应力相对关系,其表达式为

$$b = \frac{\sigma_2 - \sigma_3}{\sigma_1 - \sigma_3} \tag{6.2.16}$$

　　由式(6.2.16)变形可得

$$\sigma_2 - \sigma_3 = b(\sigma_1 - \sigma_3) \tag{6.2.17}$$

加载过程应保持小主应力 σ_3 不变,同时增加 σ_1 和 σ_2,保持固定的应力比参数,式(6.2.17)两端对时间 t 求导,可得

$$\mathrm{d}\sigma_2/\mathrm{d}t = b\mathrm{d}\sigma_1/\mathrm{d}t \tag{6.2.18}$$

可知在等 b 加载过程中,第二主应力的加载速率是第一主应力加载速率的 b 倍。

　　数值模拟开始时,先对试样三向施加围压 σ_3 进行固结,小主应力方向(Z 方向)保持围压不变,顶板进行轴向(Y 方向)应变加载,加载速率为 0.0005mm/步,按照式(6.2.16)保持 b 值一定,中主应力(X 方向)和小主应力采用应力加载。

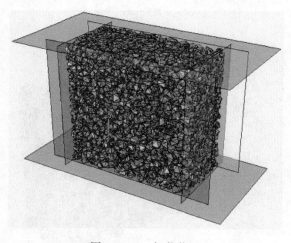

图 6.2.27　加载装置

2. 细观参数取值

堆石体细观数值模拟中涉及的物理参数如表 6.2.6 所示,其中 φ_u 为颗粒间的摩擦角;k_n 和 k_s 分别为法向和切向接触刚度;u_E 和 σ_E 分别为细观单元弹性模量概率分布的均值和标准差;u_f 和 σ_f 分别为细观单元抗压强度概率分布的均值和标准差;rho 是细观单元弹性模量与抗压强度概率分布之间的相关系数;$c_v=\sigma/u$ 是概率分布的不均匀系数。

表 6.2.6　细观参数取值

$\varphi_u/(°)$	$k_n/(\mathrm{N \cdot m^{-1}})$	$k_s/(\mathrm{N \cdot m^{-1}})$	u_E/GPa	u_f/MPa	c_v	rho
23	11×10^9	7.5×10^9	30	120	0.15	0.8

3. 宏观力学响应分析

真三轴数值试验采用相同的数值试样,以及同样的加载方式和加载速率,排除设备和人为因素的干扰。分别进行了不同围压(0.2MPa,0.3MPa,0.4MPa)下的等 b 试验,每个围压下 b 的取值分别为 0、0.25、0.5、0.75、1.0。

（1）堆石体试样的变形

堆石体试样在加载过程中的变形如图 6.2.28(以围压为 0.3MPa,应力比参数 $b=0.5$ 为例)所示,试样在加载过程中,随着加载的进行,颗粒不断旋转、滑移,结构不断调整,试样在整体上表现为小主应力方向发生膨胀,中主应力方向压缩量很小。

(a) $\varepsilon_1=0$　　　　(b) $\varepsilon_1=8\%$　　　　(c) $\varepsilon_1=15\%$

图 6.2.28　堆石体试样的变形

（2）宏观应力-应变关系

堆石试样在各围压 σ_3 和不同 b 值下的偏应力($\sigma_1-\sigma_3$)与轴向应变 ε_1 关系曲线如图 6.2.29 所示。由此可见,不同围压下的曲线规律相似,初始加载阶段,堆石体进一步密实,偏应力随轴向应变增长很快;随着加载的继续进行,偏应力和轴向应变都增大,并呈现明显的非线性关系,达到峰值后出现应变软化,偏应力有所减小;在一定围压 σ_3 下,偏应力($\sigma_1-\sigma_3$)和轴向应变 ε_1 曲线随着 b 值增大逐渐变陡,峰值强度也会有所增加;同一 b 值情况下,围压越大曲线越陡,峰值强度也会增加。

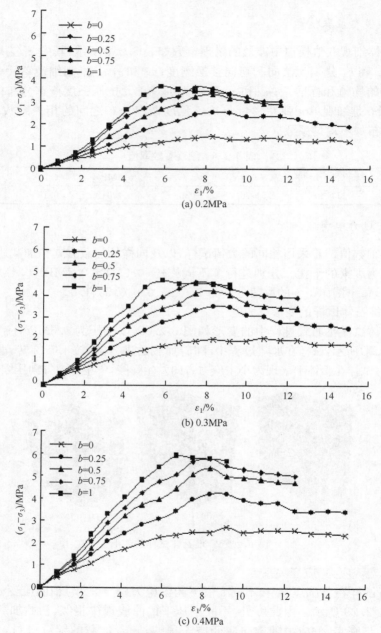

图 6.2.29　不同围压下轴向应变-偏应力曲线

本节统一规定应变为正表示压缩，负表示膨胀。中主应变 ε_2 和轴向应变 ε_1 关系如图 6.2.30 所示。可以看出，中主应变 ε_2 随着 b 值的增大由膨胀转为压缩，在 $b=0.25$ 以后，试样在中主应力方向处于膨胀状态。小主应变 ε_3 与轴向应变 ε_1 关系曲线如图 6.2.31 所示，ε_3 随着 b 值的增加逐渐减小，且均为负值，表现为膨胀特性。

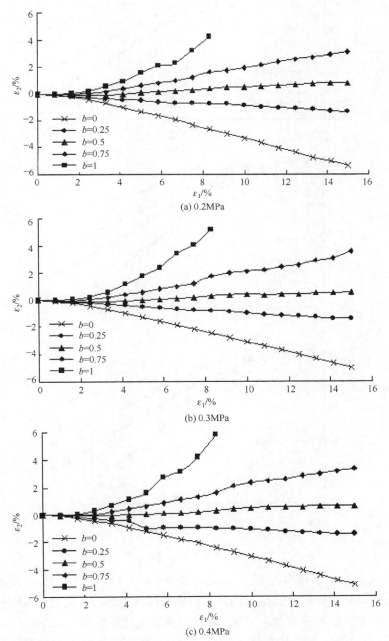

(a) 0.2MPa

(b) 0.3MPa

(c) 0.4MPa

图 6.2.30　不同围压下 ε_1 和 ε_2 关系曲线

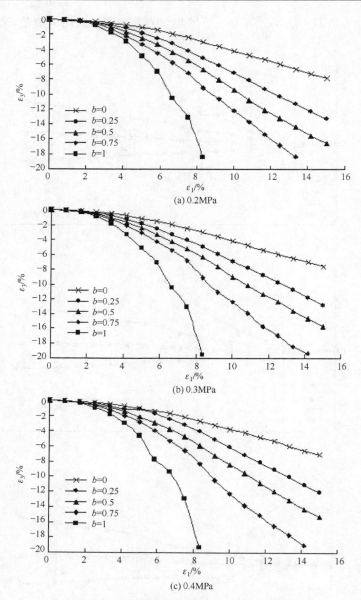

(a) 0.2MPa

(b) 0.3MPa

(c) 0.4MPa

图 6.2.31　不同围压下 ε_1 和 ε_3 关系曲线

从体积应变 ε_v 和轴向应变 ε_1 关系曲线(图 6.2.32)可以看出,不同围压下的曲线变化规律基本相同,随着加载的进行,堆石体从剪缩转为剪胀,围压越大,堆石体从剪缩转为剪胀对应的轴向应变 ε_1 越大,剪胀变化越缓慢,围压越低,试样剪胀越强烈;在同一围压下,b 从 0 到 1 变化过程中,堆石体从剪缩转为剪胀所对应的轴向应变 ε_1 减小,剪胀特性更加明显。

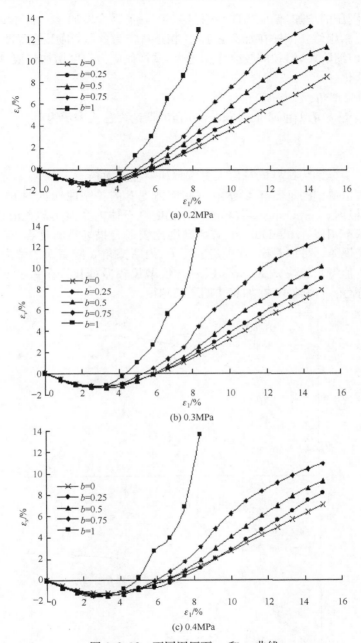

图 6.2.32　不同围压下 ε_v 和 ε_1 曲线

　　综合分析数值模拟结果,得出以下几点认识,偏应力与轴向应变呈明显的非线性关系,达到强度峰值后出现应变软化;在一定围压下,b 值越大,偏应力峰值出现越早,曲线越陡,小主应变方向由压缩转为膨胀,小主应变方向则不断压缩;相同 b

值下,随着围压的增加,偏应力曲线明显变陡,峰值强度增加,$\varepsilon_2 \sim \varepsilon_1$ 和 $\varepsilon_3 \sim \varepsilon_1$ 应变曲线变化规律相似。试样在加载过程中由剪缩转为剪胀,围压越高,b 值越大,剪缩越明显,剪缩阶段,颗粒间咬合作用增大,试样偏应力强度增加较快,峰值强度后试样出现软化。

(3)内摩擦角

内摩擦角 φ 可以由 Mohr-Coulomb 强度理论表达式表示为

$$\varphi = \arcsin \frac{(\sigma_1 - \sigma_3)_f}{(\sigma_1 + \sigma_3)_f} \tag{6.2.19}$$

其中,σ_{1f} 和 σ_{3f} 分别为试样的峰值大主应力和小主应力。

数值模拟得到的堆石体摩擦角 φ 和应力比 b 的关系曲线如图 6.2.33 所示。可以看出,根据 Lade-Duncan 破坏准则得到的堆石体内摩擦角与数值模拟的两条曲线规律基本相似,Lade-Duncan 破坏准则比较适合描述堆石体在真三轴应力状态下的强度规律。可以看出,在一定围压下,内摩擦角 φ 随着 b 的增大而增大,在初始阶段 φ 值增长较快,b 为 0.25 以后 φ 值增长较慢;同时,在一定 b 值下,围压越高,内摩擦角 φ 值越小,在加载初期增长越慢。

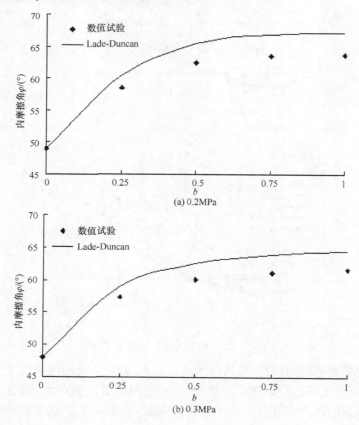

(a) 0.2MPa

(b) 0.3MPa

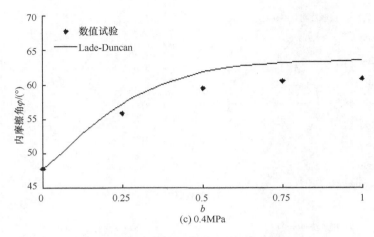

图 6.2.33　内摩擦角 φ 和应力比参数 b 曲线

4. 细观力学响应分析

(1) 各向异性演化规律

对于堆石颗粒,宏观变形和强度特性与其和堆石的细观组构的演化规律密切相关。以围压 $\sigma_3=0.3$MPa,应力比参数 $b=0.5$ 加载路径下试样为例,分析堆石在加载初始($\varepsilon_1=0\%$)、峰值强度时($\varepsilon_1=7\%$),以及加载完成($\varepsilon_1=15\%$)后的细观组构各向异性演化,为了便于观察堆石体的各向异性演化规律,将其投影到 YZ 平面上,如图 6.2.34 所示,分别给出了在这三个阶段中颗粒的接触法向、法向接触力的各向异性玫瑰图,以及相应的傅里叶函数拟合结果(图例为 E 和 fn),其中 a 是傅里叶系数,反映细观组构各向异性的程度;θ_n 为细观组构参数各向异性的主方向。图中每 $2°$ 绘制一个区间,统计接触法向和法向接触力,接触法向表示落入该角度区间的接触点总数,法向接触力为落入该角度区间内接触点处法向接触力的平均值,并投影到 YZ 平面。

分析图 6.2.34 可知,加载初始阶段($\varepsilon_1=0$),接触法向的主方向位于水平向,接触法向的曲线近似圆形,表示加载初期,在 YZ 平面上接触法向基本是各向同性的;在加载过程中,接触法向主方向逐渐向竖直方向偏转,竖直向接触数目增多,接触法向曲线和拟合曲线呈"花生状"图形,呈现出明显的各向异性,从拟合的参数 a 和 θ 也可以得出相同的结论;加载完成后,接触法向曲线和峰值强度时的曲线相似,接触数目有所减少。法向接触力在加载过程中主方向角由水平向逐渐倾向竖直方向,堆石颗粒试样到达峰值强度时,法向接触力明显增大,曲线呈"花生状",呈现明显各向异性,加载完成后法向接触力有所减小。

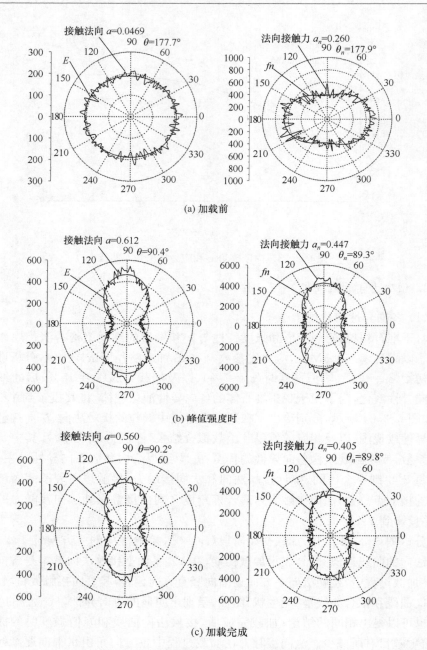

图 6.2.34　颗粒接触法向、法向接触力各向异性演化

图 6.2.35 给出了颗粒间法向接触力各向异性系数的变化规律。可以看出，在加载过程中，颗粒间法向接触力各向异性程度先增强后又逐渐平稳，堆石试样

的宏观强度变化规律保持较好的一致性,各向异性系数达到最大值时的轴向应变与峰值偏应力对应的轴向应变基本相同,试样的宏观强度与法向接触存在内在的关联。

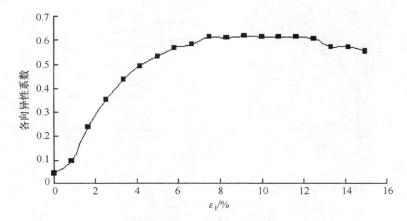

图 6.2.35　颗粒法向接触力各向异性系数

(2) 颗粒配位数

图 6.2.36 表示在加载过程中颗粒配位数的变化曲线。可以看出,随着加载的进行,配位数先明显增大,后期逐渐减小,这主要是由于在加载初期,堆石试样进一步密实,配位数增加;加载后期,堆石发生明显剪胀,配位数随之减小;相同围压下,b 值越大,颗粒接触越紧密,颗粒配位数越大;围压越高,试样越密实,颗粒配位数越大。相同轴向应变 ε_1,b 值越大,颗粒配位数越大,围压越高,颗粒配位数越大。

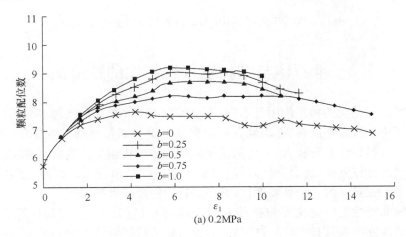

(a) 0.2MPa

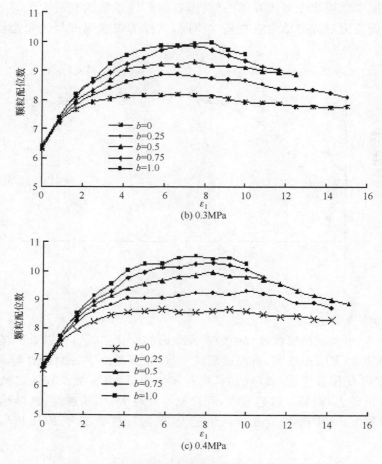

图 6.2.36　　不同围压下颗粒配位数和轴向应变 ε_1 曲线

6.3　堆石体与结构物接触特性的数值试验

　　粗粒土与结构的相互作用是水利、岩土工程中一个常见的问题,例如混凝土面板堆石坝中面板与垫层料、心墙堆石坝中混凝土防渗墙与地基覆盖层等。由于接触面两侧材料特性差异较大,在接触区域的剪力传递机制非常复杂,使得接触面附近应力状态比较复杂,还会产生张开、滑移等非连续变形行为。因此,接触区域是关乎整个工程安全的一个重要部位,必须进行接触面特性的研究。

　　接触面特性的研究主要包括接触面力学特性试验、本构模型、计算方法[50]。在试验研究方面,国内外学者对接触面试验及相关仪器做了大量的研究,并取得不少研究成果[51-63]。目前,直剪和单剪试验是研究粗粒土与结构接触面力学特性的主要试验方法,常规的室内试验主要从宏观上测得接触面的强度和变形指标,为了观察剪切过程中接触区域的细观组构特征及其演化过程,殷宗泽等[56]采用微型潜望镜观察了接触面附近土体的变形情况;胡黎明等[58]采用数字照相技术观察土与结构相对位移沿接触面的分布等;张嘎等[59]观察和测量接触面变形及结构物附近颗粒的运动,分析了接触面的变形机理。

与此同时,数值方法的发展和硬件水平的提高使我们能模拟粗粒土颗粒在外荷载作用下的旋转、滑移、重新排列和破碎,实时观察颗粒在剪切过程中的滑移、旋转等相对运动规律,从细观层次来揭示粗粒土与结构接触面特性的强度和变形机理。采用数值方法模拟土与结构接触问题时,一般将土与结构都视为连续介质[64],采用连续介质力学方法,如有限单元法、有限差分法来模拟,这种方法不能反映土的颗粒性质;或是将土与结构都采用离散元模拟[65],用颗粒簇模拟结构,这种方法一是不太直观,二是不能反映结构自身的应力变形特性。粗粒土与结构物相互作用问题是一个典型的离散-连续耦合问题,单纯采用连续介质力学方法或离散元方法进行模拟都是不太合适的,因此有必要采用连续-离散耦合分析方法来处理此类问题。张华等[66]采用有限差分与颗粒离散单元外部耦合的方法,分别应用二维刚性颗粒离散单元与有限差分网格模拟散粒体与结构物的相互作用;周健等[67]结合有限差分法和离散单元法发展了离散-连续耦合分析方法,在岩土破坏大变形区域采用离散元模拟,在其他区域采用连续单元模拟。与上述将几种方法耦合起来不同,三维变形体离散元法能够自动检索接触关系,并对不规则形状的粗粒土颗粒和结构物进行有限差分网格离散,使其具有模拟离散-连续耦合问题的先天优势。

采用离散元方法分析土的强度和变形机理已经积累了丰富的研究成果,但粗粒土与细粒土相比,其颗粒形态差异较大,而且粗粒土在外荷载作用下,颗粒破碎现象更为明显。虽然基于颗粒流理论的离散单元也能通过"簇"的形式形成不规则形态的颗粒,并通过黏结的失效来模拟颗粒破碎,但是其所用方法并不直观。周伟等[3,19,30]针对堆石体等粗粒土提出的随机颗粒不连续变形方法,是一种改进的变形体离散单元法,采用随机模拟技术生产三维凸多面体颗粒及其在空间中的分布,真实模拟颗粒形态,颗粒被划分有限个单元,允许颗粒发生变形和断裂,颗粒与颗粒之间的相互作用力由虚拟的法向和切向弹簧和阻尼器来传递。

本节采用三维变形体离散单元法进行粗粒土与结构接触面特性的数值研究,基于随机模拟技术生成粗粒土三维数值试样,模拟粗粒土与结构接触面的直剪和单剪试验。从宏观层次对比分析直剪和单剪状态下的剪应力-相对剪切位移关系曲线,研究接触面相对粗糙程度对接触面力学特性的影响;从细观角度分析接触面附近区域颗粒的滑移、旋转规律与细观组构参数的演化过程。

6.3.1 数值试验条件及实现过程

1. 试样制备

采用随机模拟技术生成三维凸多面体颗粒及其在空间中的分布[3,19,30],再压缩成指定大小的试样,试样级配曲线如图 6.3.1 所示,孔隙率为 35%。试样尺寸为 300mm×300mm×100mm,最大粒径 d_{max} 为 30mm,$D/d_{max}=10$ 基本可以消除试样的尺寸效应[60]。定义颗粒的外接椭球的长短径之比为颗粒的形状指标,试样中颗粒的形状指标在 1.4 与 1.6 之间均匀分布,共生成 15 725 个颗粒,如图 6.3.2 所示,采用二阶四面体单元离散为 185 492 个单元,548 778 个节点。

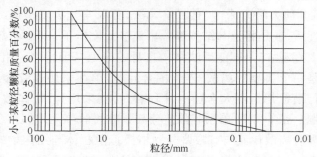

图 6.3.1 数值试样级配曲线图[63]

图 6.3.2 数值试样

2. 加载方式

接触面的力学特性试验主要在直剪仪和单剪仪上进行。直剪仪操作简便、原理直观,但剪切过程中人为限定了接触面的位置,剪切盒的刚性约束使得剪切面的剪应力分布不均匀。单剪试验的剪切盒由重叠的钢环或铝环组成,能保持接触面及土体剪切应力均匀分布,容许接触面和土体有不同的剪切位移,剪切破坏面既可以发生在接触面,也可以发生在土体内,是目前较为成熟和实用的一种试验设备[61]。

本节分别进行粗粒土与结构接触面特性的直剪和单剪试验的数值模拟,对比分析粗粒土与结构物接触面在直剪和单剪状态下的力学特性。剪切试验仪由上下剪切盒组成,下剪切盒尺寸为 600mm×300mm×100mm,盒内放置混凝土,在数值模拟中采用有限差分网格离散。上剪切盒尺寸为 300mm×300mm×100mm。在单剪试验中,上剪切盒由 10 层 300mm×300mm×10mm 的叠环组成,叠环之间无摩擦,粗粒土试样放置在上剪切盒中。

数值模拟时,下剪切盒、直剪试验中的上剪切盒与单剪试验中的叠环均为刚性板。采用位移控制式加载施加在下剪切盒上使其产生水平位移,加载速率0.0001mm/步,当相对剪切位移达到 40mm 时,停止加载。数值模拟开始时,先对试样施加法向应力,然后采用位移控制进行水平向加载,图 6.3.3 为数值模拟的加载示意图。

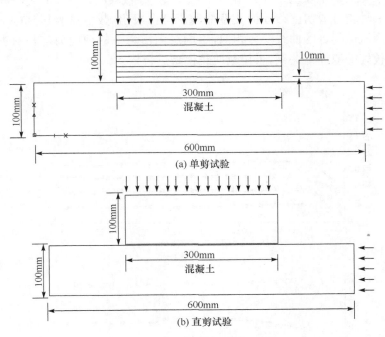

图 6.3.3　加载示意图

3. 细观参数取值

在粗粒土与结构接触面特性的数值试验中,颗粒与颗粒之间的接触模型采用线性接触刚度模型,需要设定的细观参数有颗粒之间的法向接触刚度和切向接触刚度 k_n 和 k_s;颗粒间的摩擦系数 f_p;颗粒与剪切盒之间的摩擦系数 f_w;颗粒与结构物之间的摩擦系数 f_s;粗粒土单元的弹性模量 E。接触面相对粗糙程度对其强度和变形特性有显著的影响,为此本节设计了 4 组数值试验,每组试验分别进行 4

个法向应力(0.5MPa、1.0MPa、1.5MPa、2.0MPa)的剪切试验,前 3 组试验为单剪试验,f_s 分别为 0.3、0.5、0.7,第 4 组试验为直剪试验,f_s 为 0.5。经过试算调整,细观参数取值如表 6.3.1 所示。

表 6.3.1　细观参数取值

k_n/(N·m⁻¹)	k_s/(N·m⁻¹)	f_p	f_w	f_s	E/GPa	u
$12×10^9$	$8×10^9$	0.5	0.2	0.3/0.5/0.7	30	0.2

6.3.2　接触面宏观力学特性分析

1. 接触面剪切应力-位移特性

图 6.3.4 为单剪试验时不同颗粒与结构物摩擦系数($f_s=0.3$、0.5、0.7)条件下剪应力 τ 与相对剪切位移 ω 的关系曲线。可以看出,数值试验得到的 τ-ω 关系曲线与室内试验得到的曲线规律相似,不同法向压力下的剪应力与相对剪切位移能呈现出较好的双曲线关系,可用双曲线模型进行描述。

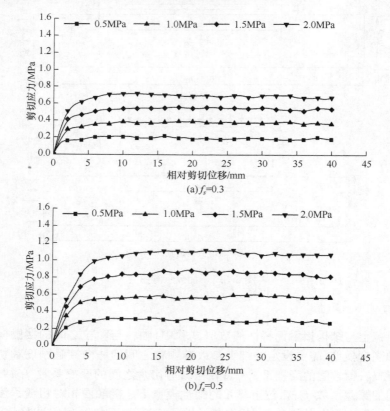

(a)f_s=0.3

(b)f_s=0.5

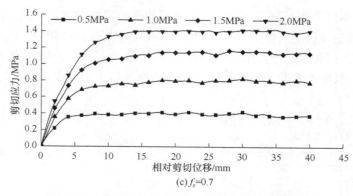

(c) f_s=0.7

图 6.3.4　接触面剪切应力-相对剪切位移关系曲线

　　由图 6.3.4 可知,在加载的初始阶段,剪切应力随着相对剪切位移的增大而迅速增大,当相对剪切位移达到一定值后,剪切应力不再增大,而相对剪切位移继续发展,表明试样已发生剪切破坏;随着接触面上法向应力的增大,峰值强度逐渐增大,峰值强度对应的相对剪切位移也逐渐增大,接触面 τ-ω 关系曲线初始段的斜率也逐渐增大,即初始剪切刚度增大。

　　接触面相对粗糙程度是影响接触面力学特性的重要因素,在数值试验时,可以用颗粒与结构物之间的摩擦系数 f_s 量化相对粗糙程度,接触面越粗糙,摩擦系数 f_s 越大。图 6.3.5 为不同摩擦系数 f_s 条件下,法向应力为 2.0MPa 时的 τ-ω 关系曲线。

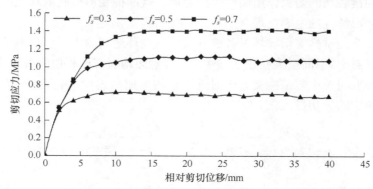

图 6.3.5　不同摩擦系数 f_s 时接触面剪切应力-相对剪切位移关系曲线

　　由图 6.3.5 可以看出,不同摩擦系数 f_s 条件下,粗粒土与结构接触面的 τ-ω 关系曲线均呈双曲线关系;摩擦系数 f_s 越大,即接触面越粗糙,τ-ω 关系曲线的峰值剪应力越大,峰值剪应力对应的相对剪切位移也越大,而初始剪切刚度相差不大。

2. 接触面抗剪强度

图 6.3.6 给出了单剪数值试验得到的接触面抗剪强度与法向应力关系曲线,

可以看出在不同摩擦系数 f_s 条件下,接触面的抗剪强度均随法向应力的增大而增大,两者之间呈较好的线性关系,可以用摩尔库伦准则来描述粗粒土与结构接触面的抗剪强度。接触面的摩擦角随摩擦系数 f_s 的增大而增大,说明接触面越粗糙其抗剪强度越高,摩擦系数为 0.3、0.5、0.7 时的摩擦角为 19.32°、29.07°、37.87°。

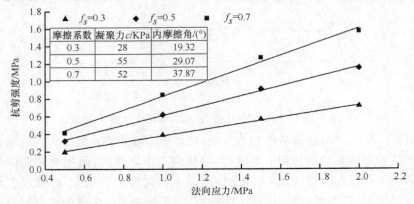

摩擦系数	凝聚力 c/KPa	内摩擦角/(°)
0.3	28	19.32
0.5	55	29.07
0.7	52	37.87

图 6.3.6　不同摩擦系数 f_s 时抗剪强度-法向应力关系曲线

3. 接触面剪切变形特性

接触面的变形包括结构与粗粒土的相对剪切位移,以及粗粒土内部一定范围内由于受到接触面的约束作用而产生的变形。这两种变形机制的相互作用是接触面强度和变形特性的主要机理[62]。

图 6.3.7 为试样剪切破坏时各叠环位移及叠环之间的相对位移沿试样高度的分布。可以看出,不同摩擦系数 f_s 条件下,接触面均表现出相似的剪切变形特性,即剪切变形在粗粒土与结构交界面附近不是均匀或呈连续变化的,而是存在剪切变形相对集中的剪切带。

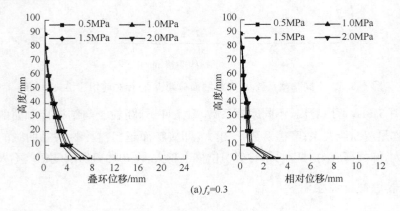

(a) f_s=0.3

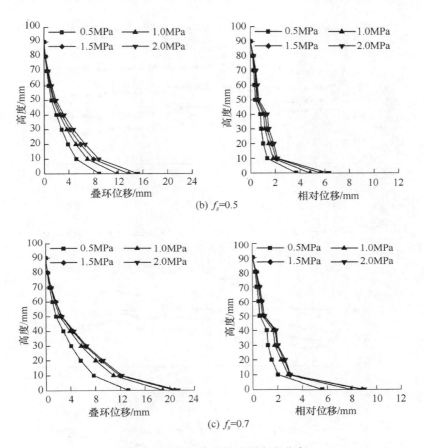

图 6.3.7 剪切位移沿试样高度分布

分析图 6.3.7,可以得出以下几点规律,摩擦系数 f_s 相同时,法向应力越大,试样相同高度处的剪切位移越大;在相同法向应力作用下,颗粒与结构物摩擦系数 f_s 越大,相同高度处的剪切位移越大。这表明接触面剪切产生的扰动作用与接触面相对粗糙程度和法向应力有关,法向应力越高、接触面越粗糙,扰动作用越强烈,在试样内部产生的扰动带范围越大。扰动区域内不同高度之间发生相对剪切位移,颗粒会发生提升、错动、转动、拔出,并伴随着试样体积的变化、颗粒的重新排列,在此过程中需要消耗能量,故抗剪强度也随之增大;颗粒与结构物摩擦系数较小、法向应力较低时,剪切变形主要集中在接触面附近区域。

由于试验过程中接触面的面积不变,因此法向位移的变化可以看做是试样的体积变化。本节规定体积变形以剪缩为正,剪胀为负,不同颗粒与结构物摩擦系数条件下体积应变-相对剪切位移关系曲线如图 6.3.8 所示。

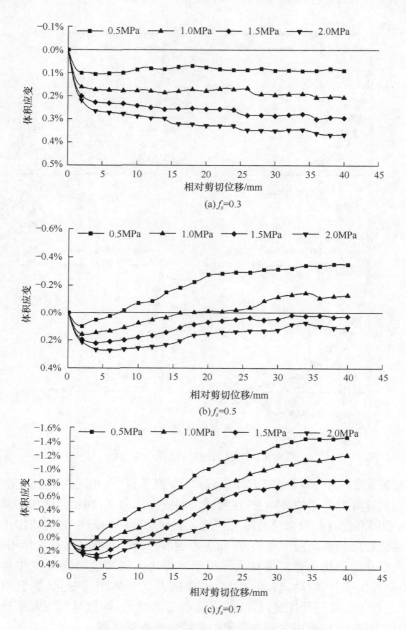

图 6.3.8　体积应变-相对剪切位移关系曲线

　　可以看出,摩擦系数 f_s 较小时,试样体积变形以剪缩为主,而摩擦系数 f_s 较大时,试样的体积变形则以剪胀为主。这主要是由于接触面粗糙程度较低时,接触面剪切变形表现为滑动型,接触面剪切产生的扰动作用比较弱,而接触面比较粗糙时,接触面剪切产生了较强的扰动作用,试样内部受扰动的区域范围较大,扰动区域内颗粒由于相互错动而产生较大的体积膨胀变形;法向应力较小时,接触面表现出剪缩性,法向应力较大时,接触面表现出明显的剪胀性,符合一般试验规律。

4. 单剪和直剪状态下接触面特性对比

文献[57]进行了细粒土与结构接触特性的单剪和直剪试验,试验结果表明单剪试验 τ-ω 关系曲线与直剪相差较大,不再是双曲线,而是一条曲线和直线组成的折线,两者剪应力很接近。粗粒土与细粒土在级配、颗粒形状、大小上差别较大,因此上述结论对粗粒土是否适用,需要进一步研究。为此可以对比分析粗粒土与结构在单剪和直剪状态下的接触面力学特性,颗粒与结构物摩擦系数 f_s 均为 0.5,τ-ω 关系曲线如图 6.3.9 所示。接触面在单剪和直剪状态下的抗剪强度与法向应力的关系曲线如图 6.3.10 所示。

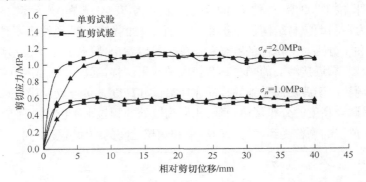

图 6.3.9　直剪和单剪状态下的接触面剪切应力-相对剪切位移关系曲线

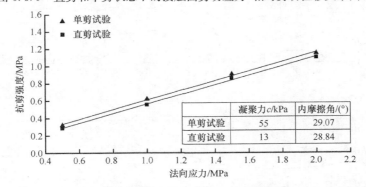

图 6.3.10　直剪和单剪状态下的接触面抗剪强度与法向应力关系曲线

分析图 6.3.9 和图 6.3.10 可知,单剪和直剪状态下粗粒土与结构接触面的 τ-ω 关系曲线均呈双曲线关系,由于直剪试验的剪切盒约束较强,其 τ-ω 关系曲线的初始段斜率大于单剪试验结果;在单剪和直剪状态下,接触面的抗剪强度与法向应力之间均呈线性关系,各个法向应力下的抗剪强度均相差不大,单剪和直剪状态下的摩擦角分别为 29.07°和 28.84°。

6.3.3　接触面细观力学响应分析

粗粒土在外荷载作用下的宏观变形特性,是颗粒旋转、滑移、重新排列和破碎的结果,数值试验的优势在于可以实时地观察颗粒在剪切过程中的滑移、旋转等运动规律,提取剪切过程中的细观组构参数,如颗粒配位数、接触力分布组构各向异性演化等,有助于从细观层次来揭示粗粒土与结构物接触面特性的强度和变形机理。

1. 颗粒运动及旋转

粗粒土颗粒较多,很难将所有颗粒的水平位移和竖向位移绘制在一张图中,为了方便地观察试样内颗粒的运动规律,将试样区域离散为若干个小区域,将该区域内颗粒的水平位移和竖向位移的平均值作为该区域颗粒运动的特征值。图 6.3.11 为不同颗粒与结构物摩擦系数条件下,加载结束时颗粒水平位移等值线图,坐标 x 和 y 分别对应试样的宽度和高度。可以看出,颗粒的水平位移沿试样高度有明显的分层,靠近接触面的颗粒具有较大的水平位移,远离接触面的颗粒水平位移较小,表明颗粒由于剪切而受到的扰动作用沿试样高度方向衰减,与图 6.3.7 得到的剪切位移沿试样高度的分布规律一致;相同高度处的颗粒水平位移并完全相同,主要是由于不同位置的颗粒受到剪切盒的约束和颗粒之间的约束程度不同。

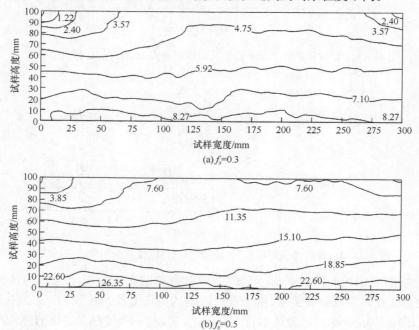

(a) $f_s=0.3$

(b) $f_s=0.5$

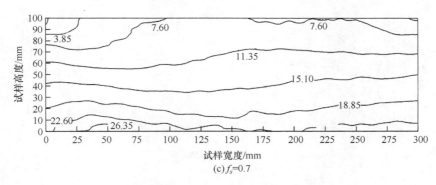

(c)f_s=0.7

图 6.3.11　颗粒水平位移等值线图

图 6.3.12 为不同颗粒与结构物摩擦系数条件下,加载结束时颗粒竖向位移等值线图,竖向位移以向上为正,坐标 x 和 y 分别对应试样的宽度和高度。可以看出,颗粒的竖向位移分布并不均匀,在剪切盒的右侧,即靠近结构的加载端,颗粒的竖向位移为负值,表明颗粒向下运动,在剪切盒的左侧,即远离加载端处,颗粒的竖向位移为正值,表明颗粒向上运动;接触面的摩擦系数较低时,大部分区域的颗粒竖向位移都是负值,颗粒以向下运动为主,试样在宏观上表现为体积剪缩,但靠近接触面附近的颗粒仍出现了向上的颗粒运动,主要是由于剪切作用引起的颗粒翻转;当接触面的摩擦系数较大时,大部分区域颗粒向上运动,试样在宏观上表现为剪胀,主要是由于接触面的扰动作用明显,使大部分颗粒产生了翻转和抬升现象。

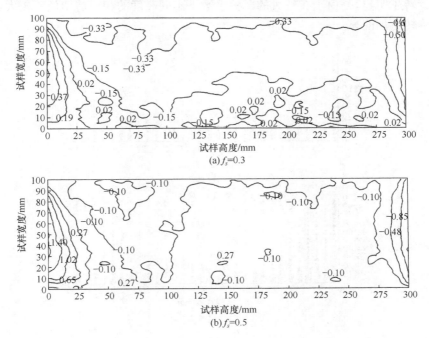

(a)f_s=0.3

(b)f_s=0.5

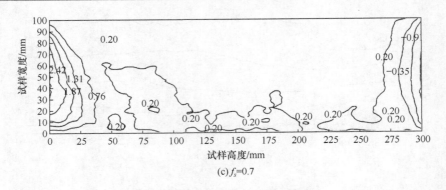

(c) f_s=0.7

图 6.3.12　颗粒竖向位移等值线图

　　除颗粒运动外，颗粒旋转也是散体材料很多宏观力学特性的重要诱因，图 6.3.13 为不同颗粒与结构物摩擦系数条件下，加载结束时颗粒的旋转图，定义颗粒的旋转量为颗粒的长轴在加载开始与结束时的夹角，泡泡的大小与颗粒的旋转量成正比，坐标 x 和 y 分别对应试样的宽度和高度。图 6.3.14 为颗粒的平均旋转量沿试样高度的分布图。由图 6.3.13 和图 6.3.14 可以看出，接触面附近颗粒的旋转量较大，而远离接触面的颗粒旋转量较小，这是由于接触面附近区域受剪切作用下的扰动较大，扰动区域内不同高度之间发生较大的相对剪切位移，颗粒会发生提升、错动、转动、翻转；接触面的摩擦系数越大，即接触面的相对粗糙程度越大，颗粒旋转越明显，是由于在较大的摩擦系数下不同高度的相对剪切位移较大，使得颗粒旋转更加明显。

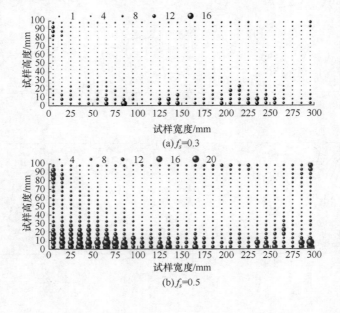

(a) f_s=0.3

(b) f_s=0.5

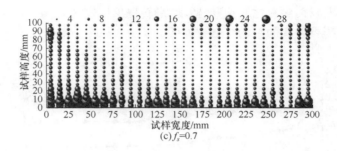

(c)f_s=0.7

图 6.3.13　颗粒旋转量

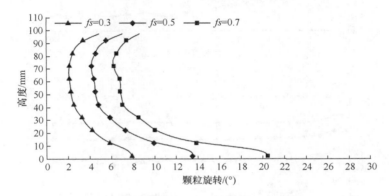

图 6.3.14　颗粒平均旋转量沿试样高度分布

2. 颗粒配位数

粗粒土的宏观力学特性是颗粒滑移、旋转和破裂等综合作用的结果,并与试样的松密状态密切相关,试样剪缩时颗粒配位数增大,试样剪胀时颗粒配位数减小。颗粒配位数在加载过程中的演化过程能直观地反映出颗粒的平均接触数的变化和试样的松密状态,因此颗粒配位数是散粒体最重要的细观组构参数之一。图 6.3.15 为在不同颗粒与结构物摩擦系数条件下,数值试样的颗粒配位数在加载过程中的变化规律。可以看出,刚开始加载时,试样逐渐密实,颗粒配位数有所增大,随着加载的进行,由于剪切的扰动作用,颗粒位置调整比较剧烈,颗粒配位数逐渐减小至稳定值;在低法向应力下,颗粒配位数较小,这与试样在低法向应力下产生明显的体积膨胀相对应,而在高法向应力下,体积变形以剪缩为主,颗粒配位数较大。

图 6.3.16 为不同的颗粒与结构物摩擦系数条件下,法向应力为 2.0MPa 时颗粒配位数的演化过程,可以看出颗粒与结构物摩擦系数越大,颗粒配位数越小,这是由于摩擦系数较大时,剪切产生的扰动区域范围较大,扰动区域内颗粒发生了明

显的相对剪切位移,颗粒之间抬升、错动、翻转现象比较明显,试样产生明显的体积膨胀变形,使得颗粒间的平均接触数降低。

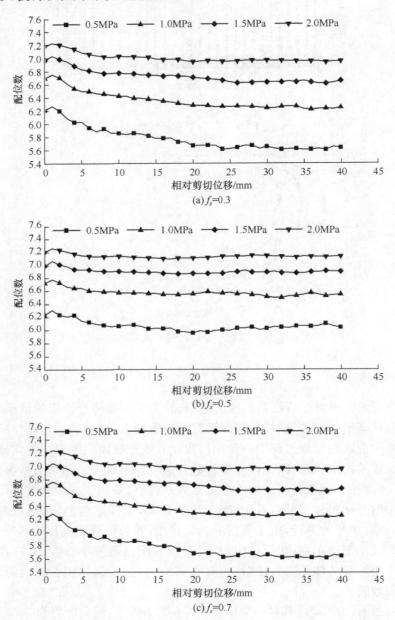

(a) f_s=0.3

(b) f_s=0.5

(c) f_s=0.7

图 6.3.15　颗粒配位数在加载中的演化过程

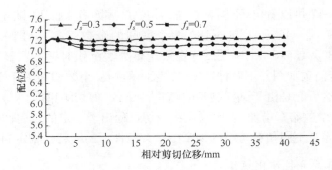

图 6.3.16 颗粒配位数的演化过程

3. 颗粒长轴定向

粗粒土颗粒在加载过程中的定向作用是明显的,可以用颗粒的长轴(颗粒上距离最远的两个点的连线)与水平面的夹角来表示这种空间定向作用。由于本节采用三维离散元模拟,颗粒长轴在空间分布,为了表述方便,定义颗粒长轴在 xy 平面上的投影与 x 轴正方向的夹角作为颗粒长轴的倾角。以不同颗粒与结构物摩擦系数,法向应力 2.0MPa 的试样计算成果为例,按每 5°一个区间绘制玫瑰图,统计颗粒长轴方向落入该区间的颗粒个数。图 6.3.17 为开始剪切和剪切结束时颗粒长轴定向演化玫瑰图。

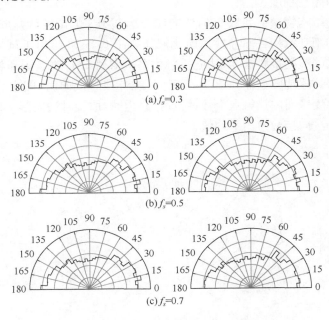

图 6.3.17 颗粒长轴定向演化玫瑰图

由图 6.3.17 可以看出,不同颗粒与结构物摩擦系数条件下,试样在剪切前,颗粒长轴方向在 0°~45°和 135°~180°两个区间的个数较多,分别占颗粒总数的 56.77%、56.80%、56.83%,表明试样在采用重力法沉积时存在明显颗粒定向,而且颗粒长轴定向玫瑰图并不对称,0°~45°区间的颗粒个数明显多于 135°~180°区间的颗粒数,这可能是由于试样制备的随机性所致;剪切结束时,颗粒长轴方向在 0~45°区间的个数略有增加,表明颗粒在剪切过程出现一定的定向性,但这种定向性比较弱;试样在不同颗粒与结构物摩擦系数条件下的颗粒长轴定向规律相似。

4. 组构各向异性演化规律

粗粒土的宏观力学特性与加载过程中细观组构的演化规律密切相关[16]。可以通过统计颗粒之间的接触法向、法向接触力和切向接触力的各向异性演化来分析细观组构的演化规律。Rothenburg 等[17]采用傅里叶函数来拟合颗粒间接触法向、粒间法向接触力和切向接触力与角度的关系,其数学表达式为

$$E(\theta)=\frac{1}{2\pi}[1+a\cos2(\theta-\theta_a)]$$

$$f_n(\theta)=f_0[1+a_n\cos2(\theta-\theta_n)]$$

(6.3.1)

其中,θ 为角度;f_0 为所有颗粒法向接触力的平均值;θ_a 和 θ_n 为接触法向和法向接触力各向异性的主方向;a 和 a_n 为傅里叶系数,其数值分别反映接触法向和法向接触力的各向异性程度。

以颗粒与结构物摩擦系数 0.5,法向应力 2.0MPa 的试样计算成果为例,分析加载过程中的细观组构各向异性的演化规律。图 6.3.18 给出了试样在剪切开始和剪切结束时的粒间接触法向、法向接触力各向异性分布玫瑰图和相应的傅里叶函数拟合结果。玫瑰图绘制每 2°一个区间,统计接触法向时,图中表示的是接触法向落入该角度区间的接触点个数;统计接触力时,取接触法向落入该角度区间内所有接触点处法向接触力的平均值。

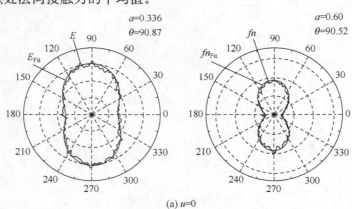

(a) $u=0$

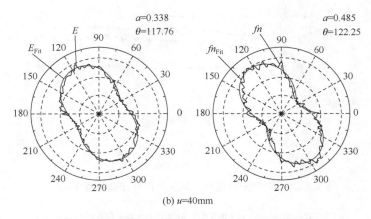

(b) u=40mm

图 6.3.18　颗粒法向接触、法向接触力各向异性演化玫瑰图

由图 6.3.18 可知,试样在施加法向应力以后($u＝0$),接触法向和法向接触力的玫瑰图分贝呈椭圆状和花生状图形,接触法向的主方向均位于铅直方向,呈现出明显的各向异性,这是由于试验采用重力沉积法制备,并在剪切前施加法向应力,因此试样的主接触力系主要分布在铅直方向。施加剪切荷载后,接触法向与法向接触力玫瑰图的形状变化不大,但主方向均向 120°角倾斜。图 6.3.19 和图 6.3.20 为颗粒接触法向和法向接触力各向异性的主方向在加载过程中的变化规律,可以看出随着剪切的进行,颗粒法向和法向接触力的主方向由竖直方向向 180°方向偏转,偏转的程度与接触面的相对粗糙程度有关,接触面越粗糙,主方向的偏转幅度越大,主方向稳定时的相对剪切位移与峰值剪应力对应的相对剪切位移差不多,说明试样宏观强度的变化与细观组构各向异性的演化规律存在关联性。

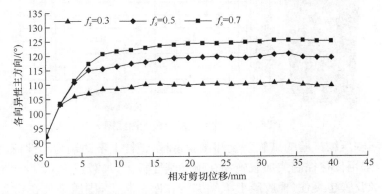

图 6.3.19　颗粒法向接触的主方向在加载过程中的变化

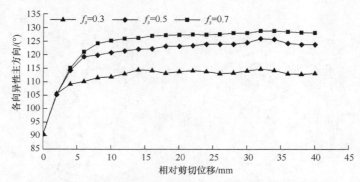

图 6.3.20　颗粒法向接触力的主方向在加载过程中的变化

6.4　考虑颗粒破碎的数值试验

6.4.1　数值试验条件及实现过程

采用随机模拟技术生成三维凸多面体颗粒及其在空间中的分布[3,10],再压缩成指定大小的试样。试样尺寸 300mm×600mm,最大粒径 $d_{max}=60$ mm,孔隙率为 30%。定义颗粒的外接椭球的长短径之比为颗粒的形状指标,试样中颗粒的形状指标在 1.4 与 1.6 之间均匀分布,共生成 7124 个颗粒,采用二阶四面体网格离散为 156 161 个实体单元,326 620 个界面单元,405 295 个节点。图 6.4.1 为数值试样及其颗粒级配曲线。

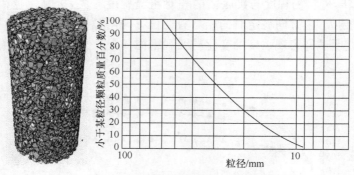

图 6.4.1　数值试样及级配曲线图

根据三轴压缩试验的试验装置和试验过程,试样上下两端为刚性板,底部刚性板全约束,采用位移控制式加载施加在顶部刚性板上,加载速率 0.0001mm/步,模型四周用橡胶膜包裹住,橡胶膜上下端绑定在刚性板上,围压施加在橡胶膜上,橡胶膜厚度取 2mm。数值模拟开始时,先对试样施加围压进行固结,围压分别为 0.4MPa、0.8MPa、1.6MPa、2.4MPa,然后采用位移控制进行轴向加载。图 6.4.2 为细观数值模拟的加载示意图。

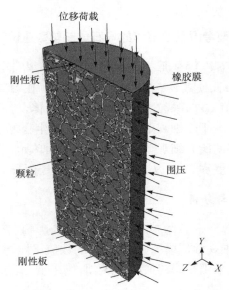

图 6.4.2　数值模拟加载示意图

在考虑颗粒破碎的细观数值模拟中,颗粒之间的接触模型采用线性接触刚度模型,需要设定的细观参数有颗粒之间的法向和切向接触刚度 k_n 和 k_s,颗粒间的摩擦系数 u,细观单元的弹性模量 E 和泊松比 υ,界面单元的法向和切向刚度 k_n^c 和 k_s^c,界面单元抗拉强度 f_n,界面单元凝聚力和内摩擦角 c 和 φ。

在颗粒的细观单元之间插入界面单元,若界面单元的刚度过小,则颗粒表现软弱,界面刚度充分大似乎是理想选择,但会显著减小显式计算的稳定时间步长,降低计算效率。为此,张楚汉等[11]推导了采用变形体离散元模拟连续介质时,界面刚度选取标准如下,即

$$\frac{E}{lk_n^c} \leqslant 0.05$$

$$k_n^c = k_s^c \tag{6.4.1}$$

其中,E 为细观单元的弹性模量;l 为界面单元的间距,由于在颗粒的每个细观单元之间都插入了界面单元,l 可取为细观单元的平均尺寸。

细观参数取值如表 6.4.1 所示。

表 6.4.1　细观参数

$k_n/(\text{N/m})$	$k_s/(\text{N/m})$	u	E/GPa	υ	$k_n^c/(\text{N/m})$
15×10^9	10×10^9	0.577	40	0.2	4000×10^9
$k_n^c/(\text{N/m})$	f_t/MPa	c/MPa	$\varphi/(°)$	$G_n^C/(\text{N/m})$	$G_s^C/(\text{N/m})$
4000×10^9	18	32.75	50	200	500

6.4.2　基于 CZM 模型考虑颗粒破碎的堆石体三轴数值试验

本节在随机颗粒不连续变形方法的基础上引入内聚力模型（cohesive zone model，CZM）和界面单元使其具有模拟开裂的能力。在 SGDD 模型中，基于随机模拟技术生成三维数值试样，颗粒形状为三维凸多面体，与堆石颗粒的实际形状更为接近；颗粒内部划分若干个细观单元，允许单元发生变形；由于颗粒破碎位置的不确定性，在颗粒内部的所有细观单元之间插入界面单元，采用内聚力裂缝模型模拟界面单元的起裂、扩展和失效，从宏观和细观两个层面分析了数值模拟结果。

1. 数值模拟结果与分析

为了考察颗粒破碎对堆石体变形特性和强度的影响，分别进行考虑颗粒破碎和不考虑颗粒破碎的细观数值模拟，采用相同的数值试样，消除试样颗粒的初始架构对颗粒破碎的影响，采用相同的加载方式、加载速率，消除与试验方法有关因素的影响。

（1）应力-应变关系

数值试样在不同围压下的偏应力（$\sigma_1 - \sigma_3$）与轴向应变 ε_a 关系、体积应变 ε_v 与轴向应变 ε_a 的关系曲线如图 6.4.3 和图 6.4.4 所示，体积变形以剪缩为正。可以看出，随着加载的进行，偏应力随轴向应变的增加逐渐增长，试样被进一步压密实；在达到峰值偏应力后，曲线出现软化，曲线软化的程度与围压和模拟中是否考虑颗粒破碎有关，低围压下软化现象比较明显，不考虑颗粒破碎的软化现象比考虑破碎的明显；在低围压下，加载的初始阶段，堆石体出现剪缩，随着加载的进行，堆石体由剪缩转为剪胀；在高围压下，堆石体以剪缩为主。从数值模拟的结果，我们可以得出如下结论，考虑颗粒破碎的数值试样表现出轻度应变硬化特性[12]，不考虑颗粒破碎的数值试样则表现出轻度应变软化特性[12]，偏应力-轴向应变关系曲线与体积应变-轴向应变关系曲线符合一般试验规律。

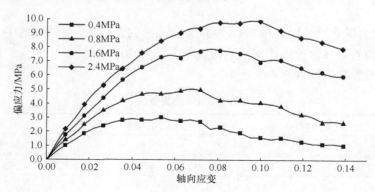

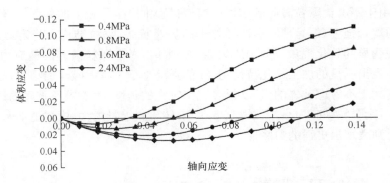

图 6.4.3　不考虑颗粒破碎的轴向应变-偏应力与轴向应变-体积应变曲线

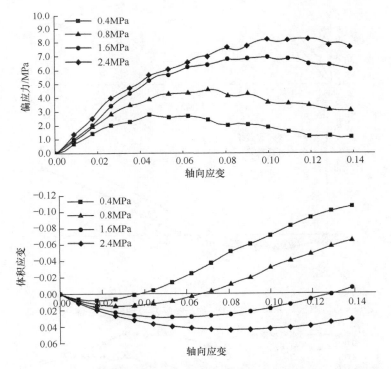

图 6.4.4　考虑颗粒破碎的轴向应变-偏应力与轴向应变-体积应变曲线

　　数值试样在围压 0.8MPa、2.4MPa 时的偏应力（$\sigma_1-\sigma_3$）与轴向应变 ε_a 关系、体积应变 ε_v 与轴向应变 ε_a 关系对比曲线，如图 6.4.5 和图 6.4.6 所示。可以看出，围压 0.8MPa 为时，考虑颗粒破碎的偏应力-轴向应变曲线的初始段低于不考虑颗粒破碎的结果，在达到峰值强度后，曲线出现了轻度的软化，而不考虑颗粒破碎的曲线软化现象比较明显，导致考虑颗粒破碎的残余强度大于不考虑破碎的结果,这是由于不考虑颗粒破碎的试样在剪切过程中产生了较大的剪胀,虽然其提供了更大的剪切强度,但是剪胀后试样处于高势能状态,颗粒结构不稳定,最终导致试样出现明显的软化现象。当围压为 2.4MPa 时,考虑颗粒破碎的偏应力-轴向应变曲线变现出明显的加工硬化特性,其峰值强度小于不考虑破碎的结果,且对应的轴向应变大于不考虑破碎的值,试样表现出较大的延性;考虑颗粒破碎的试样在剪切过程中,大颗粒破碎为小颗粒填充了孔隙,体积收缩量增大,试样更加密实,不考虑破碎时则表现出更强的剪胀性。

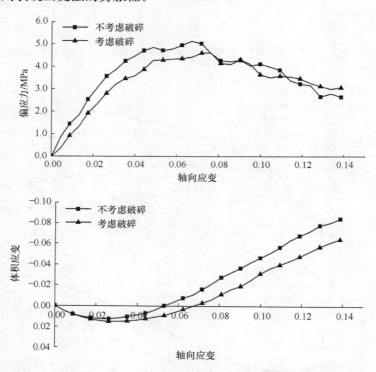

图 6.4.5　围压 0.8MPa 时轴向应变-偏应力与轴向应变-体积应变曲线

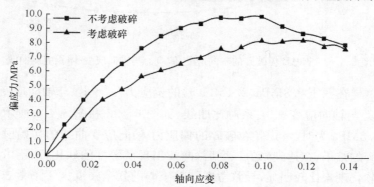

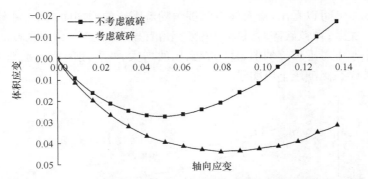

图 6.4.6　围压 2.4MPa 时轴向应变-偏应力与轴向应变-体积应变曲线

采用 Konder 的双曲线模型来描述偏应力-轴向应变关系,研究颗粒破碎对堆石体变形特性的影响,即

$$\sigma_1 - \sigma_3 = \frac{\varepsilon_a}{a + b\varepsilon_a}$$

$$(6.4.2)$$

$$E_i = kp_a(\sigma_3/p_a)^n$$

其中,σ_3 是围压;$\sigma_1 - \sigma_3$ 为偏应力;ε_a 是轴向应变;a 是初始模量 E_i 的倒数;b 是偏应力差的渐进值;p_a 是一个标准大气压;k 和 n 是模型参数。

分析图 6.4.7 可以得出以下结论,初始模量 E_i 随着围压的增加而增大,反映了围压的约束作用对散体材料刚度的影响,$\log(E_i/p_a)$ 与 $\log(\sigma_3/p_a)$ 呈良好的线性关系;颗粒破碎对试样的变形特性影响显著,考虑颗粒破碎时初始模量 E_i 小于不考虑破碎的值。

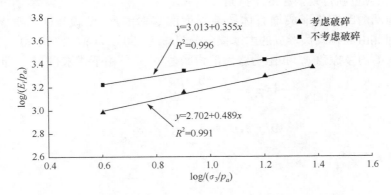

图 6.4.7　$\lg E_i \sim \lg(\sigma_3/p_a)$ 关系曲线

（2）抗剪强度

堆石体的峰值内摩擦角与围压的非线性关系可以表示为

$$\varphi = \varphi_0 - \Delta\varphi \lg(\sigma_3/p_a)$$

$$(6.4.3)$$

其中,φ_0 和 $\Delta\varphi$ 为模型参数,$\Delta\varphi$ 反映了非线性程度。

由图 6.4.8 可以看出,堆石体内摩擦角随着围压的增加而减小,两者表现出明显的非线性关系;颗粒破碎对试样的内摩擦角有显著的影响,考虑颗粒破碎时峰值内摩擦角小于不考虑破碎的值,且随着围压的增大,两者之间的差别越明显,这是由于颗粒破碎在高围压下更明显。

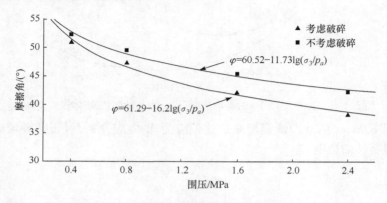

图 6.4.8   内摩擦角与围压的关系曲线

对堆石体而言,通过围压和轴向荷载施加的外部能量,消耗于颗粒间的摩擦、试样的剪胀、颗粒的重新排列和破碎[8]。剪胀对于强度的贡献可以理解为,由于颗粒的咬合作用,使得颗粒在剪切荷载作用下,为了产生相对的剪切位移,颗粒会发生提升错动、翻越,消耗部分能量。为了进一步说明颗粒破碎对堆石体强度的影响,将内摩擦角分为由颗粒间的摩擦引起的摩擦角分量 F、由剪胀引起的摩擦角分量 D、由颗粒重新排列引起的摩擦角分量 R。

颗粒间的摩擦是形成堆石体抗剪强度的基本因素,设颗粒间的摩擦系数为0.577,因此由颗粒摩擦形成的内摩擦角分量 $\varphi_u = 30°$。峰值内摩擦角 φ_p、经过能量修正后的内摩擦角 φ_r、扣除剪胀后的内摩擦角 φ_f 可由下式求得[8,13],即

$$\sin\varphi_p = \frac{(\sigma_1 - \sigma_3)_f}{(\sigma_1 + \sigma_3)_f}$$

$$(\sigma_1 - \sigma_3)_r = (\sigma_1 + \sigma_3)_f + \sigma_3 \frac{d\varepsilon_v}{d\varepsilon_a}$$

$$\sin\varphi_r = \frac{(\sigma_1 - \sigma_3)_r}{(\sigma_1 + \sigma_3)_r} \tag{6.4.4}$$

$$\frac{\sigma_1}{\sigma_3} = \left(1 - \frac{d\varepsilon_v}{d\varepsilon_a}\right)\tan^2\left(45 + \frac{\varphi_f}{2}\right)$$

其中,σ_3 是围压;$(\sigma_1 - \sigma_3)_f$ 为峰值偏应力;$(\sigma_1 - \sigma_3)_r$ 是经过能量修正后的偏应力;$d\varepsilon_v/d\varepsilon_a$ 是剪胀比。

表 6.4.2 为不同围压下,不考虑颗粒破碎与考虑颗粒破碎的内摩擦角及其各分量。

表 6.4.2　内摩擦角及其各分量

围压/MPa		$\varphi_p/°$	D/°		R/°	F/°
			$\varphi_p - \varphi_r$	$\varphi_r - \varphi_f$	$\varphi_f - \varphi_u$	φ_u
0.4	A	52.40	2.35	12.14	7.91	30
	B	50.98	1.98	10.59	8.40	30
0.8	A	49.64	2.53	11.11	5.99	30
	B	47.41	2.79	8.46	6.17	30
1.6	A	45.52	2.28	8.38	4.86	30
	B	42.25	2.07	5.14	5.04	30
2.4	A	42.45	1.99	6.44	4.02	30
	B	38.29	0.88	3.29	4.12	30

　　图 6.4.9 和图 6.4.10 为不考虑颗粒破碎和考虑颗粒破碎的内摩擦角及其各分量。

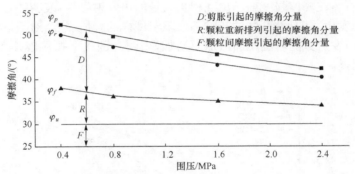

图 6.4.9　不考虑颗粒破碎的内摩擦角及其各分量

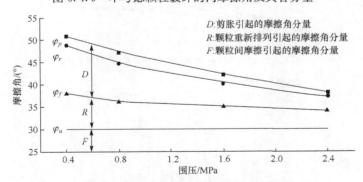

图 6.4.10　考虑颗粒破碎的内摩擦角及其各分量

　　由表 6.4.2、图 6.4.9 和图 6.4.10 可以看出,由于颗粒破碎的影响,由剪胀引起的摩擦角分量 D 减小,相反由于颗粒破碎使颗粒数增多,由颗粒重新排列引起的摩擦角分量 R 增大,但前者减小的数值大于后者增加的数值,总的来说,使堆石体的峰值内摩擦角减低;在低围压下,颗粒破碎对剪胀引起的摩擦角分量 D 影响较小,随着围压的增加,颗粒破碎使分量 D 迅速减小。

(3) 声发射

岩石、混凝土等准脆性材料在外荷载作用下会产生微破裂,释放应变能并发生弹性应力波的现象称为声发射。声发射技术是研究准脆性材料的细观裂纹演化、破坏机理的一个重要试验手段,在数值模拟中假设一个界面单元的破坏对应一个声发射事件,声发射的位置为界面单元的形心,声发射能量大小就是界面微破裂所释放的能量,而每一步中破坏界面单元的总数可作为当前时刻的声发射数,累计的破坏单元数目即为累积声发射数[14]。

图 6.4.11 和图 6.4.12 是考虑颗粒破碎时,不同围压下加载过程中的累积声发射数和声发射数。图 6.4.13 是加载结束时的累积声发射数与围压之间的关系。可以看出,在加载的初始阶段,试样处于进一步压密阶段,声发射数较少;随着加载的进行,声发射数逐渐增多,与岩石、混凝土材料在峰值强度前后声发射数急剧增加不同,堆石体在峰值强度前已出现相当数量的声发射事件,表明颗粒破碎在加载过程中持续发生,其对堆石体的影响不仅限于试样的峰值强度,对变形特性也有较大的影响;声发射数随着围压的增加而增加,表明高围压下颗粒破碎数增多,颗粒破碎现象明显。

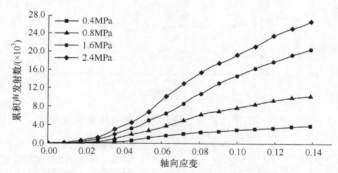

图 6.4.11　试样在加载过程中的累积声发射数

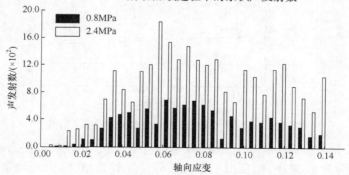

图 6.4.12　试样在加载过程中的声发射数

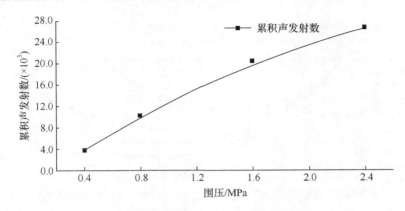

图 6.4.13　累积声发射数与围压的关系

（4）颗粒强度对破碎的影响

为了研究颗粒强度对颗粒破碎的影响，进行了不同颗粒强度的三轴剪切试验细观数值模拟，其强度参数如表 6.4.3 所示，其余参数与表 6.4.1 相同。

表 6.4.3　不同试样的强度参数

试样	f_t/MPa	c/MPa	φ/(°)
试样 1	12	21.83	50
试样 2	18	32.75	50
试样 3	24	43.67	50

图 6.4.14 为围压 2.4MPa 时，不同颗粒强度试样的偏应力（$\sigma_1 - \sigma_3$）与轴向应变 ε_a 关系、体积应变 ε_v 与轴向应变 ε_a 关系曲线。可以看出，颗粒强度对堆石体的变形和强度特性有较大的影响，具体表现为颗粒强度越高峰值强度越大，初始模量越高，剪缩体积变形越小，曲线越靠近不考虑破碎的结果。

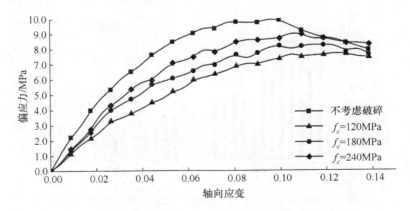

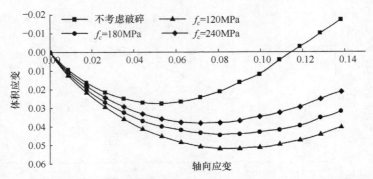

图 6.4.14　不同颗粒强度试样的轴向应变-偏应力与轴向应变-体积应变曲线(σ_3＝2.4MPa)

　　图 6.4.15 和图 6.4.16 为围压 2.4MPa 时,不同颗粒强度试样在加载过程中的累积声发射数和声发射数。可以看出,颗粒强度较低的试样在加载刚开始不久就出现了相当多的声发射事件,累积声发射数急剧增加,而颗粒强度较高的试样声发射数较少,在加载前期几乎没有,这表明颗粒强度较低时试样的颗粒破碎现象非常明显,而具有较高颗粒强度的试样产生颗粒破碎的程度较低。

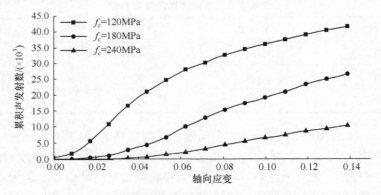

图 6.4.15　不同颗粒强度的试样在加载过程中的累积声发射数

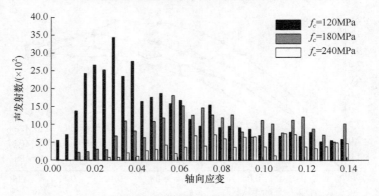

图 6.4.16　不同颗粒强度的试样在加载过程中的声发射数

2. 细观组构分析

堆石体的颗粒组成、颗粒排列方式和粒间接触力是决定其宏观力学特性的重要因素,而数值试验最明显的优势在于可以实时地观察颗粒在加载过程中的运动规律,提取试样的细观组构参数,如颗粒配位数、长轴的定向、组构各向异性演化等。

(1) 颗粒运动及旋转

本节采用三维数值模拟,为方便地观察试样内颗粒的运动规律,将空间中一点的位移、旋转量等信息沿环向投影到平面上。图 6.4.17 和图 6.4.18 为围压0.8MPa 和2.4MPa 时,试样在加载结束时的颗粒位移和旋转量云图。可以看出,受端部摩擦的影响,在试样的上下端形成明显的"死区",该区域内颗粒的运动状态以平动为主,主要发生竖向位移,侧向位移较小,颗粒的旋转量明显低于其他部位的颗粒,试样在剪切后成鼓形;试样在剪切过程中形成"X"型剪切带,带内颗粒发生了明显的错动,位于 X 型剪切带中心的颗粒旋转量最大,在剪切带的边缘处形成了大的转动梯度,与 Iwashita 和 Oda 等[15]的研究成果相似。

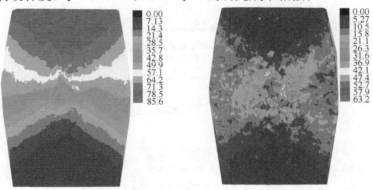

图 6.4.17　颗粒位移和旋转量等值线图($\sigma_3 = 0.8$MPa)

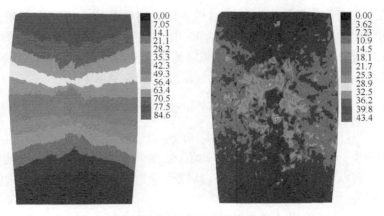

图 6.4.18　颗粒位移和旋转量等值线图($\sigma_3 = 2.4$MPa)

（2）颗粒配位数

堆石体的宏观力学特性与试样的松密状态密切相关，颗粒配位数在加载过程中的演化过程能直观地反映出颗粒平均接触数的变化和试样的松密状态，因此颗粒配位数是散粒体最重要的细观组构参数之一。图 6.4.19 为考虑颗粒破碎时，试样的颗粒配位数在加载过程中的变化。在加载的初始阶段，各围压下的颗粒配位数比较小，随着加载的进行，试样进一步密实，颗粒配位数逐渐增大，随后低围压下的颗粒配位数逐渐减小，对应于剪胀体积变形。相同的轴向应变，试样在低围压下的颗粒配位数低于高围压的，这是由于在低围压下，试样在剪切时产生明显的剪胀，试样的孔隙率增大，颗粒之间的有效接触数减少，试样的细观结构更加松散，这也从细观层面上解释了散体材料在低围压下出现明显软化的原因。在高围压下，主要发生剪缩，而且由于颗粒破碎现象明显，破碎产生的小颗粒与其周围颗粒产生新的接触关系，试样更加密实，试样的软化现象减弱，在细观组构参数上表现为颗粒配位数增加。

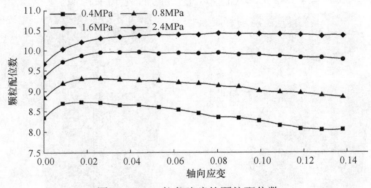

图 6.4.19　考虑破碎的颗粒配位数

（3）组构各向异性演化规律

粗粒土的宏观力学特性与加载过程中细观组构的演化规律密切相关[16]。通过统计颗粒间的接触法向、法向接触力和切向接触力的各向异性演化来分析细观组构的演化规律。Rothenburg 等[17]采用傅里叶函数来拟合颗粒间接触法向、粒间法向接触力和切向接触力与角度的关系，其数学表达式为

$$E(\theta)=\frac{1}{2\pi}\left[1+a\cos2(\theta-\theta_a)\right]$$
$$f_n(\theta)=f_0\left[1+a_n\cos2(\theta-\theta_n)\right] \tag{6.4.5}$$

其中，θ 为角度；f_0 为法向接触力的平均值；θ_a 和 θ_n 为接触法向和法向接触力各向异性的主方向；a 和 a_n 为傅里叶系数，其数值分别反映接触法向和法向接触力的各向异性程度。

图 6.4.20 分别给出了考虑颗粒破碎，轴向应变为 0、7%、14% 时试样的粒间

接触法向、法向接触力各向异性分布玫瑰图和相应的傅里叶函数拟合结果。玫瑰图绘制每 2°一个区间,统计接触法向时,图中表示的是接触法向落入该角度区间的接触点个数;统计接触力时,取接触法向落入该角度区间内所有接触点处法向接触力的平均值。

由图 6.4.20 可知,试样在施加围压以后($\varepsilon_a = 0$),接触法向呈"花生状"图形,

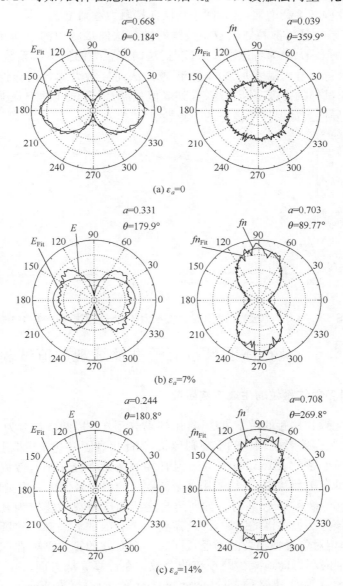

(a) $\varepsilon_a = 0$

(b) $\varepsilon_a = 7\%$

(c) $\varepsilon_a = 14\%$

图 6.4.20　考虑破碎的颗粒法向接触、法向接触力各向异性演化玫瑰图($\sigma_3 = 2.4\text{MPa}$)

接触法向的主方向位于水平方向,呈现出明显的各向异性。在剪切过程中,水平方向的接触数减少,逐渐向竖直方向倾斜,呈"蝴蝶状"图形,此时采用傅里叶函数拟合的效果较差。在施加围压之后,法向接触力统计曲线呈圆形,表现出明显的各向同性。施加剪切荷载后,主接触力系逐渐向竖直方向倾斜,法向接触力统计曲线呈"花生状"图形,采用傅里叶函数拟合的效果较好,法向接触力的主方向为竖直方向,各向异性程度逐渐增强,且粒间平均法向接触力逐渐增大。

　　史旦达等[16]认为散粒体的宏观力学特性与法向接触力的各向异性演化规律密切相关。图 6.4.21 为考虑颗粒破碎时,法向接触力的傅里叶系数 a_n 在加载过程中的变化,可以看出随着加载的进行,颗粒法向接触力的各向异性程度逐渐增强,与之对应试样的强度不断提高,直到峰值强度,说明试样的宏观强度与法向接触力的各向异性规律保持了良好的一致性。

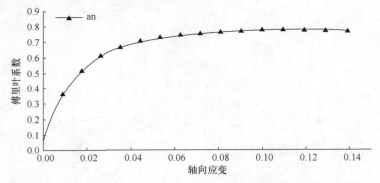

图 6.4.21　考虑破碎的颗粒法向接触力各向异性系数($\sigma_3 = 2.4\text{MPa}$)

6.5　堆石体的颗粒流模型及细观数值试验

6.5.1　随机多面体颗粒的生成方法研究

　　为了简化颗粒接触的搜索方法,常用的离散元方法以圆形颗粒为主,但在实际的应用中,往往需要考虑颗粒的不规则形状,为此出现了一些能模拟多面体颗粒的离散元法(Hart 等[68]、Munjiza[69] 等),但其接触搜索十分复杂且效率低下。在以圆颗粒为主的离散元法中,往往采用多个圆颗粒的组合来模拟不规则形状的颗粒,如 Fu[70]、Thomas 和 Bray[71] 等。如何组合这些圆球颗粒才能较为真实地模拟颗粒的形状是该方法最关键的问题,因此需要一个有效的算法来确定圆颗粒的组合方式(颗粒的相对位置和颗粒的半径),同时一个有效的算法需要在能较好的模拟颗粒形状的同时尽可能地减少圆颗粒的个数。在计算算法方面,Fu[70] 建议 burning 算法,Garcia 等[72] 建议 COS(cluster overlap sphere)算法,Ferellec[73] 建议一种圆球的重叠算法。

图 6.5.1　多面体颗粒形状

　　基于以上算法思想,本节首先介绍团和簇的概念,然后采用动力膨胀法对图 6.5.1 所示多面体颗粒进行模拟。动力膨胀法是接触式算法,即圆颗粒与圆颗粒间的重叠量很少,可以忽略,与无黏性颗粒间的接触较为近似。多面体颗粒的粒径为 400mm,共有 24 个面、14 个顶点、36 条棱边。

1. 团和簇的概念

　　为了模拟不规则形状的颗粒,颗粒流方法在传统方法的基础上提出团(clump)的概念,即通过组合多个圆颗粒而达到形成不规则形状颗粒的目的。组成一个团的所有圆颗粒之间并不发生相互作用,在执行过程中,虽然它们相互间会发生重叠,但是并不计算接触力。团颗粒和颗粒流中的圆颗粒一样是刚性颗粒,无论承受多大荷载,颗粒均不会发生破碎[74]。

　　团的质量和几何特性可以通过式(6.5.1)~式(6.5.4)来描述[75],即

$$m = \sum_{p=1}^{N_p} m^{[p]} \tag{6.5.1}$$

$$x_i^{[G]} = \frac{1}{m} \sum_{p=1}^{N_p} m^{[p]} x_i^{[p]} \tag{6.5.2}$$

$$I_{ii} = \sum_{p=1}^{N_p} \left\{ m^{[p]} (x_j^{[p]} - x_j^{[G]})(x_j^{[p]} - x_j^{[G]}) + \frac{2}{5} m^{[p]} R^{[p]} R^{[p]} \right\} \tag{6.5.3}$$

$$I_{ij} = \sum_{p=1}^{N_p} \left\{ m^{[p]} (x_i^{[p]} - x_i^{[G]})(x_j^{[p]} - x_j^{[G]}) \right\}, \quad i \neq j \tag{6.5.4}$$

其中,m 为团的质量;$m^{[p]}$ 为组成团的圆颗粒 p 的质量;N_p 为组成团的圆颗粒数目;$x^{[p]}$ 为圆颗粒 p 的质心坐标;$x^{[G]}$ 为团的质心坐标;I_{ii} 和 I_{ij} 分别为团的惯性矩和惯性积。

　　一个团颗粒上的合力可以由式(6.5.5)进行描述,即

$$F_i = \widetilde{F}_i + \sum_{p=1}^{N_p} \left(\widetilde{F}_i^{[p]} + \sum_{c=1}^{N_c} F_i^{[p,c]} \right) \qquad (6.5.5)$$

其中，$\widetilde{F}_i$ 为外部（非接触）施加在团上的力；$\widetilde{F}_i^{[p]}$ 为外部（非接触）施加在圆颗粒上的力；$F_i^{[p,c]}$ 为接触 c 作用于圆颗粒 p 上的力。

合力矩由式（6.5.6）计算，即

$$M_i = \widetilde{M}_i + \sum_{p=1}^{N_p} \left(\widetilde{M}_i^{[p]} + \varepsilon_{ijk} (x_j^{[p]} - x_j^{[G]}) F_k^{[p]} + \sum_{c=1}^{N_c} \varepsilon_{ijk} (x_j^{[c]} - x_j^{[p]}) F_k^{[p,c]} \right)$$

$$(6.5.6)$$

其中，$\widetilde{M}_i$ 为外部（非接触）施加在团上的力矩；$\widetilde{M}_i^{[p]}$ 为外部（非接触）施加在圆球 p 上的力矩；$F_k^{[p]}$ 为作用于圆颗粒 p 圆心的合力；$F_k^{[p,c]}$ 为接触 c 作用于圆颗粒 p 上的力。

团颗粒的运动方程与圆颗粒较为近似，在此不一一赘述，详见文献[75]，[76]。簇颗粒是由有限数量且相接触的圆形颗粒通过连接组合而成，圆颗粒间的力学行为由连接刚度和滑动模型来共同决定，当连接所受的力超过其强度极限（法向或切向）连接时就发生破坏。

2. 动力膨胀法

动力膨胀法是在 Cundall 建议的膨胀法基础上改进而来的，需要调用离散元程序，动力膨胀法的基本步骤如下。

① 提取多面体颗粒的几何信息，在颗粒流程序中以墙代替多面体的面，形成一个封闭的域，如图 6.5.2 所示。

② 在封闭的域内生成一定数量的等半径圆颗粒，为了确保颗粒不会飞出该封闭的域，在生成圆颗粒之初，圆颗粒的半径与多面体颗粒的尺寸相比要尽可能的小。

③ 放大圆颗粒的半径并运行离散元程序，使得圆颗粒在接触力的作用下，不断调整位置，直至颗粒充填满整个域，如图 6.5.3 所示。

④ 为了生成更为密实的数值试样，让圆球颗粒能充分接触，需要减少浮颗粒（浮颗粒是有效接触数少于 3 的颗粒，在结构中可以视为孔隙）的数量。具体的方法是约束非浮颗粒的位移，适当放大浮颗粒的半径，使浮颗粒与周围颗粒充分接触，同时保证接触力处于较低的水平。

⑤ 将域内所有的圆颗粒采用团的方式进行捆绑，后删除墙体，即形成近似的多面体颗粒，也可以采用连接将相接触的颗粒连接起来形成簇，即为可破碎的多面体颗粒。

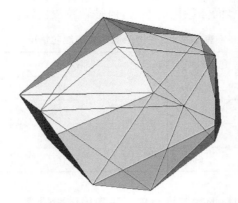

图 6.5.2　根据多面体几何信息生成的墙体

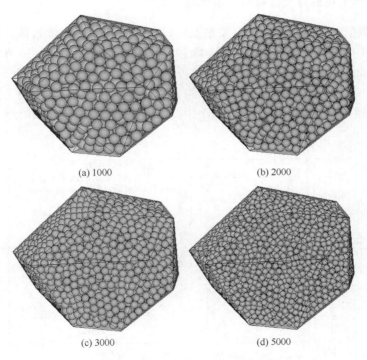

图 6.5.3　动力膨胀法生成的颗粒

我们分别生成圆颗粒数为 1000、2000、3000 和 5000 共四种颗粒,如图 6.5.3 和表 6.5.1 所示。圆颗粒数越多,颗粒半径越小,生成的颗粒与原多面体颗粒形状越接近,尤其是尖角部位,与此同时将带来巨大的计算量。采用动力膨胀法生成的颗粒的偏心距(生成的颗粒质心与原多面体颗粒质心的距离)在 0.27～0.97mm,与颗粒的粒径 400mm 相比,可以忽略。从生成的颗粒来看,当圆颗粒数为 1000 时,基本能够较好的模拟多面体颗粒的形状,但是颗粒数仍较多。

表 6.5.1　动力膨胀法生成颗粒情况

序号	包含的圆颗粒数	圆颗粒半径/cm	偏心距/mm
a	1000	2.447	0.97
b	2000	1.942	0.27
c	3000	1.697	0.31
d	5000	1.431	0.57

6.5.2　基于不规则颗粒形状的堆石体三轴数值试验研究

1. 基于不规则形状颗粒的堆石体数值试样

本章数值三轴试验的研究对象是双江口心墙坝花岗岩主堆石体,其级配曲线如图 6.5.4 所示[77]。堆石体的最大颗粒块石组(>200mm)占 36.0%,碎石组($60\sim200$mm)占 28.5%,砾($2\sim60$mm)占 35.5%,堆石体最大粒径为 600mm。对于直径 $D=300$mm,高 $H=600$mm 的试样,试样允许最大粒径为试样直径 D 的 1/5,即 60mm,超径土(>60mm)占 64.5%,根据等量替代法处理,得到试验级配[76]。

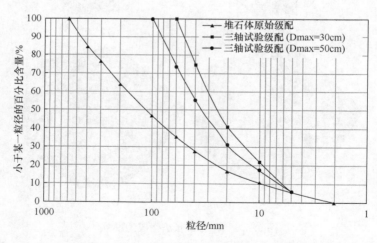

图 6.5.4　双江口主堆石体级配曲线(四川大学)[77]

根据试验级配曲线,通过前述的膨胀法在大于圆柱试样的空间内生成与室内试验相匹配的圆球形堆石体试样,如图 6.5.6(a)所示。由于堆石体含有大量的小颗粒(粒径<15mm),若模拟完整的级配曲线,总的颗粒数目将会十分庞大,远远

超出当前计算机的计算能力。因此,我们的数值试样将级配曲线进行截断处理,将粒径小于 15mm 的颗粒用粒径为 15mm 的颗粒进行等量替换,形成的级配曲线如图 6.5.5 所示。

　　由于计算机容量的限制,数值试验无法模拟堆石体中的小颗粒。粒径小于 15mm 的颗粒之间的空隙是无法填充的,因此三轴数值试验的空隙率一般较大,难以达到真实堆石体的孔隙率,本节选取的孔隙率为 35%,堆石颗粒总数量为 6179。

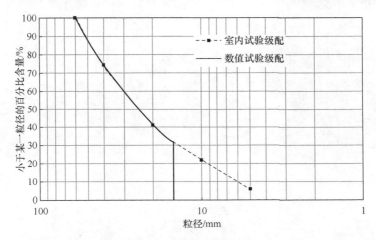

图 6.5.5　数值试验级配曲线

　　如前所述,圆球形颗粒由于不能较好的模拟堆石体颗粒间的咬合作用,难以反映堆石体的力学特性。为考虑不规则形状的颗粒,将堆石颗粒简单归类为菱形体颗粒、方形体颗粒、扁平体颗粒、柱状体颗粒等,并通过团的方式形成上述颗粒的近似体,形成不规则形状的颗粒模板库,如图 6.5.6 所示。颗粒模板由以下参数定义[74],即

$$\{R_t^{(i)}, \boldsymbol{X}_t^{(i)}\}, \quad V_t, \quad i=1,2,\cdots,n \qquad (6.5.7)$$

其中,$R_t^{(i)}$ 和 $\boldsymbol{X}_t^{(i)}$ 分别为模板中二级圆球的半径和形心坐标;V_t 为团的体积。

　　用已生成的颗粒模板替换圆球形试样中的颗粒,替换的原则如下。

　　① 不规则形状颗粒的体积与所替换的圆形颗粒体积相等($V_{\mathrm{clp}} = V_b$)。

　　② 不规则形状颗粒的形心与所替换的圆形颗粒形心位置相同($\boldsymbol{X}_{\mathrm{clp}} = \boldsymbol{X}_b$)。

　　③ 不规则形状颗粒的方向是随机的。

其中,V_{clp}、$\boldsymbol{X}_{\mathrm{clp}}$ 和 V_b、$\boldsymbol{X}_b$ 分别为不规则形状颗粒体积、形心坐标和所替换的圆形颗粒的体积、形心坐标。

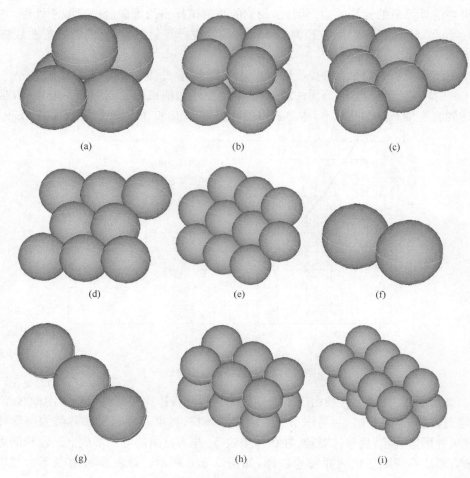

图 6.5.6　不规则形状颗粒模板

根据上述原则，每一个替换过程需要确定构成团的 N 个二级圆球的半径 $R_{\mathrm{rep}}^{(i)}$ 和坐标 $\boldsymbol{X}_{\mathrm{rep}}^{(i)}$。首先确定 $R_{\mathrm{rep}}^{(i)}$，根据 $V_{\mathrm{clp}} = V_b$ 的要求得到缩放因子 α[74]，即

$$\alpha = \left(\frac{V_b}{V_t}\right)^{\frac{1}{3}} \tag{6.5.8}$$

其次，确定团的随机旋转方向，对总体坐标系随机确定三个旋转角度 θ_x、θ_y、θ_z（$\theta_x, \theta_y, \theta_z \in [0, 2\pi]$），经过旋转后团中二级圆球的坐标为 $\boldsymbol{X}'^{(i)}_t$[74]，即

$$\boldsymbol{X}'^{(i)}_t = \boldsymbol{R}_z \boldsymbol{R}_y \boldsymbol{R}_x \alpha X_t^{(i)} \tag{6.5.9}$$

其中，旋转矩阵 $\boldsymbol{R}_x, \boldsymbol{R}_y, \boldsymbol{R}_z$ 分别如下[74]，即

$$\boldsymbol{R}_x = \begin{bmatrix} 1 & 0 & 0 \\ 0 & \cos\theta_x & \sin\theta_x \\ 0 & -\sin\theta_x & \cos\theta_x \end{bmatrix}, \quad \boldsymbol{R}_y = \begin{bmatrix} \cos\theta_y & 0 & \sin\theta_y \\ 0 & 1 & 0 \\ -\sin\theta_y & 0 & \cos\theta_y \end{bmatrix}, \quad \boldsymbol{R}_z = \begin{bmatrix} \cos\theta_z & \sin\theta_z & 0 \\ -\sin\theta_z & \cos\theta_z & 0 \\ 0 & 0 & 1 \end{bmatrix}$$
$$(6.5.10)$$

经缩放和旋转后团的形心坐标 $\boldsymbol{X}_c$ 为

$$\boldsymbol{X}_c = \sum_n (4\pi/3)(R_{\text{rep}}^{(i)})^3 \boldsymbol{X}'^{(i)}_t \Big/ \sum_n (4\pi/3)(R_{\text{rep}}^{(i)})^3 \qquad (6.5.11)$$

根据 $\boldsymbol{X}_{\text{clp}} = \boldsymbol{X}_b + (\boldsymbol{X}'^{(i)}_t - \boldsymbol{X}_c)$ 的要求,得到团的 N 个二级圆球的坐标 $\boldsymbol{X}_{\text{rep}}^{(i)}$,即

$$\boldsymbol{X}_{\text{rep}}^{(i)} = \boldsymbol{X}_b + (\boldsymbol{X}'^{(i)}_t - \boldsymbol{X}_c) \qquad (6.5.12)$$

将颗粒替换后的数值试样压缩至规定的尺寸(300mm×600mm)(图 6.5.7(b)和 6.5.7(c)),替换后圆球体的总数为 46 689。最后通过伺服控制系统对试样进行等围压固结,形成三轴剪切试验的初始状态。为了消除由自重作用引起的材料各向异性,在数值模拟中不考虑重力作用。

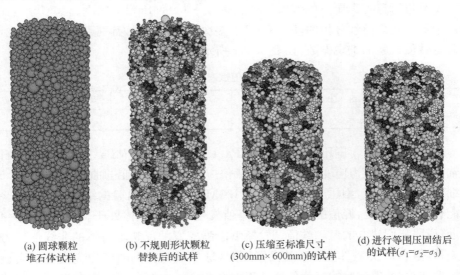

(a) 圆球颗粒　　　　(b) 不规则形状颗粒　　　(c) 压缩至标准尺寸　　　(d) 进行等围压固结后
　堆石体试样　　　　　替换后的试样　　　(300mm×600mm)的试样　　的试样($\sigma_1=\sigma_2=\sigma_3$)

图 6.5.7　数值试样的生成过程((a)→(b)→(c)→(d))

2. 数值试验条件及实现过程

三轴剪切试验的程序如图 6.5.8 所示。整个剪切试验通过控制上下面加载板及径向圆形墙体的运动速度来实现。试样径向的围压仍通过圆形墙体的伺服系统来控制,保证围压在整个剪切试验过程中维持一个恒定的值,轴向加载可以采用应力控制式或应变控制式,我们采用应变控制式,上下面加载板同时向中间压缩,加载的应变率 $\dot{\varepsilon}_1$ 根据室内试验设定为 1%/s,加载至轴向应变 ε_1 达到 10% 结束。

在数值试验过程中,墙体与试样间的摩擦系数取为 0,消除加载墙体对试样的

摩擦作用,因此施加的应力始终能保持为墙的法线方向。加载墙体的法向刚度取为颗粒法向刚度的 1/10,切向刚度取为 0。

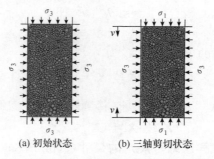

(a) 初始状态　　　　　　(b) 三轴剪切状态

图 6.5.8　三轴剪切试验程序示意图

3. 堆石体的宏细观力学响应分析

本节进行三种围压下的数值三轴试验(σ_3＝0.6MPa、1.0MPa、3.0MPa),在对细观参数进行敏感性分析的基础上,经过多次试算并与室内试验成果进行对比,最终确定数值试验的细观参数,如表 6.5.2 所示。

表 6.5.2　数值试验的细观参数

参数	法向刚度 $k_n/(\mathrm{N/m})$	$\alpha = k_n / k_s$	颗粒接触摩擦角 $\mu/(°)$
值	5.3×10^8	2.6	34

图 6.5.9 给出了围压分别为 0.6MPa、1.0MPa 和 3.0MPa 下双江口主堆石体三轴数值试验的应力应变关系曲线。从偏应力和轴向应变的曲线看,在表 6.5.2 的细观参数条件下,围压为 0.6MPa 和 1.0MPa 时,数值试验的结果与物理试验成果能够较好地吻合,峰值的大小接近,峰值发生的位置大体处于轴向应变 ε_1＝4% 附近,说明我们建立的三轴数值试验模型能够较好的反映堆石体的非线性应力应变关系,但当 σ_3 达到 3.0MPa 的高围压时,数值试验得到的应力应变曲线明显陡于物理试验,数值试验的峰值位置处于轴向应变 ε_1＝4% 附近,而物理试验的峰值位置则接近轴向应变 ε_1 的 10%。

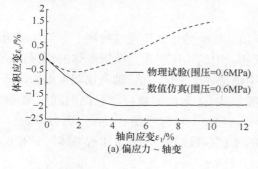

(a) 偏应力～轴变

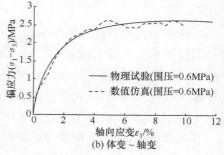

(b) 体变～轴变

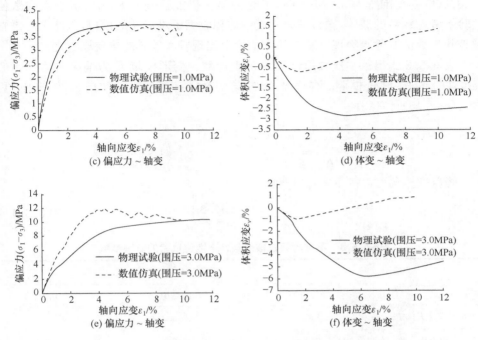

图 6.5.9　双江口主堆石体数值试验的应力应变关系曲线

我们知道,堆石颗粒在一定荷载作用下会发生颗粒破碎,且荷载越大颗粒破碎量也越大,堆石体的应力变形特性受颗粒破碎的影响明显。由于本次数值三轴试验并没有考虑颗粒的破碎,所以数值模拟的误差将随着破碎程度的增大而增大,即随着围压的增大而增大,因此在低围压下,数值试验能与物理试验较好地吻合,而高围压下($\sigma_3 = 3.0$MPa),由于颗粒破碎量的增大,颗粒破碎对变形影响所占的比重也增大,而数值试验由于不考虑颗粒破碎,在宏观力学特性上表现出更"硬"的特点。6.5.3 节将进行可考虑颗粒破碎的数值试验,关于颗粒破碎对堆石体力学特性的影响将在 6.5.3 节重点说明。

从体积应变和轴向应变的曲线看,数值试验的结果与物理试验成果存在较大的差异。在整个剪切试验中,无论高围压还是低围压物理试验均表现为明显的体缩,当围压为 0.6MPa 时,最终体缩为 1.88％,当围压为 1.0MPa 时,最终体缩为 2.29％;当围压为 3.0MPa 时,在轴变为 6.47％时,体缩达到最大值 5.75％,随后体缩逐渐减少,轴变为 12％时,体缩为 4.64％。相比之下,数值试验的体变在初始剪切阶段表现为体缩,在轴变为 1.2％～1.5％处,体缩达到最大值,随着加载的进行,体缩逐渐减小,在轴变为 4.4％～5.2％处,由体缩转为体胀,进入剪胀阶段。当围压为 0.6MPa 时,最终体胀 1.55％;当围压为 1.0MPa 时,最终体缩为

1.38%，即使在围压为 3.0MPa 时，最终的体胀仍能达到 0.88%。由于本次数值试验不考虑颗粒的破碎，颗粒破碎引起的体积收缩也难以有效模拟，因此不考虑颗粒破碎是数值试验与物理试验在体积变形上出现较大差异的重要原因之一。

表 6.5.3 给出了本次数值试验的宏观参数。变形模量 E 为偏应力达到峰值强度 1/2 时的割线模量，泊松比 ν 为该点的径向应变与轴向应变的比值，由式(6.5.13)计算得

$$\nu=-\frac{\Delta\varepsilon_x}{\Delta\varepsilon_y}=-\frac{\frac{1}{2}(\Delta\varepsilon_x+\Delta\varepsilon_z)}{\Delta\varepsilon_y}=\frac{1}{2}\left(1-\frac{\Delta\varepsilon_V}{\Delta\varepsilon_y}\right) \tag{6.5.13}$$

峰值摩擦角可以按下式计算，即

$$\sin\phi_{max}=\left(\frac{\sigma_1-\sigma_3}{\sigma_1+\sigma_3}\right)_f \tag{6.5.14}$$

表 6.5.3　不考虑颗粒破碎条件下数值试验的宏观参数

宏观参数	围压		
	0.6MPa	1.0MPa	3.0MPa
变形模量 E/MPa	116.7	216.3	455.8
泊松比 ν	0.275	0.225	0.183
峰值摩擦角 ϕ_{max}/(°)	43.2	42.0	41.7

成果显示，数值试样的变形模量对围压有较强的依耐性，围压逐渐增大时变形模量也随之增长，这与一般堆石体室内试验的规律是一致的。泊松比 ν 随着围压的增大而减小，由于表 6.5.4 给出的泊松比均为试验处于体缩阶段的值，围压越高，空隙的压缩越明显，体缩量也越大，因此在初始阶段试样的泊松比会随围压的增大而降低。

峰值摩擦角 ϕ_{max} 在围压 0.6MPa 时为 43.2°，在围压增大到 1.0MPa 时下降为 42.0°，在围压达到 3.0MPa 为 41.7°，在围压由低压 0.6MPa 增大到高压 3.0MPa 的过程中，试样的峰值摩擦角仅降低了 1.5°。数值试验宏观参数与围压的关系如图 6.5.10 所示。图 6.5.11 给出数值三轴试验的莫尔圆及强度包络线，由图可知强度包络线基本是线性的，可采用通过原点的直线来表示，说明在本次数值试验中，围压对峰值摩擦角的影响并不明显，同时也说明我们的数值试样在剪切试验过程中基本遵循 Mohr-Column 准则。该数值试样的宏观摩擦角为 42.1°，大于细观摩擦角 34°，这也说明颗粒材料的抗剪强度不仅仅来源于颗粒间的摩擦，与此同时，颗粒间的咬合作用，试样的剪胀及颗粒的滚动重排列等均为颗粒的抗剪强度做出贡献。

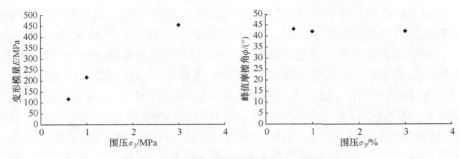

图 6.5.10　数值试验宏观参数与围压的关系

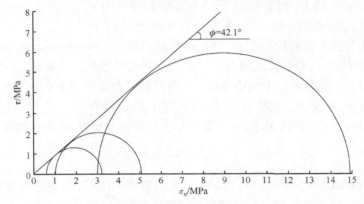

图 6.5.11　数值试验的莫尔圆

　　配位数 C_n 指试样中颗粒的平均接触点数,反映了堆石体细观接触的特性,配位数越大,说明堆石体越密实,结构越稳定。配位数的具体定义为

$$C_n = \frac{\sum_{N_{\text{grain}}} n_i^c}{N_{\text{grain}}}, \quad i = 1, 2, \cdots, N_{\text{grain}} \tag{6.5.15}$$

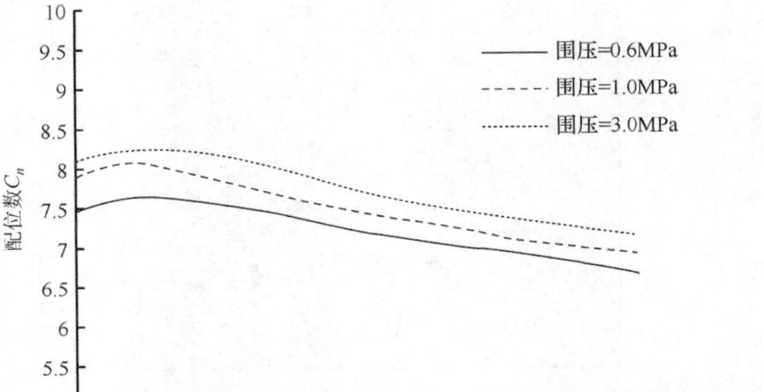

图 6.5.12　试样配位数变化曲线

在整个剪切过程中,试样中的颗粒不断地发生挤压、滚动、滑移等现象,试样的配位数也随着这些过程发生变化,因此位数能在一定程度上反映细观结构的演化特征。对于堆石体这种宽级配的散粒体材料,配位数主要取决于较小的颗粒,因为小颗粒的数量通常比大颗粒大得多。图 6.5.12 给出了试样配位数的变化曲线,由图可见三种围压下的配位数变化规律较为一致,整体上呈减小趋势。以 0.6MPa 围压为例,试样在等压固结状态(初始状态)的配位数为 7.46,在剪切初始阶段,试样出现一定体缩,配位数略有上升,达到 7.62,随后配位数开始不断减小,当轴变达到 10% 时,配位数降低为 6.64。围压增大后,试样的密实度增加,同阶段的配位数也相应增大,初始状态下,1.0MPa 和 3.0MPa 围压下的配位数分别为 7.92 和 8.15,当轴变达到 10% 时,配位数分别为 6.87 和 7.16。

堆石体是连续宽级配的颗粒材料,粒径差异较大,一些颗粒位于较大颗粒的孔隙中而自身不受力,对整体结构的应力变形和强度特性不产生影响,这些颗粒称之为无效颗粒[77],如图 6.5.13 中颗粒 A 即为无效颗粒。无效颗粒所占的百分比与堆石体的级配、孔隙率、颗粒的形状,以及应力状态等有关[77]。在结构承载过程中,无效颗粒可视为空隙,根据这个理解可以定义一个参数-结构孔隙比 e_s[77],即

$$e_s = \frac{e+i}{1-i} \tag{6.5.16}$$

其中,e 为表观孔隙比;$i = \Delta V_s / V_s$,ΔV_s 是无效颗粒的体积,V_s 为总颗粒的体积,结构孔隙比是一个重要参数,因为只有有效颗粒才影响结构的应力变形和强度特性,但是由于堆石体的无效颗粒的体积 ΔV_s 在物理试验中难以测定,结构孔隙比 e_s 也无法确定,但其在数值试验中则较易实现。

在数值试验中,由于不考虑颗粒的自重,即当某个颗粒的每一个接触力都足够小,可以忽略时,即可判定该颗粒为无效颗粒。

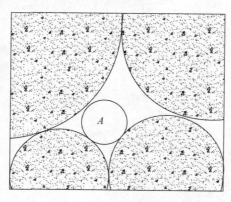

图 6.5.13　无效颗粒示意图

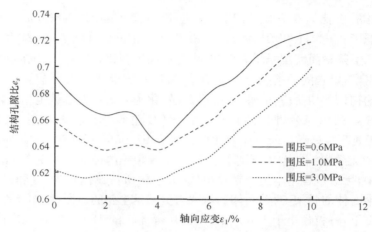

图 6.5.14 结构孔隙比的变化曲线

　　根据上述定义,在数值试验过程中记录了无效颗粒的几何信息,并换算成结构孔隙比,如图 6.5.14 所示。由图可知,在剪切初始阶段,结构孔隙比随轴变的增加呈下降趋势,当轴变达到 4% 时,曲线出现明显的拐点,并以相对较快的速率不断增大,直至试验结束。曲线的发展过程表明,在施加剪切荷载后,堆石体的空隙逐渐被压密,同时也使部分无效颗粒转化为有效颗粒,整个结构的承载力也逐渐增加,随着轴变的进一步增大,堆石颗粒发生转动翻越,造成更大的颗粒间空隙,试样进入剪胀阶段,同时也使得部分有效颗粒转变为无效颗粒,随着剪胀的发展,无效颗粒所占的比率也逐渐增加,对结构承载力有贡献的有效颗粒数量减少,也使得偏应力与轴向应变曲线在达到峰值后出现一定的软化。

表 6.5.4　无效颗粒的粒径分布比例

数值试验状态	围压/MPa	无效颗粒的粒径分布比例/%	
		$d < 20$mm	$d > 20$mm
初始状态	0.6	97.06	2.94
	1.0	98.36	1.64
	3.0	97.69	2.31
最终状态	0.6	97.55	2.45
	1.0	97.46	2.54
	3.0	97.22	2.78

　　由不同围压下曲线的对比可知,高围压下的结构孔隙比明显小于低围压,当围压为 0.6MPa 时,等向固结后(初始状态)的结构孔隙比为 0.692,试验结束时的孔隙比为 0.727;当围压为 1.0MPa 时,初始状态的结构孔隙比为 0.659,试验结束时结构孔隙比为 0.719;当围压为 3.0MPa 时,初始状态的结构孔隙比为 0.622,试验

结束时结构孔隙比为 0.702。在出现拐点前(轴变 4%前),0.6MPa 围压下,结构孔隙比降低了 0.049,1.0MPa 和 3.0MPa 围压下则分别降低了 0.021 和 0.007,结构孔隙比的下降量随着围压增大而减小,与低围压相比,高围压下试样的内部颗粒排列更为密实,颗粒间的接触力更大,无效颗粒的数量在初始状态下相对较少,因此在试验的初始剪切阶段,能够由无效颗粒转化为有效颗粒数量也相对较少。

表 6.5.4 列出无效颗粒的粒径分布比例,在各应力状态状态下,粒径小于 20mm 的无效颗粒体积占所有无效颗粒体积在 97.06%~98.36%,相应的粒径小于 20mm 的无效颗粒所占比例则小于 3%,无效颗粒的最大粒径为 28.3mm,说明在堆石体中,无效颗粒基本由小颗粒组成,大颗粒所占比例较少。同时也说明,大颗粒作为堆石体的骨架,对堆石体的承载力贡献是主要的。因此,本节在计算容量限制的条件下,将粒径小于 15mm 的颗粒,用等体积的 15mm 的颗粒来代替,在一定程度上也有其合理性。

此外试验也表明,无效颗粒在堆石体中是客观存在的,即使在围压高达 3.0MPa 的情况下仍然无法完全消除无效颗粒,只是无效颗粒的数量相对较少而已。值得注意的是,本节的数值试验中颗粒的最小粒径为 15mm,而实际堆石体的最小粒径在 1~2mm 甚至更小,填充在大颗粒骨架间的空隙的小颗粒无疑将更多,因此无效颗粒也将更多。

6.5.3　考虑颗粒破碎的堆石体三轴数值试验

颗粒破碎是堆石体在受荷作用下的显著特征之一,堆石体在并不很高的围压下就会发生颗粒破碎现象,破碎率也较砂大得多[78]。颗粒破碎会明显改变堆石体的级配曲线,影响材料的抗剪强度和变形特性[79],因此在数值试验中考虑颗粒的破碎是十分有必要的,同时通过数值手段研究颗粒破碎对堆石体力学性能的影响也具有重要的意义。

1. 颗粒破碎的数值方法

传统的离散元法将颗粒视为刚性颗粒,不考虑颗粒的可破碎性及变形特性。随着离散元方法的发展,许多学者对颗粒破碎的数值模拟展开了研究。Cundall 离散元法的先驱者,开发了 RBMC 程序,实现了模拟岩石块体破碎的巴西劈裂试验[80]。Potapov 和 Campbell[81,82]、Kun 和 Herrmann[83]、Bagherzadeh 和 Mirghasemi[84]等在颗粒破碎的模拟方面展开了很多研究。Sebastian 等[85,86]采用小颗粒组替换大颗粒的方法模拟了圆盘颗粒的破碎,研究了颗粒材料在直剪和压缩试验下颗粒的破碎情况,当颗粒的配位数小于 3,而且由颗粒所受荷载换算得到的劈裂应力超过了材料的抗拉强度时,认为颗粒发生了破碎,并将原颗粒用 8 个小的圆盘颗粒组代替,如图 6.5.15 所示。该方法在模拟颗粒破碎的形式单一,且难以应用到三维模型中,但是这种颗粒破碎的分级概念仍是有一定的借鉴意义的。

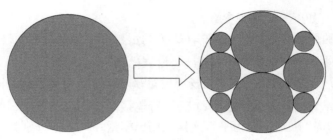

图 6.5.15　Sebastian 等的颗粒破碎的模拟示意图[85, 86]

　　在三维颗粒破碎的数值模拟方面，多位学者（Robertson 和 Bolton[87]、Mc-Dowell 和 Harireche[88]、Cheng 和 Nakata 等[89]）基于 PFC3D（Itasca Consulting Group）软件展开了相关研究，该方法将多个圆球颗粒通过连接形成块体，相邻两圆球间的力学行为通过一个连接模型和传统的接触模型来实现，圆球之间允许一定的重叠可以表现出材料的弹性变形性能。如前所述，接触连接模型可视为一个点胶结，当该接触处的拉应力或者剪应力超过了接触连接的极限值，连接发生破坏，但是颗粒间的接触刚度仍然有效，接触连接只作用于一个无限小的接触点，因此无法抵抗弯矩的作用。平行连接能够模拟两个圆球间胶凝性材料的力学行为，可视为一组以接触点为圆心均匀分布在接触圆断面的弹簧。该组弹簧的切向刚度和法向刚度均为常值，平行连接作用于一个有限的面积上，因此可以同时传递力和力矩。在平行连接中，接触的刚度和连接的刚度均对材料的刚度有贡献，在平行连接破坏时会出现刚度的突然降低，这种刚度的突然降低不仅会影响相邻两颗粒间的刚度也会影响整个块体的宏观刚度，这与岩石类材料的破坏特征较为一致。与接触连接相比，平行连接更能真实反应岩石类材料破坏的力学特性。Potgondy 和 Cundall[90]采用基于平行连接的 BP 模型（bond-particle model）来模拟岩石的力学特性，可以有效地模拟岩石在单轴抗压、三轴剪切及巴西劈裂等试验条件下的强度和变形模量等。鉴于此，我们采用 Potyondy 提出的 BP 模型来模拟三维颗粒的破碎，当平行连接所受荷载超过其自身强度时，连接消失，随即发生破坏，如图 6.5.16 所示。

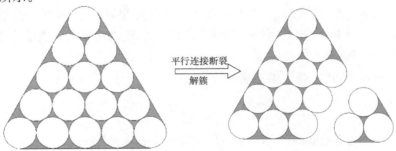

图 6.5.16　基于平行连接模型的颗粒破碎模拟示意图

BP 模型有如下 8 个细观参数。

① 颗粒的接触参数（3 个）：$\{E_c,(k_n/k_s),\mu\}$。

② 平行连接的细观参数（5 个）：$\{\bar{\lambda},\bar{E}_c,(\bar{k}^n/\bar{k}^s),\bar{\sigma}_c,\bar{\tau}_c\}$。

其中，E_c 为两个圆球颗粒接触点的杨氏模量；k_n/k_s 为颗粒接触的法向刚度与切向刚度的比值；μ 为接触的摩擦系数；$\bar{\lambda}$ 为平行连接半径的乘子；$\bar{k}^n/\bar{k}^s$ 为平行连接的法向刚度与切向刚度比；$\bar{E}_c$ 为平行连接的杨氏模量；$\bar{\sigma}_c$ 和 $\bar{\tau}_c$ 分别为平行连接的抗拉强度与抗剪强度。

从以上定义可以看出，E_c 和 $\bar{E}_c$ 主要影响材料的变形性能，$\bar{\sigma}_c$ 和 $\bar{\tau}_c$ 主要影响材料的强度参数，k_n/k_s 和 $\bar{k}^n/\bar{k}^s$ 主要影响材料的泊松比，对变形模量和强度参数影响不大，μ 在平行连接破坏后起主要作用，引起对材料破坏前的力学性能影响不大。为了减少取值参数的个数，在不影响材料变形模量和强度参数的前提下，根据各参数的特性做出以下假定。

① $k_n/k_s=\bar{k}^n/\bar{k}^s=2.5$。

② $\mu=0.5$。

③ $E_c=\bar{E}_c$。

④ $\bar{\sigma}_c=\bar{\tau}_c$。

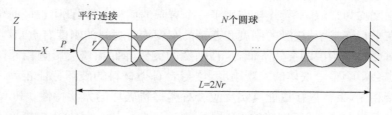

图 6.5.17　弹性梁示意图

首先确定变形参数的取值方法，建立如图 6.5.17 所示的水平弹性梁，弹性梁由 N 个半径为 r 的圆球依次排列，并用 $N-1$ 个平行连接相连构成，弹性梁的右端固定，左端施加水平荷载 P，由于仅研究轴向的变形特性，故约束所有圆球 Y 和 Z 方向的自由度，仅允许圆球沿 X 方向移动。为方便起见，将颗粒接触参数和平行连接参数分开计算，假定由颗粒接触承受的荷载为 P_{ball}，由平行连接承受的荷载为 P_{Pbond}，因此有 $P=P_{\text{ball}}+P_{\text{Pbond}}$。

由胡克定律可知，弹性梁左端的位移 ΔL 为

$$\Delta L=\frac{P_{\text{ball}}}{AE_c}L \tag{6.5.17}$$

其中，E_c 为弹性梁的横截面，$A=\pi r^2$；L 为梁的长度，$L=2Nr$。

另一方面，该弹性梁可看成由 $N-1$ 个刚度系数为 K^n 的弹簧串联而成，那么

在 P_{ball} 的作用下,弹性梁左端的位移 ΔL 可以表示为

$$\Delta L = \frac{P_{\text{ball}}}{K^n/(N-1)} \tag{6.5.18}$$

$$\frac{P_{\text{ball}}}{K^n/(N-1)} = \frac{P_{\text{ball}}}{AE_c} L \tag{6.5.19}$$

$$K^n = \frac{N-1}{N} \frac{\pi r E_c}{2} \tag{6.5.20}$$

同理,可以推求得

$$\bar{k}^n = \frac{N-1}{N} \frac{\bar{E}_c}{2r} \tag{6.5.21}$$

当 N 较大时,$(N-1)/N \approx 1$,因此 K^n 和 $\bar{k}^n$ 可以简化为

$$K^n = \pi r E_c/2 \tag{6.5.22}$$

$$\bar{k}^n = \bar{E}_c/2r \tag{6.5.23}$$

由于 E_c 和 $\bar{E}_c$ 均对材料的宏观变形模量 E 有贡献,那么对于给定的 E_c 和 $\bar{E}_c$,可以由下式来估计材料的宏观变形模量[74],即

$$E = \zeta E_c + \bar{\zeta} \bar{E}_c \tag{6.5.24}$$

其中,ζ 和 $\bar{\zeta}$ 分别为接触细观模量和平行连接细观模量对宏观模量的贡献系数,该贡献系数与数值模型有关,对于一个给定的数值试样可以通过试算的方式获得。

在图 6.5.17 弹性梁的例子中,由于约束了 Y 和 Z 向的自由度,E_c 和 $\bar{E}_c$ 同时贡献于轴向,其贡献系数也达到最大值,即 $\zeta = \bar{\zeta} = 1$,$E = E_c + \bar{E}_c$。

当假定 $E_c = \bar{E}_c$ 时,上式可以表达为

$$E = (\zeta + \bar{\zeta}) E_c = \lambda E_c \tag{6.5.25}$$

根据以上取值原则,数值试样的宏观模量与细观模量建立了如式(6.5.25)的相关关系,λ 的取值需要通过试算进行确定。

强度参数的取值方法:平行连接的抗拉强度 $\bar{\sigma}_c$ 和抗剪强度 $\bar{\tau}_c$ 均为应力的单位,在弹性梁的纯拉和纯剪中,弹性梁的抗拉强度 $f_t = \bar{\sigma}_c$,弹性梁的抗剪强度 $f_\tau = \bar{\tau}_c$,无需根据颗粒半径的大小进行缩放。

材料的宏观强度可以通过下式进行估计,即

$$f_i = \xi_{1i} \bar{\sigma}_c + \xi_{2i} \bar{\tau}_c \tag{6.5.26}$$

其中,$f_i = \{f_c, f_t, f_\tau\}$,当假定 $\bar{\sigma}_c = \bar{\tau}_c$ 时,上式可表达为

$$f_i = (\xi_{1i} + \xi_{2i}) \bar{\sigma}_c = \xi_i \bar{\sigma}_c \tag{6.5.27}$$

根据以上取值原则,数值试样的宏观强度参数与细观强度参数建立了如式(6.5.26)的相关关系,ξ_i 的取值需要通过试算进行确定。

我们基于以上取值原则并以圆柱岩石试样的单轴压缩试验为例确定材料的细

观参数。岩石试样由大量紧密堆在一起的圆球颗粒组成,相接触的圆球颗粒间采用平行连接相连。圆颗粒的堆放是随机的,岩石试样的生成可分为以下 5 个步骤[90]。

① 生成初始模型。生成一个圆筒形墙体和两个平面墙体围成一个圆柱的空间,在这个空间内通过颗粒膨胀法[75]随机堆放圆颗粒,使孔隙率达到指定值。

② 安装目标等向应力。通过一致地缩放圆颗粒的半径使整个试样的应力达到目标应力。为了减小安装平行连接后的锁定应力,目标等向应力取为 0.1MPa。

③ 减小浮颗粒数。在这种随机排列的试样中会存在一定数量的浮颗粒(浮颗粒是有效接触数少于 3 的颗粒,在结构中可以视为孔隙),为了生成更为密实的数值试样,让圆球颗粒能充分接触,需要减少浮颗粒的数量。具体的方法是约束非浮颗粒的位移,适当放大浮颗粒的半径,使浮颗粒与周围颗粒充分接触,同时接触力处于较低的水平,具体计算方法见文献[91]。

④ 安装平行连接。在减小浮颗粒数目后,试样达到较为密实的状态,对所有接触安装平行连接。

⑤ 删除墙体。进行单轴压缩试验前需要删除圆筒形墙体,使得侧向变形自由。删除墙体后,墙体对试样的荷载突然消失,因此需要进行循环计算,使试样达到平衡状态。在平衡过程中,试样会发生一定的膨胀,直到平行连接承受的荷载和颗粒间的接触力达到平衡,形成平衡的自锁应力,这与真实岩石试样存在的自锁应力是较为类似的[90]。

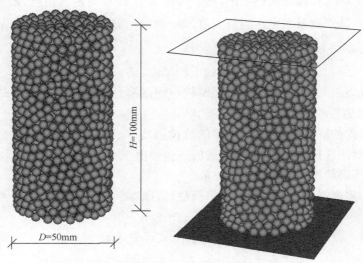

图 6.5.18　基于平行连接的数值单轴压缩试验

根据上述方法生成的圆柱形岩石试样直径 D 为 50mm,高度 H 为 100mm,试样所包含的圆球颗粒相同直径,初始设定的直径为 2.5mm,为了使圆颗粒的堆放在一个合理的密集度,设定初始孔隙率为 35%,圆球颗粒的数目为 2414 个,平行连接的数目为 5495,如图 6.5.18 所示。

2. 考虑颗粒破碎的堆石体三轴数值试验

为了有效地研究颗粒破碎对材料宏观力学性能的影响,仍采用如图 6.5.18 的堆石体试样,不同的是考虑颗粒破碎的试样中每个堆石颗粒包含的圆球是通过平行连接相连形成的整体,可以发生断裂,也可以产生一定的变形,而不是以刚性绑定的方式。具体的实现方法是将图 6.5.17(c)等向固结前的试样中的每个堆石颗粒团解散,在解散前纪录每个堆石颗粒所包含的圆颗粒信息,根据纪录的信息将每个堆石颗粒中的圆球与圆球间接触安装平行连接,再进行等向固结,即可得到考虑颗粒破碎的堆石体三轴数值试验试样。

表 6.5.5　考虑颗粒破碎的三轴试验方案

方案	$f_c=30\text{MPa}$	$f_c=60\text{MPa}$	$f_c=90\text{MPa}$	$f_c=120\text{MPa}$
$\sigma_3=0.6\text{MPa}$	√	√	√	√
$\sigma_3=1.0\text{MPa}$	√	√	√	√
$\sigma_3=3.0\text{MPa}$	√	√	√	√

为了研究不同抗压强度的颗粒对堆石体力学性能的影响,分别进行 4 种不同颗粒强度的三轴试验,每组试验 3 个围压,共 12 个试验,如表 6.5.5 所示。

每个堆石颗粒内部的细观参数根据表 6.5.5 的设定值,由式(6.5.25)和式(6.5.27)来确定,根据单轴压缩的结果,取 $\xi_c=0.995,\lambda=0.944$,此处的取值仍是以 $\bar{\sigma}_c=\bar{\tau}_c,E_c=\bar{E}_c$ 这个假定为前提的。堆石颗粒与颗粒之间的接触细观参数如表 6.5.2 所示。值得注意的是,根据上述取值原则,堆石颗粒内部的圆球之间的接触刚度与堆石颗粒之间的接触刚度是不一样的,颗粒内部圆球间的接触刚度远大于堆石颗粒间的接触刚度。由于颗粒流方法中颗粒间的接触刚度默认是由圆球的刚度确定,因此对于既存在颗粒内部接触又存在颗粒与颗粒之间接触的圆球,将难以通过调整圆球的刚度使得内外接触刚度同时满足要求。对于这个问题,我们采取以下解决方案:将所有圆球的刚度设定为颗粒间的接触刚度,在计算中根据设定的 E_c 值修改颗粒内部接触的接触刚度,当颗粒发生破碎后,颗粒内部接触会转化为堆石颗粒间接触,则将接触刚度调整为颗粒间接触刚度,如果为新生成的接触则无需进行调整。其他试验条件与 6.5.2 节相同。

(1) 颗粒破碎指标

Marsal[91,92]建议的颗粒破碎程度的指标 B_g,其定义为试验前后各组粒径的百分比含量的正值之和,即

$$B_g = \sum \Delta W_k \tag{6.5.28}$$

$$\Delta W_k = \begin{cases} W_{ki} - W_{kf}, & W_{ki} \geqslant W_{kf} \\ 0, & W_{ki} < W_{kf} \end{cases}$$

其中，W_{ki} 为试验前某组粒径的百分比含量；W_{kf} 为试验后同组粒径的百分比含量。

对试验前后颗粒的粒径进行统计，堆石体的级配曲线如图 6.5.19 所示。由图可知，试验后堆石体的级配曲线出现右移，颗粒最小粒径也相应减小，说明堆石体在试验过程中向着更细的方向发展。颗粒的强度对级配曲线影响十分明显，同一级围压下，颗粒强度越小，试验前后堆石体级配的差距越大，颗粒的破碎程度也越大。

采用 Marsal 建议的破碎率 B_g 整理各数值试验条件下堆石体的破碎率，如表 6.5.6 和图 6.5.20 所示。可以看出，同一颗粒强度下，试样的破碎率表现为随着围压的增大而增大，但增量的梯度有一定减小。同时，颗粒的强度对颗粒破碎率也有明显的影响，围压为 0.6MPa，$f_c = 120$MPa 时的破碎率为 12.59%；$f_c = 30$MPa 时的破碎率增大为 24.89%，增大了 12.3%。

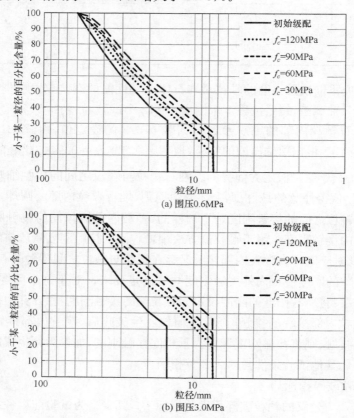

图 6.5.19　数值三轴剪切试验前后级配曲线

表 6.5.6　数值三轴试验下颗粒的破碎率 B_g

围压/MPa	破碎率 $B_g/\%$			
	$f_c=120\text{MPa}$	$f_c=90\text{MPa}$	$f_c=60\text{MPa}$	$f_c=30\text{MPa}$
0.6	12.59	19.39	22.49	24.89
1.0	15.99	20.09	25.50	30.11
3.0	20.40	26.69	30.19	39.09

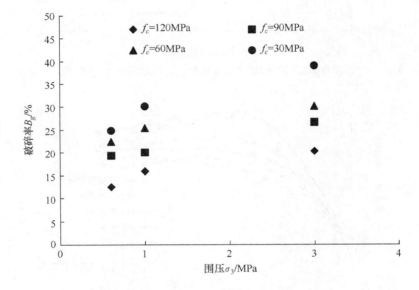

图 6.5.20　围压与破碎率的关系

颗粒破碎本质上是由材料自身的强度和颗粒间的应力决定的,但是对于堆石体来说,颗粒自身强度和围压并不能完全决定堆石体的破碎量,堆石体的几何特性同样影响颗粒的破碎率,如级配、孔隙率等,有研究指出,越容易产生应力集中的状态,越容易出现颗粒破碎。例如,堆石体的不均匀系数越小,颗粒接触点数目越少,接触点力越大,越容易产生颗粒破碎。

(2) 颗粒破碎对堆石体变形特性的影响

图 6.5.21~图 6.5.24 给出了各试验方案下堆石体的应力应变曲线,其中图 6.5.21~图 6.5.22 是偏应力与轴向应变曲线,图 6.5.23~图 6.5.24 是体积应变与轴向应变关系曲线。

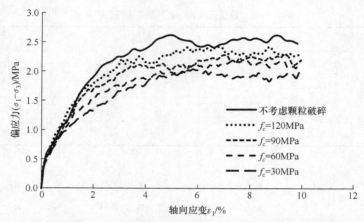

图 6.5.21　考虑颗粒破碎的三轴数值试验的偏应力与轴向应变曲线(围压＝0.6MPa)

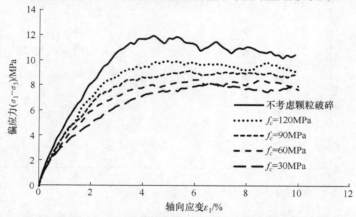

图 6.5.22　考虑颗粒破碎的三轴数值试验的偏应力与轴向应变曲线(围压＝3.0MPa)

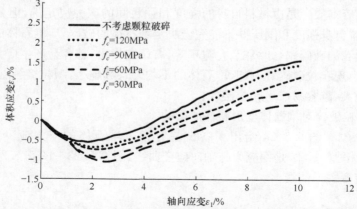

图 6.5.23　考虑颗粒破碎的三轴数值试验的体积变形与轴向应变曲线
(围压＝0.6MPa)

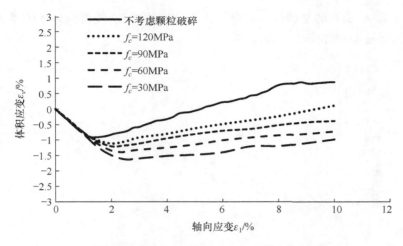

图 6.5.24　考虑颗粒破碎的三轴数值试验的体积变形与轴向应变曲线

（围压＝3.0MPa）

　　不同方案下的偏应力与轴变曲线显示,颗粒破碎对堆石体的变形模量有明显影响,以 0.6MPa 围压为例,在剪切试验初期,颗粒强度对变形模量的影响较小,在 1％轴变以前,各方案下的应力应变曲线接近重合,这是由于当前的围压及应力水平不高,破碎还不够明显,但随着围压的增大,颗粒破碎量的增加,这种差异逐渐明显,3.0MPa 围压下,在剪切初期不同颗粒强度下堆石体的变形模量就出现了明显的差异。随着轴向应变的增加,偏应力也逐步增大,颗粒强度越小,偏应力增大的速率越慢,这是因为颗粒强度低,颗粒破碎较多,破碎后细小颗粒填充空隙的结果。从以上分析来看,颗粒破碎降低了堆石体的变形模量。

　　不考虑颗粒破碎时,试样偏应力峰值对应的轴变约为 4％。考虑颗粒破碎后,偏应力峰值对应的轴变约为 6％～8％,颗粒破碎使得峰值对应的轴变出现了明显的右移。此外,在 3.0MPa 围压下,不考虑颗粒破碎的应力应变曲线存在较为明显的软化现象,而考虑颗粒破碎后,这种软化现象减弱或消失,甚至出现了的偏应力随应变持续增长的硬化特性。以上分析说明,颗粒破碎及由此引起的重排列和填充,使得堆石体的结构更为密实,在力学性质上表现得更为稳定。

　　不同方案下的体变曲线显示,颗粒破碎对堆石体的体积变形影响明显,以 0.6MPa 围压为例,不考虑颗粒破碎时的最终体变为膨胀,体变达到 1.55％;考虑颗粒破碎后,f_c＝120MPa 时,最终体积应变为 1.44％,体积膨胀较不考虑颗粒破碎有一定减小,随着颗粒强度的降低,体积膨胀越来越小,f_c＝30MPa 时的最终体变为 0.43％,仍表现为体胀。当围压为 3.0MPa,颗粒破碎更为明显,只有在 f_c＝120MPa 时,最终体变为体胀(ε_v＝0.12％),其他强度下,均表现为体缩,当 f_c＝30MPa 时,最终体变为−0.98％(体缩)。

图 6.5.25 给出的是破碎率与最终体积应变的关系,随着破碎率的增大,试样的体积变形逐渐由体胀转化为体缩。

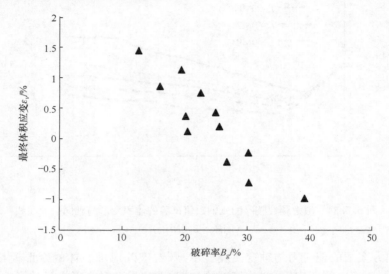

图 6.5.25　破碎率与最终体积应变的关系

以上成果表明,试样的初始模量受颗粒破碎影响明显,颗粒自身强度越高,堆石体的初始模量也越大,这种影响程度随着围压的增大而增大;考虑颗粒破碎时应力应变曲线的软化现象并不明显,且峰值对应的轴向应变也明显大于不考虑颗粒破碎时的峰值轴变;颗粒强度是影响体积变形的重要因素,同围压下,颗粒强度越低,颗粒破碎量越大,剪胀效应越小,在高围压下,试样基本表现为剪缩。剪缩一方面使得结构更为密实稳定,相应的应力应变曲线的软化现象消失,甚至转化为硬化型,另一方面剪缩减少了材料剪胀强度的发挥,使材料的强度有一定降低。

（3）颗粒破碎对堆石体强度特性的影响

根据各组三轴试验结果,整理计算各种情况下堆石试样的峰值摩擦角 ϕ_{max},如表 6.5.7 所示,对于同种材料,其峰值摩擦角 ϕ_{max} 的值表现出随围压的增大而明显降低的规律,当颗粒抗压强度 $f_c = 120$MPa,围压由 0.6MPa 增大到 3.0MPa 时,ϕ_{max} 降低了 3.55°;当颗粒抗压强度 $f_c = 30$MPa 时,ϕ_{max} 降低了 4.11°。另一方面,在相同围压下,峰值摩擦角 ϕ_{max} 随着颗粒强度的降低而降低,围压为 0.6MPa 时,f_c 由 120MPa 减小到 30MPa 时,ϕ_{max} 降低了 2.9°,围压为 3.0MPa 时,ϕ_{max} 降低了 3.42°。

表 6.5.7　考虑颗粒破碎的堆石体峰值摩擦角

宏观参数		围压 σ_3		
		0.6MPa	1.0MPa	3.0MPa
峰值摩擦角 $\phi_{max}/(°)$	不考虑破碎	43.2	42.0	41.7
	$f_c=120$MPa	42.1	40.8	38.5
	$f_c=90$MPa	40.9	39.6	37.1
	$f_c=60$MPa	40.2	38.6	35.7
	$f_c=30$MPa	39.2	38.0	35.1

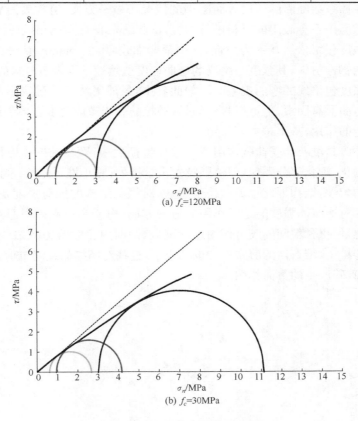

图 6.5.26　数值试验的莫尔圆

　　图 6.5.26 给出了不同抗压强度下堆石体的莫尔圆和强度包络线,考虑颗粒破碎时莫尔圆强度包络线是相当弯曲的,而不考虑颗粒破碎的强度包络线(图 6.5.11),则基本可视为由原点引出的直线。图 6.5.27 表示的是峰值内摩擦角 ϕ_{max} 与破碎率的关系,不难看出颗粒破碎率对内摩擦角 ϕ_{max} 有明显影响,趋势是破碎率增大,ϕ_{max} 相应减小。由于不考虑颗粒破碎的强度包络线接近为直线,几乎看不到弯曲,因此颗粒破碎应当是造成莫尔圆强度包络线弯曲的主要原因。有的

学者认为,强度包线的弯曲并不是颗粒破碎造成的,主要是围压的逐渐增大导致颗粒之间摩擦力降低引起的[8],有学者曾对岩石的接触力和摩擦系数进行研究,随着法向荷载的增大,摩擦系数有了明显的下降,当法向荷载较高时,摩擦系数逐渐降低至 0.5~0.7[77]。这似乎又使得强度包络线随围压增大而弯曲的原因变得模糊,当然不可否认,这其中确实还存在一些不确定的因素,但是从本节的结果来看,由于采用的是数值三轴试验,在计算中并未考虑颗粒间摩擦系数与接触力的相关关系,在整个计算中,无论试样的围压多大,摩擦系数均设定为定值,不存在真实堆石颗粒间的摩擦系数随着围压增大而减小的情况。另一方面,有学者对钢球颗粒这种在三轴试验中不会破碎的材料进行试验,试验结果表明,基于钢球颗粒的三轴试验拟定的强度包络依然几乎为线性,无明显弯曲现象,但 Bishop 认为即使不发生颗粒破碎的钢性材料,其强度包络线的弯曲程度虽然达不到岩石材料的程度,但仍能看出其强度包络线的弯曲现象[8]。如此看来,虽然无法完全确定引起堆石体强度包络线弯曲所有因素,但可以肯定的是,颗粒的破碎效应对堆石体强度包络线弯曲起到一定的作用,甚至是主要作用。

　　颗粒破碎是堆石体受荷载作用下的重要特征之一,颗粒破碎一方面引起堆石体级配的变化,细化部分颗粒,促使颗粒发生重排列,减小堆石体的孔隙率,改善颗粒受力的均匀性,结构因此也更加趋于紧密,对提高结构的抗剪强度是有利的,这是颗粒破碎对堆石体强度的正面作用。另一方面,由于颗粒破碎引起堆石体颗粒的不断细化,使得颗粒间的咬合作用逐渐减弱,同时由于咬合力的减弱,颗粒移动变得相对容易了,堆石体的剪胀效应也减小了,这些对结构的最终抗剪强度是不利的,是颗粒破碎产生的负面作用。

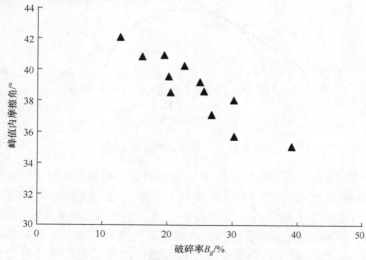

图 6.5.27　破碎率与峰值内摩擦角的关系

由图 6.5.27 可知,在本节的数值试验中,颗粒破碎对堆石体抗剪强度的影响以负面作用为主,在表 6.5.7 中相同围压下,试样的摩擦角 ϕ_{max} 随着 f_c 的降低而减小也证明了这一点。这并不是确定的规律,孔德志[93]采用人工水泥椭球材料研究了颗粒破碎对堆石体抗剪强度的影响,研究结果表明,在相同围压下,不同强度(颗粒的抗压强度)的模拟料在剪切后的颗粒破碎程度有明显不同,但其峰值强度差别并不明显,这是颗粒破碎的双重作用叠加的结果。从这个角度看,颗粒破碎究竟是降低材料的抗剪强度,还是提高材料的抗剪强度,主要取决于何种作用是占优的,当颗粒破碎的负面作用占优时,峰值摩擦角 ϕ_{max} 会较不破碎情况减小,当正、负面作用较为均衡时,可能出现如文献[93]中材料峰值强度对颗粒本身强度不敏感的现象,当颗粒破碎引起的孔隙率减小对强度的贡献占优时,堆石体的 ϕ_{max} 甚至可能变大。何种作用的占优不仅依赖于材料的物理性质,也与材料所承受的应力状态和约束条件有关。

6.6　小　　结

采用 SGDD 方法进行堆石体三轴试验的细观数值模拟,针对粒间摩擦系数、颗粒强度、法向接触刚度、法向切向刚度比进行参数敏感性分析,探索细观力学参数与宏观力学参数的相关关系,可以得到以下成果及结论。

① 堆石颗粒间的摩擦是堆石体强度的主要来源。随着粒间摩擦角的增大,峰值强度明显增大,初始模量也明显提高,试样在剪切时的体积收缩量也增大。与 Oda 的试验结果不同,堆石体峰值内摩擦角 φ_p 与粒间摩擦角 φ_u 并不是理想线性关系,这是由于粒间摩擦角越大,颗粒所受到的约束越强,颗粒集合形成的细观结构越稳定,剪切时颗粒间不容易发生相对滑动、转动和提升错动,牺牲了由于颗粒滑动和转动使试样朝着新的更加稳定的结构转化的能力,导致峰值摩擦角 φ_p 的增加小于粒间摩擦角 φ_u 的增加值,且粒间摩擦角越大,两者的增幅差别越大。

② 颗粒强度对堆石体的破碎程度影响较大,颗粒强度越低,颗粒破碎越严重,试样的峰值强度和变形模量均减小,试样的体积变形逐渐以减缩为主。与颗粒强度有关的颗粒破碎对堆石体强度的影响机制在于颗粒破碎弱化了堆石体的剪胀性能,使得由于剪胀效应发挥的内摩擦角显著降低。

③ 法向接触刚度 k_n 对堆石体的变形特性影响较大,法向接触刚度越小,相同接触力产生的颗粒重合量越大,导致试样体积变形以剪缩为主,变形模量明显减小。

④ 法向切向刚度比对体积应变影响较小,而对变形模量和峰值强度有一定的影响,但 k_n/k_s 在 0～2 时偏应力应变曲线比较接近,因此 k_n/k_s 在[1,2]取值都是可行的。

采用考虑颗粒破碎效应的随机颗粒不连续变形方法 SGDD 对堆石体进行等应力比加载路径的细观数值模拟,研究固结应力和加载应力比对堆石体力学特性的影响,可以得出以下结论。

① 试样在低固结应力、高加载应力比时应力-应变曲线表现为弱应变软化型,达到强度峰值后强度有所降低,但降低幅度不大;随着固结应力的增加、加载应力比的减小,应力应变曲线由应变软化型向硬化型转化;高固结应力、低加载应力比应力-应变曲线几乎都是应变硬化型。

② 当加载应力比较大时,如常规三轴试验应力路径,体积应变由低压剪胀向高压剪缩发展;当加载应力比较小时,试样始终为剪缩变形。

③ 堆石体颗粒在高应力下破碎明显,使得强度包络线明显下弯,呈现强非线性。因此,在应力变化范围较大的情况下,采用非线性强度模型描述抗剪强度更为合理。在高平均应力下,堆石体的破坏不再是剪切破坏,而是剪切和压缩共同作用导致的破坏。

④ 堆石体的宏观力学特性与加载过程中细观组构的演化规律密切相关,细观组构量的演化规律与宏观的应力应变曲线的变化相对应。

在变形体离散元法的基础上,对堆石体进行真三轴数值模拟试验,采用等应力比参数的加载路径,研究堆石体在三向不等应力条件下的应力变形特性,可以得到以下成果和结论。

① 在围压一定条件下,应力比参数 b 值越大,偏应力和轴向应变曲线增长越快,达到峰值强度后出现应变软化,$b=0$ 时,即为常规三轴试验,强度最小;b 值大小对主应变有显著影响,中主应变方向在 b 值从 0 增加到 1 的过程中,会先膨胀再压缩,小主应变方向会一直处于膨胀。在加载过程中,堆石试样会先发生剪缩后转为剪胀,剪缩阶段,堆石强度不断增加。在 $b=1$ 时,试样的 ε_2 和 ε_3 变化显著加快,此时试样的剪胀特性加剧,试样会在较短时间里达到峰值强度,并出现应变软化。

② 在围压一定条件下,内摩擦角 随 b 值的增加而增加,值在后时增长变缓;同时,围压越高,值越小;试验值变化规律基本符合 Lade-Duncan 破坏准则,但普遍比基于 Lade-Duncan 破坏准则所得内摩擦角小。

③ 值一定时,随着围压的增加,偏应力峰值会明显增大,与变化规律相似,最大应变值相近;围压越高,试样剪缩越明显,出现剪胀时对应的轴向应变越大。

④ 在细观层面上,围压越高,值越大,颗粒的配位数越大,颗粒间的接触作用更显著,从而使堆石试样的强度相应增加。在加载过程中,接触法向和法向接触力的主方向均从水平开始倾向竖直加载方向,各向异性程度也显著增强,加载完成后,接触法向和法向接触力相应减小,各向异性程度有所减弱。

⑤ 根据各向异性参数的变化规律和配位数的变化情况,表明堆石试样宏观强度的变化与颗粒内部法向接触力及各向异性程度存在内在关联。

采用随机模拟技术生成具有一定级配特征的三维随机颗粒模型,基于变形体离散单元法进行粗粒土与结构接触面力学特性的数值试验,研究了接触面相对粗糙程度对接触面力学特性的影响,对比了单剪和直剪状态下接触面强度和变形特性的区别,可以得出以下结论。

① 数值试验得到的剪应力-相对剪切位移关系曲线与试验曲线规律相似,不同法向压力下的剪应力与相对剪切位移呈现出较好的双曲线关系,可用双曲线模型进行描述。

② 接触面相对粗糙程度对接触面的力学特性影响显著,颗粒与结构物摩擦系数越大,峰值抗剪强度越大,主要是由于剪切而产生的扰动作用增强,扰动区域内颗粒相互错动、抬升、翻转导致试样体积膨胀,在此过程中需要消耗大量的能量,使得试样的宏观抗剪强度增大。

③ 颗粒的水平位移分层现象明显,相邻高度颗粒之间发生了较大错动,颗粒竖向位移与接触面粗糙程度有关,颗粒与结构物摩擦系数较大时,颗粒由于受到扰动,竖向位移以向上为主。接触面附近颗粒在剪切过程中产生了较大的转动,转动幅度随颗粒与结构物摩擦系数的增大而增大。

④ 颗粒配位数在剪切过程的演化规律与试样的体积变形具有较强的关联性,试样剪缩时颗粒配位数增加,剪胀时颗粒配位数减小。试样在剪切前,接触主力系以竖直向为主,颗粒法向与法向接触力的主方向均位于竖直方向,在剪切过程中,试样主接触力系发生了明显的偏转,偏转的程度与接触面粗糙程度有关,接触面越粗糙,偏转的角度越大。

在随机颗粒不连续变形模型的基础上,在颗粒的细观单元之间插入界面单元,采用内聚力模型模拟界面单元的起裂、扩展和失效,实现颗粒破碎的细观数值模拟。颗粒破碎对堆石体宏观变形特性和强度有显著的影响。颗粒破碎使试样的初始模量和抗剪强度降低,对堆石体强度的影响机理在于颗粒破碎弱化了堆石体的剪胀性能,使得由于剪胀效应发挥的内摩擦角显著降低。试样的颗粒破碎程度与围压、颗粒强度密切相关,围压越高,颗粒强度越低,破碎现象越明显。试样在剪切过程中伴随着声发射,在加载的初始阶段,声发射数比较少,随着加载的进行,声发射数逐渐增多。与岩石、混凝土材料在峰值强度前后声发射数急剧增加不同,堆石体在峰值强度前已出现相当数量的声发射事件,表明颗粒破碎在加载过程中持续发生。围压越高、颗粒强度越低,声发射数越多,表明颗粒破碎越明显。在剪切过程中,试样的上下端出现圆锥形的"死区",该区域内颗粒以平动为主,颗粒旋转量较小,而"死区"以外的颗粒发生明显的旋转。试样在剪切过程中产生一条明显的"X"型剪切带,带内颗粒发生了明显的错动,颗粒旋转量较大,在剪切带的边缘处形成了大的转动梯度。在剪切开始时,法向接触力统计曲线呈圆形,表现出明显的各向同性。随着剪切的进行,主接触力系逐渐向竖直方向偏转,法向接触力统计曲线呈"花生状"图形,各向异性程度逐渐增强,法向接触力的主方向为竖直方向,法向接触力的平均值逐渐增大。

采用三维颗粒流方法,进行了考虑颗粒不规则形状的堆石体三轴数值试验,基于数值试验成果,分析了堆石体的宏细观力学响应,结果表明。

① 基于颗粒流方法的数值试验基本能重现堆石体的非线性应力变形特性,通过调整细观参数,数值试验曲线能够较好地与物理试验曲线吻合。

② 无效颗粒的演化规律表明,无效颗粒在堆石体中是客观存在的,即使在围压高达 3.0MPa 的情况下仍然无法完全消除无效颗粒,堆石体中无效颗粒基本由小颗粒组成,大颗粒所占比例较少。

③ 不考虑颗粒破碎时,围压对材料的峰值摩擦角影响较小,强度包络线基本可用通过原点的直线来表示,而考虑颗粒破碎后,材料的峰值摩擦角随着围压的增大而减小,强度包络线出现明显的弯曲,说明颗粒破碎是堆石体强度包络线发生弯曲的原因之一。

④ 试样的初始模量受颗粒破碎影响明显,颗粒自身的强度越高,堆石体的初始模量越大,这种影响程度随着围压的增大而增大。随着破碎的增加,堆石体的应力应变曲线的软化现象逐渐消失,峰值对应的轴向应变也较不考虑颗粒破碎的情况有明显增大。

⑤ 不考虑颗粒破碎时,堆石体的最终体积变形均表现为体积膨胀,考虑颗粒破碎后,剪胀效应随着围压的增大和颗粒自身强度的降低逐渐减小,在高围压($\sigma_3 = 3.0$MPa)下,试样基本表现为剪缩。

⑥ 同级围压下,试样的峰值强度随着颗粒强度的降低而逐渐减小,这说明颗粒破碎对堆石颗粒间咬合作用的削弱,以及由此引起的材料强度的降低是颗粒破碎作用的主要效应。

参 考 文 献

[1] Rockefeller R T. Augmented Lagrange multiplier functions and duality in non-convex programming[J]. SIAM Journal on Control and Optimization,1974,12(2):268-285.

[2] 郭培玺,林绍忠. 粗粒料力学特性的 DDA 数值模拟[J]. 长江科学院院报,2008,25(1):58-60.

[3] 周伟,常晓林,周创兵,等. 堆石体应力变形细观模拟的随机散粒体不连续变形模型及其应用[J]. 岩石力学与工程学报,2009,28(3):491-499.

[4] Rowe P W. The stress-dialatency relation fot static equilibrium of an assembly of particles in contact [M]. Proc Royal Society, 1962, 269:500-527.

[5] 李广信. 高等土力学[M]. 北京:清华大学出版社, 2004.

[6] Scott R F. Principle of Soil Mechanics. New York:Addison Wesley,1963.

[7] Oda M. The mechanics of fabric changes during compressional deformation of sand[J]. Soil

and Foundations,1972,12(2):1-17.

[8] 日本土质工学会. 粗粒料的现场压实[M]. 郭熙灵,文丹译. 北京:中国水利水电出版社,1998.

[9] 蒋明镜,王富周,朱合华. 单粒组密砂剪切带的直剪试验离散元数值分析[J]. 岩土力学,2009,31(1):253-257,298.

[10] Morris J P,Rubin M B,Block G I,et al. Simulations of fracture and fragmentation of geologic materials using combined FEM/DEM analysis[J]. International Journal of Impact Engineering,2006,b33:463-473.

[11] 张楚汉,金峰. 岩石和混凝土离散-接触-断裂分析[M]. 北京:清华大学出版社,2008.

[12] 司洪洋. 论无粘性砂砾石与堆石的力学性质[J]. 岩土工程学报,1990,12(6):32-41.

[13] 李广信. 高等土力学[M]. 北京:清华大学出版社,2004.

[14] 梁正召,唐春安,张永彬,等. 岩石三维破裂过程的数值模拟研究[J]. 岩石力学与工程学报,2006,25(5):931-936.

[15] Iwashita K,Oda M. Micro-deformation mechanism of shear banding process based on modified distinct element method[J]. Powder Technology,2000,109(1-3):192-205.

[16] 史旦达,周健,刘文白,等. 砂土直剪力学性状的非圆颗粒模拟与宏细观机理研究[J]. 岩土工程学报,2010,32(10):1557-1565.

[17] Rothenburg L,Bathurst R J. Analytical study of induced anisotropy in idealized granular materials[J]. Géotechnique,1989,39(4):601-614.

[18] 柏树田,周晓光,晁华怡. 应力路径对堆石变形特性的影响[J]. 水力发电学报,1999,(4):76-80.

[19] 马刚,周伟,常晓林,等. 堆石体三轴剪切试验的三维细观数值模拟[J]. 岩土工程学报,2011,33(5):746-753.

[20] 柏树田,周晓光. 堆石在平面应变条件下的强度和应力-应变关系[J]. 岩土工程学报,1991,13(4):33-40.

[21] 陈生水,沈珠江,郦能惠. 复杂应力路径下无粘性土的弹塑性数值模拟[J]. 岩土工程学报,1995,17(2):20-28.

[22] 刘萌成,高玉峰,刘汉龙. 应力路径条件下堆石料剪切特性大型三轴试验研究[J]. 岩石力学与工程学报,2008,27(1):176-186.

[23] 古兴伟,沈蓉,张永全. 复杂应力路径下糯扎渡堆石料应力-应变特征研究[J]. 岩石力学与工程学报,2008,27(增刊1):3251-3260.

[24] 张宗亮,贾延安,张丙印. 复杂应力路径下堆石体本构模型比较验证[J]. 岩土力学,2008,29(5):1147-1151.

[25] 相彪,张宗亮,迟世春. 堆石料等应力比路径三模量增量非线性模型[J]. 岩土工程学报,2008,30(9):1322-1326.

[26] 杨光,孙逊,于玉贞,等. 不同应力路径下粗粒土力学特性试验研究[J]. 岩土力学,2010,31(4):1118-1121.

[27] 相彪,张宗亮,迟世春. 复杂应力路径下堆石料本构关系研究[J]. 岩土力学,2010,31

(6):1716-1722,1728.

[28] 朱俊高,王元龙,贾华,等. 粗粒土回弹特性试验研究[J]. 岩土工程学报,2011,33(6):950-954.

[29] 邵磊,迟世春,贾宇峰. 堆石料大三轴试验的细观模拟[J]. 岩土力学,2009,30(增刊):239-243.

[30] 马刚,周伟,常晓林,等. 锚杆加固散粒体的作用机制研究[J]. 岩石力学与工程学报,2010,29(8):1577-1584.

[31] 马刚,周伟,常晓林,等. 考虑颗粒破碎的堆石体三维随机多面体细观数值模拟[J]. 岩石力学与工程学报,2011,30(8):1671-1682.

[32] 徐志伟,殷宗泽. 粉砂侧向变形特性的真三轴试验研究[J]. 岩石力学与工程学报,2000,19(5):626-629.

[33] Shi W C,Zhu J G. Strength and deformation beformation behaviour of coarse-grained soil by true triaxial tests[J]. J. Cent. South. Univ. Technol. ,2010,17:1095-1102.

[34] 朱思哲,刘虔,包承纲. 三轴试验原理与应用技术[M]. 北京:中国电力出版社,2003.

[35] 李广信. 土的三维本构关系的探讨与模型验证[D]. 北京:清华大学博士学位论文,1985.

[36] 朱俊高,卢海华,殷宗泽. 土体侧向变形性状的真三轴试验研究[J]. 河海大学学报,1995,23(6):28-33.

[37] 施维成,朱俊高,刘汉龙. 粗粒土应力诱导各向异性真三轴试验研究[J]. 岩土工程学报,2010,32(5):810-814.

[38] Ko H Y,Scott R F. Deformation sand and failure[J]. ASCE,1968,94(4):883-898.

[39] Lade P V,Duncan J M. Cubical triaxial tests on cohesionless soil[J]. Journal of the Soil Mechanics and Foundations Division,1973,99(10):793-812.

[40] Lade P V. Assessment of test data for selection of 3-D failure criterion for sand[J]. International Journal for Numerical and Analytical Methods in Geomechanics,2006,30:307-333.

[41] Lade P V,Duncan J M. Elastoplastic stress-strain theory for cohesionless soil[J]. Journal of Geotech Engng Div,ASCE,1975,101:1037-1053.

[42] Nakai T,Matsuoka h. Shear behavior of sand and clay under three-dimensional stress condition[J]. Soils and Foundations,Japanese Siciety of Siol Mechanics and Foundation Engineering,1983,23:27-42.

[43] Matsuoka H,Nakai T. Stress-deformation and strength characteristics of soil under three different principal stresses[C]//Proc Japan Soc Civil Engrs,1974.

[44] Yin J H,Cheng C M,Kumruzzaman M. New mixed boundary,true triaxial loading device for testing three-dimensional stress-strain-strength behaviour of geomaterials [J]. Can. Geotech,2010,47:1-15.

[45] Callisto L,Gajo A,Wood M. Simulation of triaxial and true triaxial tests on natural and reconstituted Pisa clay[J]. Geotechnique,2002,52:649-666.

[46] Thornton C. Numerical simulations of deviatoric shera deformation of granular medial[J]. Geotechnique,2000,50:43-53.

［47］Belheine N,Plassiard J P. Numerical simulation of drained triaxial test using 3D discrete element modeling［J］. Computers and Geotechnics，2009,36 320-331.

［48］Tang-Tat Ng. Behavior of gravity deposited granular material under different stress paths［J］. Canadian Geotechnical Journal,2005,42:1644-1655.

［49］Tang-Tat Ng. Macro- and micro-behavior of granular materials under different sample preparation methods and stress paths［J］. International Journal of Solids and Structures,2004,41(21):5871-5884.

［50］韩华强,陈生水. 高土石坝中接触问题研究进展［J］. 水利水电科学进展,2009,29(2):89- 94.

［51］Potyondy J G. Skin friction between various soils and construction materials［J］. Geotechnique,1961,11(4):339-353.

［52］ Brandt J R T. Behavior of soil-concrete interface ［D］. Edmonton: University of Alberta,1985.

［53］Uesugi M,Kishida H. Frictional resistance at yield between dry sand and mild steel［J］. Soils and Foundations,1986,26(4):139-149.

［54］Kishida H,Uesugi M. Tests of the interface between sand and steel in the simple shear apparatus［J］. Geotechnique,1987,37(1):45-52.

［55］Clough G W,Duncan J M. Finite element analysis of retaining wall behavior［J］. Journal of the Soil Mechanics and Foundations Division,ASCE,1971,97(SM12):1657-1672.

［56］殷宗泽,朱弘,许国华. 土与结构材料接触面的变形及其数学模拟［J］. 岩土工程学报,1994,16(3):14-22.

［57］高俊合,于海学,赵维炳. 土与混凝土接触面特性的大型单剪试验研究及数值模拟［J］. 土木工程学报,2000,33(4):42-46.

［58］胡黎明,濮家骝. 土与结构物接触面物理力学特性试验研究［J］. 岩土工程学报,2001,23(4):431-435.

［59］张嘎,张建民. 大型土与结构接触面循环加载剪切仪的研制及应用［J］. 岩土工程学报,2003,25(2):149-153.

［60］张嘎,张建民. 粗粒土与结构接触面单调力学特性的试验研究［J］. 岩土工程学报,2004,26(1):21-25.

［61］周小文,龚壁卫,丁红顺,等. 砾石垫层-混凝土接触面力学特性单剪试验研究［J］. 岩土工程学报,2005,27(8):876-880.

［62］张治军,饶锡保,王志军,等. 泥皮厚度对结构接触面力学特性影响的试验研究［J］. 岩土力学,2008,29(9):2433-2438.

［63］彭俊,朱俊高,张丹,等. 粗粒土与混凝土接触面特性单剪试验研究［J］. 岩石力学与工程学报,2009,28(3):491-499.

［64］毛坚强. 一种解岩土工程变形体-刚体接触问题的有限元法［J］. 岩土力学,2004,25(10):1594-1598.

［65］周健,张刚,曾庆有. 主动侧向受荷桩模型试验与颗粒流数值模拟研究［J］. 岩土工程学

报,2007,29(5):650-656.

[66] 张华,陆阳. 基于有限差分与离散元耦合的支挡结构数值计算方法[J]. 岩土工程学报,2009,31(9):1402-1407.

[67] 周健,邓益兵,贾敏才,等. 基于颗粒单元接触的二维离散-连续耦合分析方法[J]. 岩土工程学报,2010,32(10):1479-1484.

[68] Hart R. Cundall P A, Lemos J. Formulation of a threedimensional distinct element model-Part II. Mechanical calculations for motion and interaction of a system composed of many polyhedral blocks. Int. J. Rock Mech. Min. Sci. Geomech. Abstr. ,1988,25:117-125.

[69] Munjiza A. The Combined Finite-Discrete Element Method[M]. London:Wiley,2004.

[70] Fu Y R. Experimental quantification and dem simulation of micro-macro behaviors of granular materials using x-ray tomography imaging[D]. Louisiana State University,2005.

[71] Thomas P A,Bray J D. Capturing nonspherical shape of granular media with disk clusters [J]. Journal of Geotechnical and Geoenvironmental Engineering,1999,125(3):169-178.

[72] Garcia X,Latham J P,Xiang J,et al. A clustered overlapping sphere algorithm to represent real particles in discrete element modeling[J]. Geotechnique,2009,59(9):779-784.

[73] Ferellec J F,McDowell G R. A simple method to create complex particle shapes for DEM [J]. Geomechanics and Geoengineering,2008,3(3):211-216.

[74] Itasca Consulting Group, Inc. PFC3D (particle flow code in 3 dimensions), Version 4. 0. Minneapolis,MN,2008.

[75] Itasca Consulting Group, Inc. PFC2D (particle flow code in 2 dimensions), Version 4. 0. Minneapolis,MN,2008.

[76] 何昌荣,等. 双江口水电站心墙堆石坝坝料本构模型、参数及应力应变数值分析[R]. 四川大学,2008.

[77] 华东水利学院. 土石坝工程[M]. 北京:水利电力出版社,1978.

[78] 郭熙灵,胡辉,包承纲. 堆石料颗粒破碎对剪胀性及抗剪强度的影响[J]. 岩土工程学报,1997,19(3):83-88.

[79] 刘汉龙,秦红玉,高玉峰,等. 堆石粗粒料颗粒破碎试验研究[J]. 岩土力学,2005,26(4):562-566.

[80] Cundall P A,Hart R D. Development of generalized 2-D and 3-D distinct element programs for modeling jointed rock[J]. Itasca Consulting Group, Misc. U. S. Army Corps of Engineers, 1999, SL-85-1.

[81] Potapov A V,Campbell C S. Computer simulation of impact induced particle breakage[J]. Powder Technology,1994,81:207-216.

[82] Potapov A V,Campbell C S. Computer simulation of shear-induced particle attrition[J]. Powder Technology,1997,94:109-122.

[83] Kun F, Herrmann H J. A study of fragmentation process using a discrete element method [J]. Computer Methods in Applied Mechanics and Engineering,1996,138:3-18.

[84] Bagherzadeh K A,Mirghasemi A A,Mohammadis. Numerical simulation of particle break-

age of angular particles using combined DEM and FEM[J]. Powder Technology,2011,205：15-29.

[85] Sebastian L G,Vallejo L E. Discrete element method evaluation of granular crushing under direct shear test conditions[J]. Journal of Geotechnical and Geoenvironmental Engineering, 2005,131(10):1295-1300.

[86] Sebastian L G,Vallejo L E,Vesga L F. Visualization of crushing evolution in granular materials under compression using DEM[J]. International Journal of Geomechanics,2006,6(3): 195-200.

[87] Robertson D,Bolton M D. DEM simulations of crushable grains and soils[A]. Proc. Powders and Grains,Sendai,2001:623-626.

[88] McDowell G R, Harireche O. Discrete element modelling of soilparticle fracture[J]. Géotechnique,2002,52(2):131-135.

[89] Cheng Y P,Nakata Y,Bolton M D. Discrete element simulation of crushable soil[J]. Geotechnique,2003,53 (7):633-641.

[90] Potyondy D O,Cundall P A. A bonded-particle model for rock[J]. International Journal of Rock Mechanics and Mining Sciences,2004,41:1329-1364.

[91] Masral R J. Mechanical porperties of rockfill[C]//Embankment Dam Engineering,Casagrand volume,1973.

[92] Wilson S D,Marsal R J. 土石坝设计与施工的新趋势[M]. 谭艾幸译. 北京：水利水电出版社,1986.

[93] 孔德志,张丙印,孙逊. 人工模拟堆石料颗粒破碎应变的三轴试验研究[J]. 岩土工程学报,2009,31(3):464-469.

第 7 章　高堆石坝瞬变-流变联合反演平台

在面板堆石坝的应力与变形分析中,选用合理的堆石体本构模型及准确的模型参数是整个分析的关键,堆石体的参数一般由室内或现场试验获得,然而受试验条件、缩尺效应的限制和堆石材料自身性质的离散性,使得测定的力学特性参数与实际值存在一定的差异,由此计算的堆石坝应力、变形与实测值差别较大,有必要利用坝体实测位移资料对堆石体的参数进行反演分析,并进行堆石坝后期变形预测。由于堆石坝的施工过程和变形机制比较复杂,很难将瞬时变形和流变变形分开,因此有必要对静力本构模型参数和流变模型参数进行综合反演。利用实测位移资料,以对堆石坝变形较敏感的静力本构模型和流变模型参数为待反演参数,采用多种优化算法和径向基函数神经网络构建参数反演平台,进行高堆石坝瞬变-流变参数三维全过程联合反演及变形预测。采用构建的参数反演平台对水布垭混凝土面板堆石坝进行参数反演分析。

7.1　堆石体本构模型参数的智能反演方法

1. 有限元计算的神经网络模拟

采用邓肯 E-B 模型、南水模型和堆石体九参数流变模型进行堆石体流变的计算,有限元计算的神经网络模拟由构造、优化和训练神经网络等工作组成。

① 构造训练样本。首先,根据堆石体流变模型确定所需反演参数的个数、输入参数的个数及反演参数的取值范围。由于均匀设计的均匀分散性可以选到偏差更小的点,因此采用均匀设计的方法构造训练样本的输入参数组。然后对各输入参数组分别进行有限元的正分析计算,其结果作为相应的输出参数组,最后将各组参数标准化生成神经网络的训练样本。

② 神经网络的结构和训练。考虑堆石体流变变形计算需将不考虑流变效应的常规邓肯 E-B 模型与幂函数流变本构模型结合,分成若干个时间子步,把求得的单元流变增量作为初应变进行有限元增量分析。由于堆石体流变变形计算的复杂性,虽然可以通过堆石体流变模型显式数学表达来描述堆石体的流变特性,但是在流变参数反演过程中将耗费大量有限元正分析时间。采用前馈神经网络模型来代替流变变形的有限元正分析。由于不同的神经网络结构对模型的学习有直接的影响,采用遗传算法来优化神经网络结构、结构权值、网络隐含层节点数。

2. 反演分析目标函数和约束函数

堆石体流变参数的反演就是寻找一组参数使与之相应的计算位移值与实测位移值最佳逼近。由于堆石坝是一个三维结构,因此最佳逼近是指总体上和平均意义上的最好近似。目标函数可取为已有监测资料点的计算位移值与实测位移值差的二范数,即

$$f(x_1,x_2,\cdots x_n)=\left\{\frac{1}{m}\sum_{i=1}^{m}\left[g_i(x_1,x_2,\cdots x_n)-u_i\right]^2\right\}^{0.5} \tag{7.1.1}$$

$$c(x_i)=0,\quad i=1\sim n$$

其中,$x_1,x_2,\cdots,x_n$为一组待反演的堆石体流变参数;$g_i(x_1,x_2,\cdots,x_n)$为堆石体第i个监测点发生的流变变形的计算值;u_i为相应的实测值;m为位移监测点总数;约束函数$c(x_i)$为堆石体流变参数的初始范围约束。

7.2　基于粒子迁徙的粒群算法

针对PSO算法[1]易早熟收敛、陷入局部最优值的问题,很多学者从算法参数、粒群拓扑结构、演化策略等方面提出改进方法,并取得了较好效果。

受自然界物种迁徙能提高种群多样性的启示,我们提出一种新的改进的粒群算法(MPSO)[2]。算法初始化为一群随机粒子,然后粒子被随机划分为若干个子粒群。每个子粒群独立演化,演化策略采用考虑线性递减的惯性权重、线性变化的加速因子和自适应的变异算子。在演化的过程中,每隔若干迭代次数,进行一次粒子迁徙。粒子迁徙时,不仅将粒子目前的位置代入新的粒群中,还将粒子的个体极值pBest引入新的粒群,以此加强子粒群间的信息交流并提高粒群的多样性。

$$r_i^{k+1}=wv_i^k+c_1r_1(p_i^k-x_i^k)+c_2r_2(p_g^k-x_i^k) \tag{7.2.1}$$

$$x_i^{k+1}=x_i^k+v_i^{k+1} \tag{7.2.2}$$

其中,w为惯性权重;c_1和c_2为加速因子;r_1和r_2为在$[0,1]$均匀分布的随机数。

算法的具体流程如下。

Step 1,初始化。在搜索空间中随机投放s个粒子。粒群规模$s=pm$,p是子粒群的个数,m是子粒群的规模。计算每个粒子的适应度。

Step 2,分组。将s个粒子随机划分到p个子粒群中,$S^k=\{x_1^k,x_2^k,\cdots,x_m^k\}$表示第$k$个子粒群。

Step 3,演化。对每个子粒群进行独立演化,演化策略为考虑了线性递减的惯性权重、线性变化的加速因子和自适应变异算子的PSO算法。

Step 4,迁徙。如果当前的迭代次数能被设定的迁徙间隔整除,则执行迁徙操作。

Step 4.1,为每个子粒群随机分派一个互斥的索引表示该子粒群粒子迁徙的目标子粒群。

Step 4.2,采用轮盘赌的方式,按照粒子的适应度值选择 n 个粒子,$n=mr$,r 是粒群的迁徙率。

Step 4.3,将待迁徙的粒子迁徙到目标子粒群中。

Step 5,变异。如果子粒群最优值保持不变或者变化很小的次数 $iterN$ 超过了阈值 $iterMax$,则执行变异操作。

Step 6,更新。根据式(7.2.1)和(7.2.2)更新粒子的速度和位置,计算粒子在当前位置的适应度值。如果粒子的当前位置优于个体极值 pBest,则将 pBest 更新为当前的位置。同样,全局极值 gBest 也被更新为粒群中的最优 pBest。

Step 7,判断算法收敛准则,如果满足则结束演化,输出结果;否则,转到 Step 3。

为了验证提出的 MPSO 算法的性能,将标准 PSO 算法、线性递减权重的 LPSO 算法、考虑随时间变化的加速因子的 LPSO-TVAC 算法和 MPSO 算法进行对比分析。基准测试函数 Rastrigin、Griewank 是两个个典型的非线性、多峰值函数,具有多个局部极值点,通常被用作优化算法的测试函数。基准测试函数的形式、取值范围、最优值如表 7.2.1 所示,粒子迁徙如图 7.2.2 所示,测试函数图形如图 7.2.3 所示。

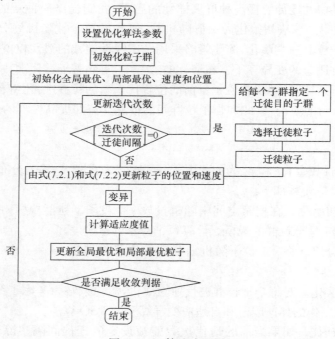

图 7.2.1　算法流程图

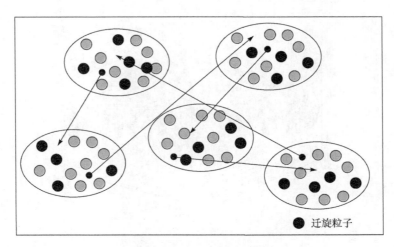

图 7.2.2 粒子迁徙示意图

表 7.2.1 测试函数

测试函数	表达式	取值区间	最优值
Rastrigin	$f(x) = \sum\limits_{i=1}^{n} (x_i^2 - 10\cos(2\pi x_i) + 10)$	$x_i \in [-5.12, 5.12]$	0
Griewank	$f(x) = \dfrac{1}{4000}\sum\limits_{i=1}^{n} x_i^2 - \prod\limits_{i=1}^{n}\cos\left(\dfrac{x_i}{\sqrt{i}}\right)$	$x_i \in [-600, 600]$	0

在标准 PSO 算法中,惯性权重 $\omega = 0.9$,加速因子 $c_1 = c_2 = 2$。在 LPSO 算法中,惯性权重 ω 线性地从 0.9 减小到 0.4,加速因子 $c_1 = c_2 = 2$。在 LPSO-TVAC 算法中,$c_{1i} = c_{2f} = 2.5$,$c_{1f} = c_{2i} = 0.5$。在 MPSO 算法中,子粒群的个数 $p = 4$,粒群的迁徙率 $r = 0.4$,迁徙间隔等于 5,变异概率取 $p_m = 0.2$,iterMax$=10$。

对每个测试函数,粒群规模为 40,基准测试函数的维数分别取 10、20、30,相应的最大迭代次数为 1000、1500、2000。表 7.2.2 为对每个测试函数运行 50 次后得到最优适应度值的平均值。由表 7.2.2 可知,各个测试函数采用 MPSO 算法得到的最优适应度值均最接近该测试函数的最优值,表明 MPSO 算法的性能优于其他几种 PSO 算法。图 7.2.4 为粒群的最优适应度值随迭代次数的变化。可以看出,当其他 PSO 算法都停滞不前的时候,MPSO 算法仍能持续演化,这是由于在 MSPO 算法中引入了自适应的变异算子和迁徙算子,保持了粒群的多样性,有效地避免了算法的早熟收敛。

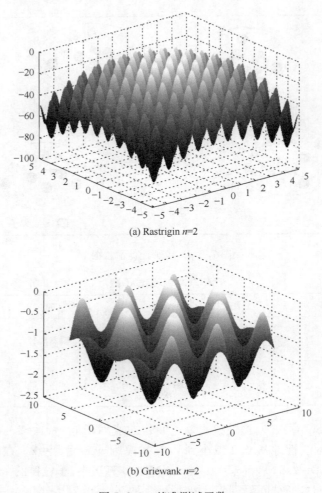

(a) Rastrigin $n=2$

(b) Griewank $n=2$

图 7.2.3　基准测试函数

表 7.2.2　不同算法的基准测试函数的平均最优适应度值

测试函数	维数	允许最大迭代次数	PSO	LPSO	LPSO-TVAC	MPSO
Rastrigin	10	1000	38.16	3.56	3.18	2.45
	20	1500	138.93	16.91	14.09	12.04
	30	2000	252.32	44.30	42.18	25.96
Griewank	10	1000	4.85	0.0772	0.0711	0.0305
	20	1500	38.88	0.0296	0.0240	0.0065
	30	2000	94.87	0.0144	0.0142	0.0036

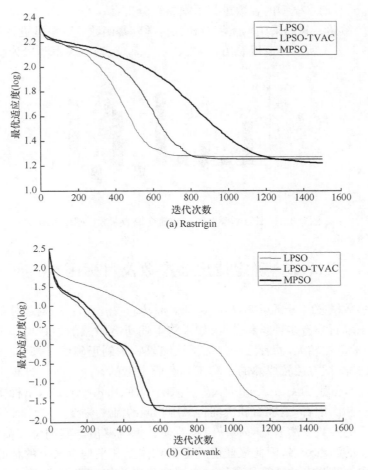

图 7.2.4 PSO、LPSO-TVAC、MPSO 算法的最优适应度值的进化过程

7.3 参数敏感性分析

南水模型[3]有 8 个参数,长江科学院流变模型[4]有 9 个参数,若都进行反演,则工作量很大,因此有必要进行参数敏感性分析。修正的 Morris 法采用灵敏度指标 S 来反映参数的敏感性[5],即

$$S = \frac{1}{n-1} \sum_{i=1}^{n=1} \frac{(y_{i+1} - y_i)/y_0}{(x_{i+1} - x_i)/x_0} \tag{7.3.1}$$

其中,S 为灵敏度指标;y_i 为模型第 i 次计算输出值;y_0 为初始参数对应的模型输出值;x_i 为第 i 次计算时参数;x_0 为初始参数;n 为计算次数。

　　文献[5]对南水模型的参数进行了敏感性分析,认为 k、φ、R_f、c_d、n_d、R_d 对坝体的沉降比较敏感。我们采用均质坝对长江科学院幂函数流变模型进行参数敏感性分析,如图 7.3.1 所示。可以看出,参数 c、η、c_α、c_β、λ_v 对坝体沉降较为敏感。

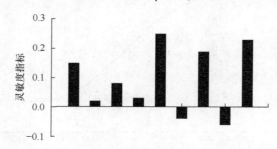

图7.3.1　长江科学院幂函数流变模型参数敏感性分析

7.4　确定待反演参数及目标函数

　　根据参数敏感性分析可知,k、φ、R_f、c_d、n_d、R_d、c、η、c_α、c_β、λ_v 对坝体的变形比较敏感。由于堆石坝有多种材料分区,如果将上述所有敏感的参数均作为待反演的变量,工作量仍然较大,而且无法保证反演结果收敛到正确值,因此应该减少待反演参数,去掉测试方法较成熟的 φ 和工程经验丰富的 R_f[1,6]。计算中的待反演参数共 13 个,分别为 k_1、c_{d1}、n_{d1}、R_{d1}、k_2、c_{d2}、n_{d2}、R_{d2}、c、η、c_α、c_β、λ_v,下标 1 和 2 分别对应主堆石和次堆石,主堆石和次堆石采用相同的流变参数。

　　堆石坝的参数反演就是寻找一组参数使计算位移值与实测位移值最佳逼近,由于堆石坝的测点众多,因此最佳逼近是指总体上和平均意义上的最好近似。目标函数可取为监测点的计算位移值与实测位移值差的二范数式,由于每个监测点的监测数据都是一个时间序列,因此目标函数取为

$$f(x_1,x_2,\cdots,x_{13}) = \sum_{i=1}^{m} w_i \left\{ \frac{1}{n^i} \sum_{j=1}^{n^i} x_j^2 \right\}^{0.5}$$
$$\chi_j = \max_{1 \leqslant k \leqslant p} \left| (u_{jk}^i - u_{jk}^{i*})/u_{jk}^{i*} \right| \quad \sum_{i=1}^{m} w_i = 1 \tag{7.4.1}$$

其中,$x_1,x_2,\cdots,x_{13}$ 对应一组待反演的堆石体参数;m 为监测断面的个数;w_i 为第 i 个断面的权重系数;n^i 为第 i 个断面上监测点的个数;u_{jk}^i 为第 i 个断面上第 j 个监测点在第 k 个时间点的沉降计算值;u_{jk}^{i*} 为相应的实测值。

7.5　高堆石坝瞬变-流变参数三维全过程联合反演优化算法

1. 基于粒子迁徙的粒群算法

在粒群算法中,每个粒子代表待优化问题在多维空间中的一个潜在解。每个粒子具有位置和速度两个特征,粒子位置对应的目标函数值可以作为该粒子的适应度值。每个粒子根据自身的"经验"和同伴的"经验"在搜索空间中向更好的位置"飞行",直到在整个搜索空间中找到最优解或达到最大迭代次数为止。

在经典粒群算法(classic particle swarm optimization,CPSO)中,惯性权重 ω 和加速因子 c_1、c_2 在优化过程中保持不变。在 PSO 算法中,合理地调整全局搜索和局部开发的关系是提高算法性能的关键之一,较大的 ω 值有利于粒子充分的在搜索空间中探索,较小的 ω 值有助于粒子在当前位置的附近搜索。根据文献[7]提出的线性递减策略,在线性递减权重粒群算法中,演化的早期阶段采用较大的 ω 值,在演化后期逐渐减小 ω 值,惯性权重在优化过程中采用下式描述,即

$$\omega = \omega_{max} - \frac{\omega_{max} - \omega_{min}}{\text{iter}_{max}}\text{iter} \tag{7.5.1}$$

其中,iter 为当前迭代次数;iter_{max} 为允许最大迭代次数;ω_{max} 和 ω_{min} 分别为最大和最小惯性权重。

在群体智能算法中,提高算法性能的另一个关键是在演化的早期鼓励粒子在整个搜索空间"漫游",不至于聚集在超级粒子周围而导致早熟收敛;在演化的后期,鼓励粒子"飞向"搜索到的最优值,以加速收敛。基于以上认识,文献[8]提出线性变化的加速因子,在该策略中代表"认知"部分的 c_1 随迭代次数逐渐减小,代表"社会"部分的 c_2 随迭代次数逐渐增大,即

$$c_1 = (c_{1f} - c_{1i})\frac{\text{iter}}{\text{iter}_{max}} + c_{1i}$$

$$c_2 = (c_{2f} - c_{2i})\frac{\text{iter}}{\text{iter}_{max}} + c_{2i} \tag{7.5.2}$$

其中,c_{1i}、c_{1f}、c_{2i} 和 c_{2f} 分别是初始和最终"认知"、"社会"加速因子。

受自然界物种迁徙能保持种群多样性的启示,我们采用一种新的改进的粒群算法。算法初始化为一群随机粒子,然后粒子被随机划分为若干个子粒群。每个子粒群独立演化,演化策略采用考虑了线性递减的惯性权重、线性变化的加速因子和自适应的变异算子。在演化的过程中,每隔若干迭代次数,进行一次粒子迁徙。粒子迁徙时,不仅将粒子目前的位置代入新的粒群中,还将粒子的个体极值 pBest 引入新的粒群,以此加强子粒群间的信息交流并提高粒群的多样性。

2. 径向基函数神经网络

径向基函数(RBF)网络是一种两层前向神经网络,包括一个具有径向基函数的隐层和一个具有线性神经元的输出层,能以任意精度逼近任意函数,具有较强的逼近能力,特别适合解决函数逼近问题。网络结构如图 7.5.1 所示。

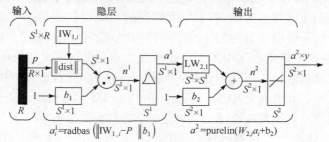

图 7.5.1　RBF 神经网络结构图

选用高斯函数作为径向基函数,即

$$R_i(x) = \exp\left(-\frac{\| x - c_i \|}{2\sigma^2}\right) \tag{7.5.3}$$

其中,σ 决定径向基函数的形状;σ 越大基函数越平滑。

MPSO 算法和神经网络相结合的位移反演分析如图 7.5.2 所示。

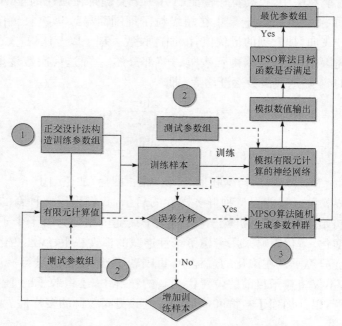

图 7.5.2　MPSO 算法和神经网络相结合的位移反演分析示意图

7.6　水布垭面板堆石坝变形参数的综合反演及变形预测

水布垭面板堆石坝,坝高为 233m,坝体和混凝土面板的有限元网格分别如图 7.6.1 和图7.6.2 所示,均采用 8 节点等参实体单元离散,面板与垫层之间,设置接触,接触模型为 Coulomb 摩擦,摩擦系数取 0.8。堆石体南水模型参数如表 7.6.1 所示。流变模型参数由长江科学院根据室内流变试验得出,如表 7.6.2 所示。反演参数取值范围如表 7.6.3 所示。

1. 训练样本的选取

为了保证训练样本具有足够的代表性,用正交试验设计方法生成 27 组样本,同时添加一些随机样本以保持样本的多样性与均匀性,共 300 组样本,训练样本占总样本数的 80%,测试样本占 20%,样本集如表 7.6.4 所示。

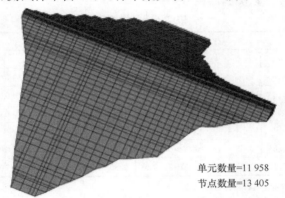

单元数量=11 958
节点数量=13 405

图 7.6.1　堆石坝有限元网格

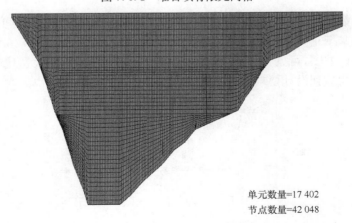

单元数量=17 402
节点数量=42 048

图 7.6.2　混凝土面板有限元网格

表 7.6.1　堆石体南水模型材料参数表

材料	ρ_d	k	n	R_f	c	φ	$\Delta\varphi$	c_d	n_d	R_d
主堆石	2 150	1 100	0.35	0.82	0	52	8.5	0.002 9	0.837 0	0.716
次堆石	2 150	850	0.25	0.84	0	50	8.4	0.002 8	0.097 8	0.748

表 7.6.2　堆石体幂函数流变模型试验参数

c	d	η	m	c_α	d_α	c_β	d_β	λ_v
0.289 2	0.846 5	0.083 1	0.389 9	0.444 5	2.082 7	0.436 0	1.638 3	0.067 8

表 7.6.3　待反演参数取值范围

k_1	c_{d1}	n_{d1}	R_{d1}	k_2	c_{d2}	n_{d2}	R_{d2}	c	η	c_β	d_β	λ_v
800～1200	0.001～0.004	0.8～1.2	0.6～0.9	600～1 000	0.001～0.004	0.8～1.2	0.6～0.9	0.4～1.2	0～0.1	0.4～1.2	0.4～1.2	0～0.1

注:下标1、2分别表示主、次堆石。

表 7.6.4　样本集

样本	输入													输出
	k_1	c_{d1}	n_{d1}	R_{d1}	k_2	c_{d2}	n_{d2}	R_{d2}	c	η	c_β	d_β	λ_v	fitness
样本 1	840	0.001 3	0.84	0.63	640	0.001 3	0.84	0.63	0.480 0	0.010 0	0.480 0	0.480 0	0.010 0	0.355 9
样本 2	840	0.001 3	0.84	0.63	800	0.002 5	1.00	0.75	0.800 0	0.050 0	0.800 0	0.800 0	0.050 0	0.269 2
样本 3	840	0.001 3	0.84	0.63	960	0.003 7	1.16	0.87	1.120 0	0.090 0	1.120 0	1.120 0	0.090 0	0.240 2
⋮	⋮	⋮	⋮	⋮	⋮	⋮	⋮	⋮	⋮	⋮	⋮	⋮	⋮	......
样本299	845	0.001 5	0.84	0.63	739	0.001 3	1.18	0.74	0.627 7	0.085 2	0.938 6	0.989 5	0.085 2	0.186 0
样本300	869	0.001 6	1.15	0.82	614	0.001 9	0.80	0.80	0.822 5	0.004 9	0.942 7	0.965 9	0.097 0	0.144 2

注:下标1和2分别表示主堆石和次堆石。

2. 神经网络的训练

对样本数据进行归一化处理,将网络的输入数据限制在[0,1]区间内。采用提前终止法和基于正则化的贝叶斯方法提高网络的泛化能力[9],图 7.6.3 是神经网络训练过程误差图,可见 RBF 神经网络学习速度很快,到第 6 次迭代时测试误差和训练误差均达到设计要求。

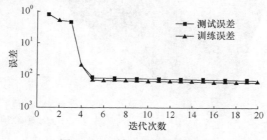

图 7.6.3　神经网络训练过程

3. 参数反演

我们采用基于粒子迁徙的粒群算法对水布垭面板堆石坝进行参数反演分析。算法粒群规模为 50，子粒群的个数 $p=4$，粒群的迁徙率 $r=0.4$，迁徙间隔等于 5，最大迭代次数取 500，$\omega_{min}=0.4$，$\omega_{max}=0.9$，$c_{1i}=c_{2f}=2.0$，$c_{1f}=c_{2i}=0.5$，变异概率 $p_m=0.2$，iterMax=10。目标函数中最大监测断面的权重系数为 0.6，其余 2 个较小断面的权重系数为 0.2。图 7.6.4 为反演过程中目标函数收敛过程。反演分析得到的最优参数组合如表 7.6.5 所示。

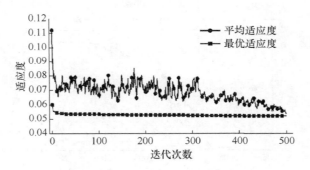

图 7.6.4　反演计算收敛过程

表 7.6.5　堆石体参数反演结果

k_1	c_{d1}	n_{d1}	R_{d1}	k_2	c_{d2}	n_{d2}	R_{d2}	c	η	c_β	d_β	λ_v
945	0.002 1	1.09	0.631	828	0.002 7	0.89	0.87	0.639 3	0.018 2	1.168 4	0.927 1	0.034 6

注：下标 1、2 分别表示主、次堆石。

由表 7.6.5 可以看出，反演得到的参数与试验参数差别较大，主堆石的 k 值较试验值小很多，次堆石的 k 值略小于试验值，反映最终流变量的参数 c、c_α、c_β 较试验值增大，表明最终流变变形量增加，反映流变速率的 η 和 λ_v 较试验值减小，表明流变变形速率变慢，坝体达到变形稳定所需要的时间增加。

基于反演得到的参数进行水布垭面板堆石坝的应力、变形分析，由图 7.6.5 可以看出监测点的沉降计算值和实测值在数值和发展规律上均吻合得较好。图 7.6.6 为坝体在基本稳定期的沉降和水平位移等值线图，图 7.6.7 为面板在基本稳定期的挠度图和轴向变形图，基于反演参数的计算结果表明，水布垭面板坝坝体沉降速率在 2012 年年底降低到 12 mm/a，认为坝体变形达到基本稳定，此时坝体的最大沉降位移为 2.63 m，流变变形约占坝体总变形的 18%，流变变形显著，面板的最大挠度为 0.9 m。

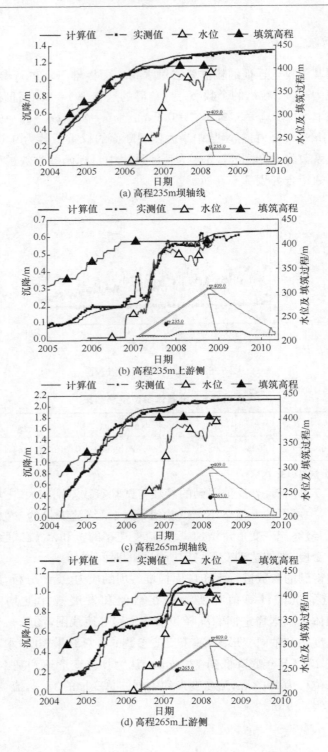

(a) 高程235m坝轴线

(b) 高程235m上游侧

(c) 高程265m坝轴线

(d) 高程265m上游侧

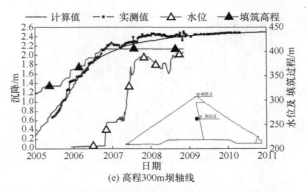

(e) 高程300m坝轴线

图 7.6.5　坝体最大断面测点沉降实测值与计算值对比

(a) 沉降(向上为正)

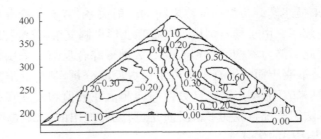

(b) 水平位移(向下游为正)

图 7.6.6　变形稳定期最大断面位移图

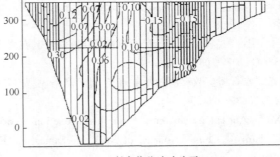

(a) 轴向位移(向右为正)

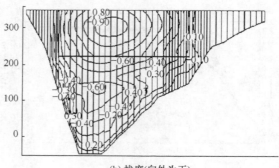

(b) 扰度(向外为正)

图 7.6.7　变形稳定期面板变形图

7.7　小　　结

　　本章把神经网络模型引入反演分析,代替非线性有限元方法的结构数值计算,对堆石体流变本构模型参数进行智能反演。受自然界物种迁徙可提高物种多样性的启示,提出基于粒子迁徙的粒群算法。采用该算法和径向基函数神经网络构建参数反演平台,克服了粒子群算法易陷入局部最优和早熟收敛的缺点,采用经过训练的神经网络来描述模型参数和位移之间的映射关系,节省了参数反演的计算时间,提高了反演效率。由于堆石坝填筑过程和变形机制复杂,很难将瞬时变形与流变变形分开,因此对静力本构参数和流变参数进行综合反演。采用构建的参数反演平台对水布垭混凝土面板堆石坝进行了参数反演分析,基于反演参数的堆石坝应力变形分析结果表明,测点沉降计算值与实测值在数值和发展规律上均吻合得较好,说明该算法用于堆石流变参数反演是可行的,提出的算法在多参数、强非线性的模型参数识别中的优越性。

参 考 文 献

[1] 郭雪莽,田俊明,秦理曼. 土石坝位移反分析的遗传方法[J]. 华北水利水电学院学报,2001,22(3):94-98.

[2] 常晓林,喻胜春,马刚,等. 基于粒子迁徙的粒群优化算法及其在岩土工程中的应用[J]. 岩土力学,2011,32(4):1077-1082.

[3] 康飞,李俊杰,许青. 堆石坝参数反演的蚁群聚类 RBF 网络模型[J]. 岩石力学与工程学报,2009,28(增刊 2):3639-3640.

[4] Kang F, Li J J, Xu Q. Ant colony clustering radial basis function network model for inverse analysis of rockfill dam[J]. Chinese Journal of Rock Mechanics and Engineering,2009,28 (Supp. 2):3639-3640.

[5] Zhang S R, He H. Application of improved genetic algorithm to back analyzing parameters of rockfill[J]. Rock and Soil Mechanics, 2005, 26(2): 182-186.

[6] Shen Z J, Zhao K Z. Back analysis of creep deformation of rockfill dams[J]. Journal of Hydraulic Engineering, 1998, 6: 1-6.

[7] Clerc M, Kennedy J. The particle swarm-explosion, stability, and convergence in a multidimensional complex space[J]. IEEE Transactions on Evolutionary Computation, 2002, 6(1): 58-73.

[8] Yang X M, Yuan J S, Yuan J Y, et al. A modified particle swarm optimizer with dynamic adaptation[J]. Applied Mathematics and Computation, 2007, 189(2): 1205-1213.

[9] Tian J M, Zhou J. Inversing soil mechanical parameters of embankment dam using ant colony algorithm[J]. Chinese Journal of Rock Mechanics and Engineering, 2005, 24(8): 1411-1416.

第 8 章　堆石料缩尺效应研究

在当前堆石坝施工水平条件下,堆石料的最大粒径可达 1m,甚至超过 1m,若以原始级配进行室内三轴试验,试样将高达 10m、重约 400t,这样巨型的试验,以现有的试验条件是无法实现的,因此堆石料的室内试验都是在最大粒径的限制下,对原级配堆石料进行缩尺,近似模拟堆石料的力学特性。堆石料的三轴试验以直径为 30cm、高度为 60cm 的圆柱形试样最为常用,为使试验结果不受试样大小的影响,颗粒的最大粒径必须控制在试样直径的 1/5 以下,也就是说,允许最大粒径以 60mm 为限。大量的试验研究表明,缩尺后堆石料的宏观力学特性与原级配上坝料有一定差别。高堆石坝工程的建设对其主要筑坝材料之一的堆石料的力学特性研究提出了更高的要求。工程建设的需求与目前的研究现状的不足,要求我们对缩尺后堆石料与原级配上坝料之间力学性质的差异及产生的细观机理进行深入的研究。

8.1　堆石料缩尺效应的细观机理

8.1.1　影响因素

堆石体的缩尺效应研究不是一个新课题,自 20 世纪 60 年代以来,国内外学者在这方面做了大量的研究。与原级配堆石料相比,不论采用哪种缩尺方法,都明显改变了其级配特性,影响了粗细颗粒间的填充关系等组构特性,使试验级配料的力学性质与原型级配料存在差异。

由于缩尺后堆石体的级配发生变化,其所能达到的最大和最小干密度与原级配堆石料不同。对缩尺堆石料进行试验时,采用什么样的压实状态才能与现场碾压状态对应,是缩尺效应研究中的一个重要问题。朱俊高等[1]分别采用混合法、剔除法、等量替代法和相似级配法对双江口堆石坝坝壳堆石料进行缩尺,在同一压实功能条件下各替代级配料的最大、最小干密度均随最大粒径的增大而增大,不同缩尺方法导致的堆石体压实性能差异明显,相同最大粒径时,相似级配法缩尺后的替代料密度最大,而等量替代法最小。Marachi 等[2]采用超粒径剔除法缩制试样,在干密度相同的情况下,堆石体的峰值内摩擦角随最大粒径的增大而减小,该结果与 EI Ifiernillo 坝堆石料的试验结果相同[3]。日本高濑坝堆石料,同样采用剔除法缩制试样,采用相同压实功能制备试样,试样的峰值内摩擦角和变形模量均随最大粒径的增大而增大[4]。这是由于试样尺寸越大,级配不均匀系数越大,在相同压实功能条件下,其达到的干密度也越大,颗粒间的咬合作用越强烈,因此试样的抗剪强度越高[5]。同样,采用剔除法缩制试样,文献[2]、[4]的强度缩尺效应规律相反,表明试样密度控制标准对堆石体强度的缩尺效应影响较大。

不同的缩尺方法得到的替代料级配是不同的,其物理力学性质必然有差异。对天生桥一级面板堆石坝筑坝堆石料和双江口堆石坝主堆石料分别采用剔除法、等量替代法、相似级配法和混合法进行缩尺,进行缩尺料的大型三轴剪切试验,几种缩尺料的抗剪强度以相似级配法最大,剔除法次之,混合法再次之,等量替代法最小[1,6]。他们的研究也表明,混合法所得的最大干密度与现场碾压试验结果比较接近。在强度特性的缩尺效应研究方面,采用相似级配法缩制试样,保持不同尺寸试样的干密度相同,不同学者分别对石头河土石坝砂卵石[8]、小浪底堆石坝过渡料[9]、[10]、法国中部的石灰岩堆石料[11]进行了不同尺寸的直剪试验或三轴剪切试验,结果表明峰值内摩擦角随着最大粒径或试样尺寸的增大而减小。同样,采用相似级配法缩尺,李凤鸣和卞富宗[12]对小浪底坝体堆石料进行了大型三轴剪切试验,缩尺后试样的剪胀性明显增大,但同一围压下大尺寸试样的抗剪强度大于最小尺寸试样,与文献[8]~[11]得到的强度缩尺效应规律相反。近年来,随着一大批高堆石坝工程的建设,堆石体的缩尺效应研究得到了更多学者的关注。李翀等[13]对双江口堆石坝的砂岩过渡料进行大型三轴剪切试验,采用等量替代法处理超径颗粒,并保持不同尺寸试样的干密度相同,对同一种级配试样,峰值内摩擦角和初始切线模量均随试样尺寸的增大而减小。凌华等[14]对某堆石坝下游花岗岩堆石料采用混合法缩制试样,保持不同尺寸试样的干密度相同,当围压较小时,峰值内摩擦角随着最大粒径的增大而增大,当围压较大时,峰值内摩擦角随着最大粒径的增大而减少。朱俊高等[15]对某花岗岩堆石料进行了不同尺寸试样的三轴剪切试验,通过相对密度试验确定制样干密度,得到小尺寸试样的峰值强度高于大尺寸试样,强度的缩尺效应随试样尺寸的增大呈减小趋势。

为了进一步研究颗粒形状和颗粒破碎对堆石体缩尺效应的影响,Varadarajan等[16]对 Ranjit Sagar 坝的砂卵石料和 Purulia 坝的爆破棱角料进行了大型三轴剪切试验,采用相似级配法制备了 3 种不同尺寸的试样,试样干密度对应 87% 的相对密度,Ranjit Sagar 坝堆石料的峰值内摩擦角随着最大粒径的增加而增大,而Purulia 坝呈现出相反的规律。由于颗粒尺寸越大,颗粒间接触点处的接触力也越大,导致颗粒破碎越明显。Ranjit Sagar 坝的砂卵石堆石料,颗粒破碎率随试样尺寸增加的幅度较小,而 Purulia 坝的棱角状堆石料,颗粒破碎率随试样尺寸的增加幅度较大,因此颗粒间咬合和颗粒破碎博弈结果是导致强度缩尺效应的规律相反。郦能惠[4]认为采用相似级配法缩制试样,试样的级配特性相同,缩尺效应来自于颗粒形状和颗粒强度随颗粒尺寸的变化,而这种变化又与母岩性质有关。

在变形特性的缩尺效应研究方面。王继庄[17]对 1 组磨圆度较好的砂砾料及 2

组有棱角状的碎石料进行试验,当试样直径 $D<30cm$ 时,缩尺效应对峰值抗剪强度影响不大,但对变形参数有不可忽视的影响,试样尺寸越小,体积模量越小。高莲士等[18]对多种堆石体进行了室内和现场侧限压缩试验,认为目前用直径 30cm 的试样进行三轴试验得到的堆石体变形模量偏大,导致坝体变形估计不足。此外,堆石体的流变变形和动力响应的缩尺效应也受到关注[28,20]。

表 8.1.1　变形特性试验统计表

试验出处	制样方法	试验类型	变形规律
郦能惠[4]	剔除法(相同压实功能)	不详	变形模量随最大粒径增大而增大
郦能惠等[10]	相似级配法(相对密度)	三轴剪切试验(Φ500mm)和压缩试验(Φ1000mm)	压缩模量随最大粒径增大而增大
李翀等[13]	等量替代法(干密度)	三轴剪切试验(Φ300mm 和 Φ500mm)	初始切线模量随 Φ 增大而减小
朱俊高等[15]	混合缩尺法(相对密度)	三轴剪切试验(Φ300mm、Φ101mm、Φ61.8mm)	小试样的初始切线模量、割线模量和体积模量大于中试样对应值,但中试样对应模量小于大试样的结果
王继庄[17]	不详	三轴剪切试验(Φ300mm、Φ100mm 和 Φ39.1mm)	当 Φ<300mm 时,缩尺对变形参数影响较大;Φ 越小,体积模量越小
高莲士等[18]	不详	室内和现场侧限压缩试验	用 Φ300mm 的堆石料试样进行三轴试验得到的堆石料变形模量偏大

表 8.1.2　抗剪强度试验统计表

试验出处	制样方法	试验类型	抗剪强度变化规律	备注
郦能惠[4]	剔除法(相同压实功能)	不详	随最大粒径增大而增大	日本高濑大坝
李凤鸣等[12]	相似级配法	三轴剪切试验(Φ300mm)和离心机试验	随最大粒径增大而增大	小浪底堆石坝堆石料
凌华等[14]	混合法(干密度)	三轴剪切试验(Φ300mm、Φ500mm)	围压较小时,随最大粒径增大而增大;围压较大时,规律相反	某心墙堆石坝花岗岩堆石料
Varadarajan 等[16]	相似级配法(相对密度)	三轴剪切试验(Φ381mm 和 Φ500mm)	随最大粒径增加而增大	Ranjit Sagar 坝砂卵石堆石料
Varadarajan 等[16]	相似级配法(相对密度)	三轴剪切试验(Φ381mm 和 Φ500mm)	随最大粒径增加而减小	Purulia 坝爆破棱角料

续表

试验出处	制样方法	试验类型	抗剪强度变化规律	备注
Marachi 等[2]	相似级配法（干密度）	三轴剪切试验（Φ71mm、Φ305mm 和 Φ915mm）	随最大粒径增大而减小	—
Marsal[3]	干密度	三轴剪切试验（Φ200mm 和 Φ1130mm）	随最大粒径增大而减小	EI Infernillo 坝堆石料
孟宪麒等[8]	相似级配法（干密度）	大型直剪试验（2000mm×2000mm×1000mm）和中型直剪试验（500mm×500mm×400mm）	随最大粒径增大而减小	石头河土石坝堆石料（混合砂卵石）
司洪洋[9]	相似级配法	三轴剪切试验（Φ61.8mm、101mm、Φ200mm、Φ300mm）	最大粒径在 20～250mm 范围内，内摩擦角随最大粒径增大而减小，并在粒径 60～200mm 段迅速减小，减小幅度达 2°～3°	小浪底堆石坝堆石料
郦能惠等[10]	相似级配法（相对密度）	三轴剪切试验（Φ500mm）和压缩试验（Φ1000mm）	随最大粒径增大而减小	小浪底坝过渡料砾料掺加部分轧制碎石
Hu 等[11]	相似级配法（干密度）	三轴剪切试验（Φ100mm、Φ500mm 和 Φ1000mm）	随最大粒径增大而减小	法国中部石灰岩堆石料
李翀等[13]	等量替代法（相对密度）	三轴剪切试验（Φ300mm 和 Φ500mm）	随最大粒径增大而减小	双江口高堆石坝砂岩过渡料

综上所述，影响堆石体缩尺效应的因素较多，如缩尺方法、缩尺比例、制样密度控制标准、颗粒破碎和颗粒形状等。不同学者采用的缩尺方法和制样密度控制标准不同，堆石体来源也不同，导致试验结果不同，甚至规律相反（如表 8.1.1 和表 8.1.2）。因此，迫切需要对堆石体缩尺效应进行更加深入、全面的研究，厘清不同因素对堆石体缩尺效应的影响规律和程度。

8.1.2 颗粒强度的尺寸效应

堆石料一般是通过爆破同一料场或相隔不远料场的母岩获得，或者是从同一处河床收集的砂卵石，因此可以认为堆石颗粒具有相同物理力学性质（如矿物组成、密度、颗粒形状和微裂纹密度等）。这里颗粒形状相同并不是指两个颗粒的形状一模一样，而是指不同颗粒的形状具有相同的统计分布特性。假设堆石料母岩的微裂纹在空间中均匀分布，将微裂纹密度作为母岩的材料常数，则堆石颗粒内的微裂纹数量与其体积呈正比。

　　考虑从同一料场爆破获得的两个堆石颗粒集合体,分别用 r_a 和 r_b 表示,通过以上分析可知,两个颗粒集合体的区别只有粒径不同。

　　Marsal 等[21]最早采用 Weibull 概率分布来描述单颗粒压碎强度的概率分布(图 8.1.1)。本节采用基于 Weibull 分布的生存概率模型描述颗粒集合体的破碎特性,即

$$p(d_a) = \exp\left(-\left(\frac{d_a}{d_a^0}\right)^3 \left(\frac{\sigma_a}{\sigma_a^0}\right)^{m_a}\right) \tag{8.1.1}$$

其中,下标 a 为颗粒集合体 r_a;d_a 为颗粒粒径;σ_a 为作用颗粒上的应力;m_a 为 Weibull 概率分布参数,反映颗粒强度的分散程度;d_a^0 和 σ_a^0 为对应于 37% 生存概率的颗粒粒径和作用在其上的特征应力。

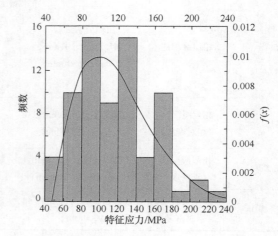

图 8.1.1　单颗粒的生存概率模型

　　同样,颗粒集合体 r_b 的生存概率模型为

$$p(d_b) = \exp\left(-\left(\frac{d_b}{d_b^0}\right)^3 \left(\frac{\sigma_b}{\sigma_b^0}\right)^{m_b}\right) \tag{8.1.2}$$

其中,下标 b 表示颗粒集合体 r_b;参数意义与式(8.1.1)相同。

　　由于两个颗粒集合体由相同的母岩爆破而来,所以具有相同的微裂纹密度。两个颗粒集合体的 Weibull 分布参数也应满足下式,即

$$d_a^0 = d_b^0, \quad \sigma_a^0 = \sigma_b^0, \quad m_a = m_b \tag{8.1.3}$$

对给定的生存概率模型 $p(d_a) = p(d_b)$,由式(8.1.1)~式(8.1.3)可得以下关系,即

$$d_a^3 \sigma_a^m = d_b^3 \sigma_b^m \tag{8.1.4}$$

　　假设在颗粒集合体 r_b 中,作用在粒径为 d_b 的颗粒上的应力为 σ_b。此时,在颗粒集合体 r_a 中,当作用粒径为 d_a 的颗粒上的应力 σ_a 满足如下关系时,两者具有相

同的生存概率,即

$$\sigma_a = \sigma_b \left(\frac{d_b}{d_a}\right)^{\frac{3}{m}} \propto d_a^{-\frac{3}{m}} \tag{8.1.5}$$

式(8.1.5)反映了颗粒强度的尺寸效应。Marsal 等进行了单颗粒压碎试验,将颗粒置于如图 8.1.2 所示刚性加载板中间,测试颗粒压碎时的荷载 F,并提出采用幂函数形来描述颗粒压碎荷载 F 与颗粒粒径 d_a 的关系,即

$$F_a = \eta d_a^{\lambda} \tag{8.1.6}$$

其中,η 和 λ 是模型的拟合参数。

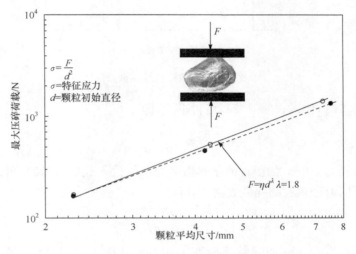

图 8.1.2　单颗粒压碎试验

式(8.1.6)中的应力 σ_a 与压碎荷载 F_a 除以颗粒的横截面积呈正比,而颗粒的横截面积又与颗粒粒径的二次方呈正比,由此可得下式,即

$$\sigma_a \propto \frac{F_a}{d_a^2} \tag{8.1.7}$$

由式(8.1.6)和式(8.1.7)可得下式,即

$$\sigma_a \propto \eta d_a^{\lambda-2} \tag{8.1.8}$$

对比式(8.1.6),我们得到下式,即

$$\lambda = 2 - \frac{3}{m} \tag{8.1.9}$$

在 Marsal 等研究的堆石料中,参数 λ 的取值范围在 $1.2 \sim 1.8$,对应的 Weibull 分布参数 m 在 $4 \sim 15$。在 Hu 等进行的单颗粒压碎试验中,颗粒的压碎荷载 F 与平均粒径 d_{ave} 同样呈幂函数关系(图 8.1.3),拟合参数 $\lambda=1.9$。

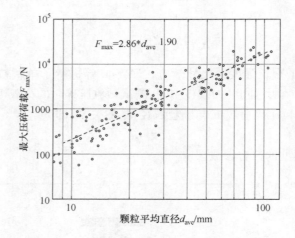

图 8.1.3　单颗粒压缩试验

将式(8.1.9)代入式(8.1.5),可得下式,即

$$\sigma_a = \sigma_b \left(\frac{d_b}{d_a}\right)^{2-\lambda} \tag{8.1.10}$$

假设粒径为 20mm 的颗粒的压碎强度为 f_c^{20},代入式(8.1.10),可以得到颗粒集合体中不同粒径颗粒的强度表达式,即

$$f_c = f_c^{20} \left(\frac{20}{d}\right)^{2-\lambda} \tag{8.1.11}$$

假设粒径为 20mm 的颗粒强度取 120MPa,代入式(8.1.11),即可得到不同 λ 值时颗粒强度与粒径的关系曲线。如图 8.1.4 所示,当 $\lambda=2.0$ 时,颗粒强度不

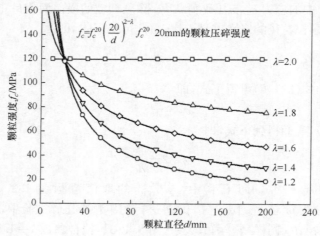

图 8.1.4　颗粒强度与颗粒直径关系曲线

随粒径发生变化,表明此时颗粒强度不存在尺寸效应。当 $\lambda<2.0$ 时,颗粒强度随粒径的增大而减小,粒径小于 80mm 时,颗粒强度随粒径的增大迅速较小,而当粒径超过 80mm 时,颗粒强度的变化比较缓慢。此外,还可以看出,λ 越小,颗粒强度的尺寸效应越明显。

1. 数值试样

为了研究堆石料的缩尺效应,我们制备了 4 个不同尺寸的立方体数值试样,试样的高度分别为 300、400、500 和 600mm。4 数值试样中试样高度与最大粒径之比均取 7.5,此时 4 个试样的最大粒径分别为 40、54、66 和 80mm,最小粒径均取 20mm。采用随机颗粒生成程序 SPG 生成大小和形状各异的凸多面体颗粒。定义与颗粒等体积球的直径为其等效直径 $d^*=2\sqrt{3V/(4\pi)}$,式中 V 是三维凸多面体颗粒的体积。定义试样的体积分数为等效粒径小于某值的颗粒体积占颗粒总体积的百分数 $F(d^*)=P(D^*<d^*)$。在堆石料缩尺效应的数值试验中,试样的体积分数在最大粒径与最小粒径之间线性变化,4 组试样的级配曲线如图 8.1.5 所示。

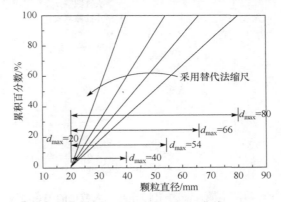

图 8.1.5　4 组试样的级配曲线

正如前面讨论的,颗粒集合体的级配特性对其压实性能有较大的影响。如果保持 4 组试样的干密度或者孔隙比相同,那么 4 组试样对应的压实程度是不同的。为了消除不同压实程度对宏观强度和变形特性的影响,这里我们采用相对密度控制 4 组试样的密实度,此时可认为不同尺寸试样所表现出的宏观力学特性的差异就是由于缩尺效应产生的。按照相对密度数值试验方法,确定图 8.1.5 中 4 种级配曲线对应的颗粒集合体的最大和最小孔隙比。最大、最小孔隙比与最大粒径之间的关系曲线如图 8.1.6 所示,与朱晟等[23]的研究结果相似,最大和最小孔隙比均随最大粒径的增大而减小。两者与最大粒径均呈现较好的幂函数衰减关系,相比于最大孔隙比,最小孔隙比与最大粒径之间的幂函数关系拟合效果较好。最大和最小孔隙率与最大粒径的关系曲线如图 8.1.7 所示,其规律与孔隙比类似,在此不再赘述。不同尺寸试样的制样密度按相对密度 90％控制,其对应的制样孔隙比和孔隙率如图 8.1.8 所示。

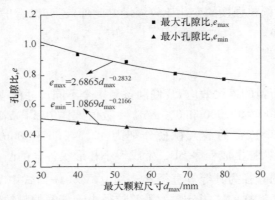

图 8.1.6　最大、最小孔隙比与最大粒径的关系曲线

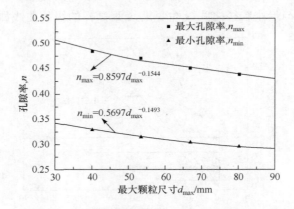

图 8.1.7　最大、最小孔隙率与最大粒径的关系曲线

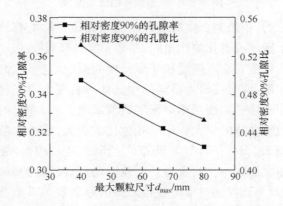

图 8.1.8　对应于相对密度 90％的 4 个试样的制样孔隙比和孔隙率

制备数值试样时,首先采用随机颗粒生成程序 SPG 在一个较大的立方体空间内生成不接触的松散颗粒集合体。将颗粒集合体信息导入堆石体细观数值模拟软件 SGDD 中,为了避免由制样产生的初始各向异性,在试样的各个方向采用位移控制等速地压缩试样直至目标大小,如图 8.1.9 所示。在此过程中颗粒间的滑动摩擦角和重力加速度都设为 0,且颗粒不发生损伤和破碎。最终生成的 4 个数值试样如图 8.1.10 所示,4 个试样的相关信息如表 8.1.3 所示。

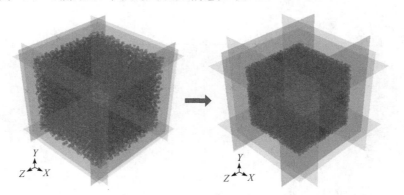

图 8.1.9　各向等压制备试样

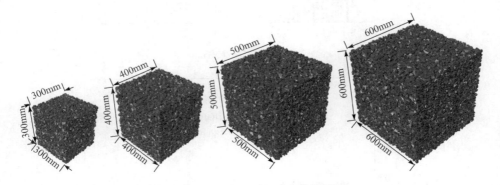

图 8.1.10　4 个不同尺寸的数值试样

表 8.1.3　4 个不同尺寸试样的信息

试样编号	最大粒径 d_{max}/mm	最大孔隙比 e_{max}	最小孔隙比 e_{min}	对应于相对密度 0.9 的孔隙比	颗粒个数	单元数	节点数
S1	40	0.934	0.487	0.532	3 888	71 034	193 866
S2	53	0.888	0.458	0.501	6 205	156 037	394 165
S3	66	0.809	0.438	0.475	9 417	293 538	704 312
S4	80	0.769	0.419	0.454	12 894	469 668	1 089 516

4 个不同尺寸试样的颗粒等效粒径分布如图 8.1.11 所示，由于颗粒的体积分数在最大粒径和最小粒径之间线性分布，所以某粒径区间内的颗粒个数与该区间的粒径中数基本呈幂指数衰减关系 $N_p(d) \propto d^{-1/3}$。将反映颗粒强度尺寸效应的式(8.1.11)引入到堆石料的缩尺效应数值试验研究中，为了更深入研究颗粒层面的尺寸效应与集合体层面的缩尺效应之间的内联关系，式(8.1.11)中的参数 λ 分别取 2.0、1.8、1.6、1.4 和 1.2，当 $\lambda = 20$ 时，颗粒强度不随颗粒粒径变化，即不存在尺寸效应。

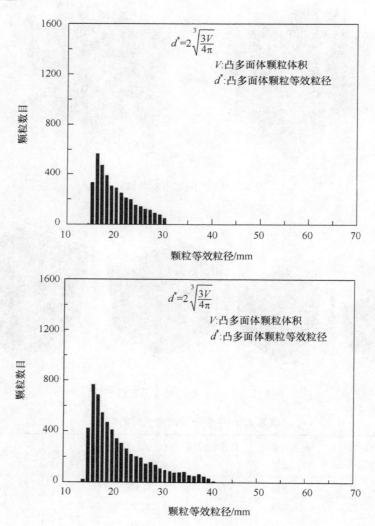

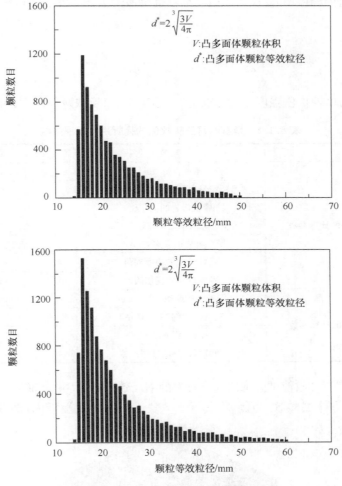

图 8.1.11　4 个试样的等效粒径分布图

数值试验所需要的细观参数较多,如颗粒间摩擦角 φ_u、法向接触刚度 K_n、刚度比 α、颗粒单轴抗压强度 f_c 和损伤阈值 R_m 等,参数的选取对保证数值试验结果的合理可靠至关重要。本节的目的是对堆石料的缩尺效应进行定性分析和机理解释,在堆石料的细观取值范围内选取了一套参数进行数值模拟,所用参数如表 8.1.4 所示。这里颗粒有限元计算部分的本构模型采用带拉伸截断的 Mohr-Coulomb 模型,并考虑塑性变形产生的损伤效应。该模型有 3 个强度参数,单轴抗拉强度 f_t、黏聚力 c 和内摩擦角 φ_R,这里下标 R 表明是颗粒母岩的内摩擦角,以区别于颗粒间的滑动摩擦角 φ_u 和颗粒集合体的宏观摩擦角 φ_p。为了进一步简化问题,将单轴抗压强度与单轴抗拉之比取为定值,参照一般岩石的试验成果资料,这里取 10,同时将内摩擦角 φ_R 设为 40°,则单轴抗拉强度 f_t 和凝聚力 c 可由下式求得,即

$$f_t = \frac{f_c}{10} \tag{8.1.12}$$

$$c = \frac{f_c(1-\sin\varphi_R)}{2\cos\varphi_R} \tag{8.1.13}$$

其中,颗粒的单轴抗压强度 f_c 由式(8.1.11)确定,以反映颗粒层面的尺寸效应。

表 8.1.4 堆石料真三轴数值试验所用的细观参数

	参数	值
有限元部分的计算参数	密度/(kg/m³)	2600
	颗粒母岩的弹性模量/GPa	30
	颗粒母岩的泊松比	0.2
	颗粒母岩的单轴抗拉强度/MPa	式(8.1.12)
	颗粒母岩的凝聚力/MPa	式(8.1.13)
	颗粒母岩的内摩擦角	40
	颗粒母岩的损伤阈值	0.99
离散元部分的计算参数	颗粒间的摩擦系数 $\tan\varphi_\mu$	0.50
	法向接触刚度/(N/m³)	20e⁹
	刚度比 K_s/K_n	0.5
	颗粒与边界的摩擦系数	0.0

采用常规三轴数值试验来研究堆石料的缩尺效应,以尺寸为 300mm×300mm×300mm 的立方体试样 S1 为例,将其置于 6 块无摩擦的刚性板内(图 8.1.12)。在

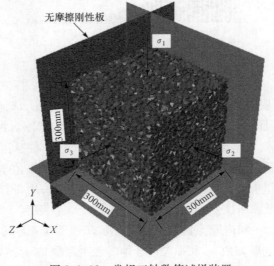

图 8.1.12 常规三轴数值试样装置

进行常规三轴数值试验时,将重力加速度设为 0,先三向等压地压缩试样直至其达到预定的围压值,然后在试样轴向的刚性加载板施加位移控制边界来剪切试样,同时保持试样侧向的围压不变。保持加载速率足够慢,以保证数值试验是在准静态的情况下进行。

在常规三轴数值试验中,试样的三个主应力为 $\sigma_1 \geqslant \sigma_2 = \sigma_3$,用平均应力 p 和偏应力 q 来描述试样的应力状态,即

$$p = \frac{\sigma_1 + \sigma_2 + \sigma_3}{3} = \frac{1}{3}(\sigma_1 + 2\sigma_3) \tag{8.1.14}$$

$$q = \frac{1}{\sqrt{2}}\sqrt{(\sigma_1 - \sigma_2)^2 + (\sigma_2 - \sigma_3)^2 + (\sigma_3 - \sigma_1)^2} \\ = \sigma_1 - \sigma_3 \tag{8.1.15}$$

由于堆石料在数值试验中经历了大变形,因此采用对数形式的应变定义。试样在三个方向的累积应变为

$$\varepsilon_1 = \int_{H_0}^{H} \frac{\mathrm{d}h'}{h'} = \ln\left(1 + \frac{\Delta h}{H_0}\right) \tag{8.1.16}$$

$$\varepsilon_2 = \int_{L_0}^{L} \frac{\mathrm{d}l'}{l'} = \ln\left(1 + \frac{\Delta l}{L_0}\right) \tag{8.1.17}$$

$$\varepsilon_3 = \int_{W_0}^{W} \frac{\mathrm{d}w'}{w'} = \ln\left(1 + \frac{\Delta w}{W_0}\right) \tag{8.1.18}$$

其中,H_0、L_0 和 W_0 是试样的初始高度、长度和宽度;$\Delta h = H_0 - H$、$\Delta l = L_0 - L$ 和 $\Delta w = W_0 - W$ 是试样在加载过程中的累积变形量。

体积应变 ε_v 和剪应变 ε_d 用三个方向的主应变可以表示为

$$\varepsilon_v = \varepsilon_1 + \varepsilon_2 + \varepsilon_3 \tag{8.1.19}$$

$$\varepsilon_d = \frac{\sqrt{2}}{3}\sqrt{\left[(\varepsilon_1 - \varepsilon_2)^2 + (\varepsilon_2 - \varepsilon_3)^2 + (\varepsilon_3 - \varepsilon_1)^2\right]} \tag{8.1.20}$$

2. 宏观力学特性

全面进行堆石料的缩尺效应研究,考虑 2 个围压 0.8MPa 和 1.6MPa,4 个不同尺寸的数值试样和 5 个 λ 值,共计 $2 \times 4 \times 5 = 40$ 个常规三轴数值试验。本节整理和分析了围压 1.6MPa 下的 20 组常规三轴数值试验结果。数值试验的宏观力学特性主要以偏应力、体积应变与轴向应变的关系曲线表现出来。

由于缩尺效应的数值试验研究涉及两个变化的因素,一个是试样的尺寸,另一个是反映颗粒强度尺寸效应参数 λ。因此,可以从两个方面整理和分析数值试验

结果,一是固定试样尺寸不变,分析参数 λ 对宏观力学特性的影响规律,另一个是固定参数 λ 不变,分析不同尺寸试样的宏观力学特性的差异。

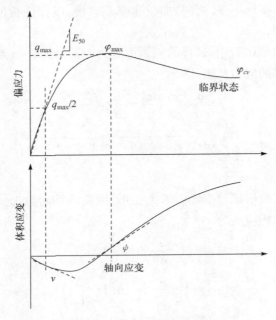

图 8.1.13　参数计算示意图

图 8.1.14～图 8.1.17 分别为试样尺寸为 300、400、500 和 600mm 时,采用不同的颗粒强度尺寸效应参数 λ 得到的偏应力、体积应变与轴向应变的关系曲线。以尺寸为 600mm×600mm×600mm 的试样的数值试验结果为例,不同强度尺寸效应参数 λ 时,偏应力、体积应变与轴向应变的关系曲线均符合堆石料常规三轴试验的一般规律。在颗粒强度的尺寸效应模型中,当 λ=2 时,颗粒强度不随颗粒粒径发生变化;当 λ<1.8 时,颗粒强度随粒径的增大而减小,且 λ 越小,颗粒强度随粒径的增大减小的幅度更加明显。由图 8.1.17 可知,在加载初期,即轴向应变 ε_a <3%时,由颗粒间的接触力引起的颗粒内部应力状态还没达到破坏准则,所以不同 λ 值的偏应力曲线和体积应变曲线基本重合。随着加载的进行,颗粒间的接触力增大,导致颗粒内部的应力状态也明显增大,此时 λ 值越小,相同粒径颗粒的强度越低,颗粒越容易发生损伤和破碎,因此偏应力曲线随着 λ 值的减小而降低,且体积收缩变形明显。当加载到临界状态时,不同 λ 值的偏应力应变曲线基本重合。

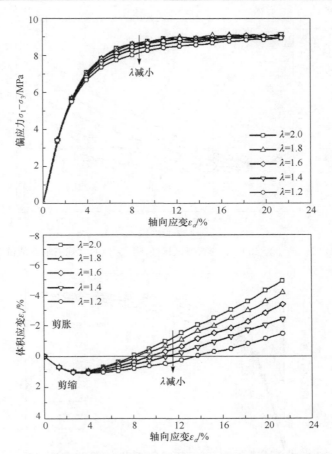

图 8.1.14　尺寸为 300mm 的数值试样在不同 λ 值的常规三轴数值试验结果

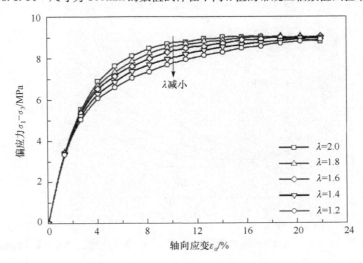

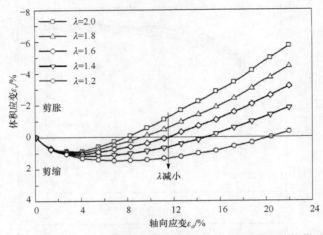

图 8.1.15　尺寸为 400mm 的数值试样在不同 λ 值的常规三轴数值试验结果

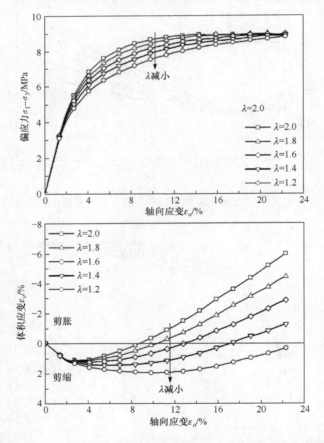

图 8.1.16　尺寸为 500mm 的数值试样在不同 λ 值的常规三轴数值试验结果

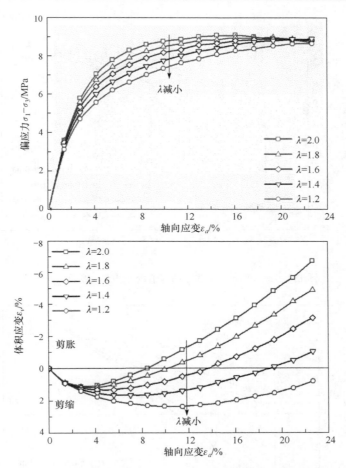

图 8.1.17　尺寸为 600mm 的数值试样在不同 λ 值的常规三轴数值试验结果

　　整理不同尺寸试样的峰值内摩擦角 φ_{max} 和剪胀角 ψ,当偏应力曲线有明显峰值时,峰值内摩擦角和剪胀角由峰值点对应的应力状态和剪胀比来确定,当偏应力曲线没有明显峰值时,峰值内摩擦角和剪胀角由 15% 轴向应变对应的应力状态和剪胀比来确定。图 8.1.18 和图 8.1.19 为峰值内摩擦角及破坏点对应的体积应变随 λ 的变化曲线,破坏点取峰值偏应力点或 15% 轴向应变对应的偏应力点。与图 8.1.14~图 8.1.17 的不同 λ 值的偏应力曲线和体积应变曲线对应,峰值内摩擦角随 λ 的减小而减小。此外,在数值试验中,体积应变以压缩为正(剪胀为负),因此破坏点对应的体积应变随 λ 的减小而增大。在相同 λ 时,峰值内摩擦角随着试样尺寸或是最大粒径的增大而减小,而破坏点对应的体积应变呈现出相反的变化趋势。

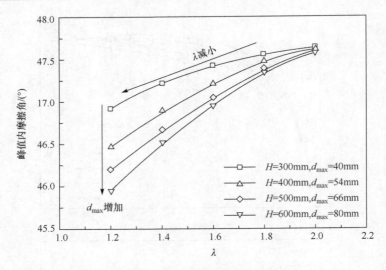

图 8.1.18　不同尺寸试样的峰值内摩擦角与 λ 关系曲线

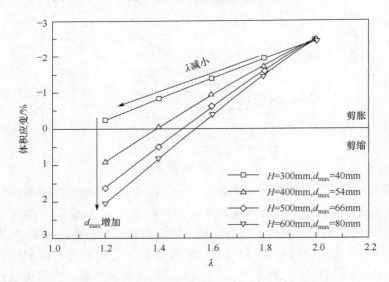

图 8.1.19　不同尺寸试样的体积应变与 λ 关系曲线

　　本节的研究重点是堆石料宏观力学特性的缩尺效应,采用的 4 个不同尺寸的数值试样具有相同的相对密度和径径比,因此基本消除了压实程度和试样约束效应不同所产生的宏观力学特性的差异,此时不同尺寸的数值制样表现出的宏观力学特性的差异可以认为完全是由缩尺效应产生的。图 8.1.20～图 8.1.24 为不同的颗粒强度尺寸效应参数 λ 时,不同尺寸试样的偏应力、体积应变与轴向应变的关系曲线。

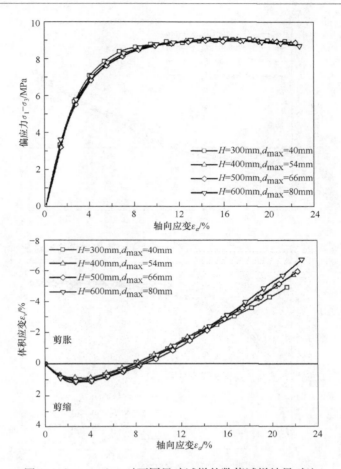

图 8.1.20　λ＝2.0 时不同尺寸试样的数值试样结果对比

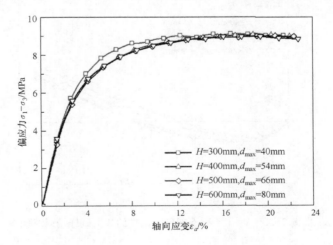

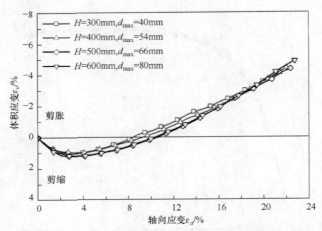

图 8.1.21　λ＝1.8 时不同尺寸试样的数值试样结果对比

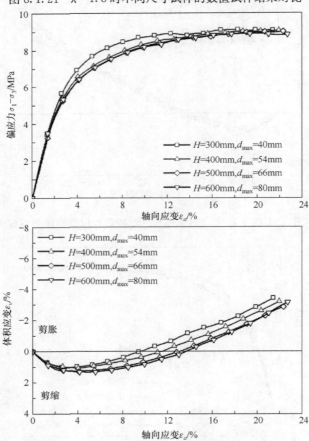

图 8.1.22　λ＝1.6 时不同尺寸试样的数值试样结果对比

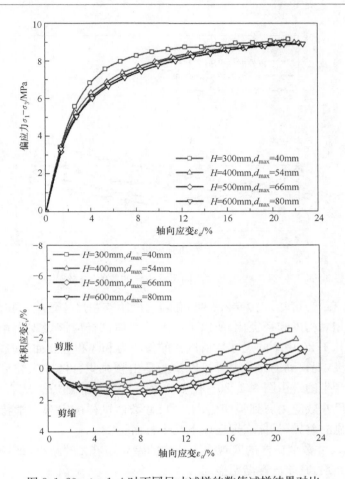

图 8.1.23　$\lambda = 1.4$ 时不同尺寸试样的数值试样结果对比

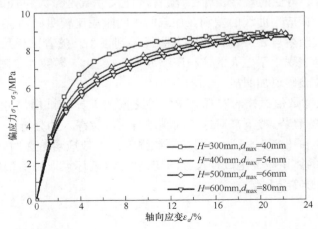

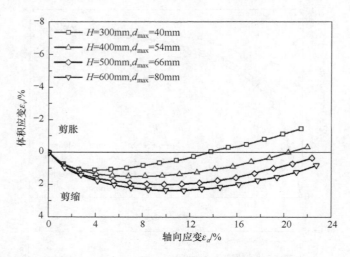

图 8.1.24　$\lambda=1.2$ 时不同尺寸试样的数值试样结果对比

　　由式(8.1.15)可知,当 $\lambda=2.0$ 时,颗粒强度不存在尺寸效应,同时 4 个试样又具有相同的相对密度和径径比,所以不同尺寸数值试样应该表现出相同的宏观力学特性。图 8.1.20 中不同尺寸数值试样的偏应力和体积应变曲线基本重合,证实了上面的假设,观察到的微小差异可以认为是由颗粒集合体中颗粒形状和空间分布的随机性产生的。由图 8.1.20~图 8.1.24 可以看出,随着 λ 从 2.0 逐渐减小,颗粒强度的尺寸效应由弱到强变化,不同尺寸数值试样的宏观力学特性也出现了从细微到明显的差异,具体表现在以下几个方面。

　　① 不同尺寸数值试样的宏观力学特性的差异随着 λ 的减小,即颗粒强度的尺寸效应由弱到强,其差异逐渐明显。

　　② 宏观力学特性的差异表现在,随着试样尺寸或是最大粒径的增大,偏应力曲线逐渐减低,偏应力曲线的差别在加载的中间阶段比较明显,而在加载初期 $\varepsilon_a<3\%$ 或是进入残余阶段 $\varepsilon_a>18\%$ 偏应力曲线差别很小。随着试样尺寸或是最大粒径的增大,试样表现出了更大的体积压缩变形,这是由于颗粒强度随粒径的增大而减小,导致颗粒破碎更加明显。

　　③ 不同尺寸数值试样的宏观力学特性之间的差异随试样尺寸或是最大粒径增大而呈衰减的趋势,接下来对这个问题进行更细致深入的分析。

　　图 8.1.25 和图 8.1.26 为不同的颗粒强度尺寸效应参数 λ 时,峰值内摩擦角及破坏点对应的体积应变随试样尺寸的变化曲线,破坏点取峰值偏应力点或 15% 轴向应变对应的偏应力点。

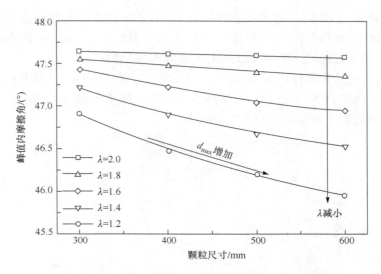

图 8.1.25　不同 λ 的峰值内摩擦角与试样尺寸的关系曲线

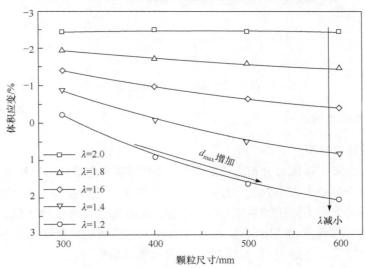

图 8.1.26　不同 λ 的体积应变与试样尺寸的关系曲线

① 峰值内摩擦角 φ_{max} 随着试样尺寸或最大粒径 d_{max} 的增大而减小。

② 参数 λ 越小,颗粒强度的尺寸效应越明显,峰值内摩擦角的缩尺效应越明显,当 λ＝2.0 时,600mm 试样的峰值内摩擦角只比 300mm 试样的峰值内摩擦角小 0.13％;当 λ＝1.2 时,600mm 试样的峰值内摩擦角要比 300mm 试样的峰值内摩擦角小 2.1％。

③ 峰值内摩擦角 φ_{max} 随试样尺寸或是最大粒径 d_{max} 的变化是收敛的,趋于一

个相对稳定的值，采用幂函数关系式拟合 $\lambda=1.2$ 时的峰值内摩擦角与最大粒径 $d_{\max}$ 关系曲线（图 8.1.27），可外推得到最大粒径 $d_{\max}$ 为 800mm 时的内摩擦角为 42.91°，比最大粒径 $d_{\max}$ 为 40mm 的内摩擦角小 8.5%。

④ 本节中体积应变以压缩为正（以剪胀为负），破坏点对应的体积应变随试样尺寸或是最大粒径的增大而增大，即体积压缩变形量越大，表明试样的体积模量随试样尺寸或是最大粒径 $d_{\max}$ 的增大而减小。

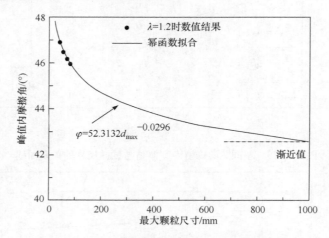

图 8.1.27　峰值内摩擦角与最大粒径的幂函数关系式

3. 细观组构响应

（1）接触力分布

颗粒集合体中接触力分布大小是非均匀的、接触方向是各向异性的，这里先分析加载过程中接触力大小的演化过程。定义颗粒集合体中接触力大于平均接触力的接触组成的集合为强接触系统，其余接触组成的集合为弱接触系统。分别统计整个颗粒集合体系统、强接触系统和弱接触系统的平均法向接触力和平均切向接触力的演化过程。考虑 $\lambda=2.0$ 和 $\lambda=1.2$ 这两种极端情况，图 8.1.28～图 8.1.30 分别为整个颗粒集合体系统、强接触系统和弱接触系统中平均法向接触力演化曲线。图 8.1.31～图 8.1.33 分别为整个颗粒集合体系统、强接触系统和弱接触系统中平均切向接触力演化曲线，分析可以得到如下结论。

① 不同尺寸数值试样中三个颗粒系统的平均法向接触力的演化曲线形状相似，均是在加载初期迅速增大，到达峰值后，在随后的加载过程中维持在一个相对稳定的水平不变。

② 强、弱接触系统中，平均法向接触力相差悬殊。以 $\lambda=2.0$ 为例，尺寸为 600mm 的数值试样中强接触系统的法向接触力比弱接触系统的大 7 倍左右。

③ 随着试样尺寸或是最大粒径 d_{max} 的增大,颗粒间平均法向接触力也增大。

④ 对比 $\lambda=2.0$ 和 $\lambda=1.2$ 时,两个颗粒集合体的整体、强、弱三个系统的平均法向接触力演化曲线。可以看出,当 $\lambda=2.0$ 时,不同尺寸试样的平均法向接触力差异明显;当 $\lambda=1.2$ 时,由于颗粒强度随粒径的增大而减小,导致大粒径的颗粒不能承受更大的接触力,所以不同尺寸试样的平均法向接触力差别较小。

⑤ 同一个数值试样中,平均切向接触力要比平均法向接触力小很多,其余规律与法向接触力基本相同,在此不一一叙述。

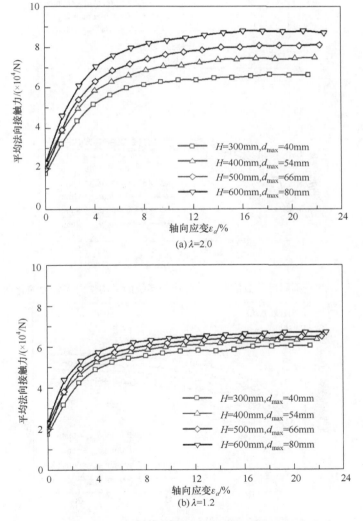

图 8.1.28　不同尺寸数值试样的平均法向接触力演化曲线

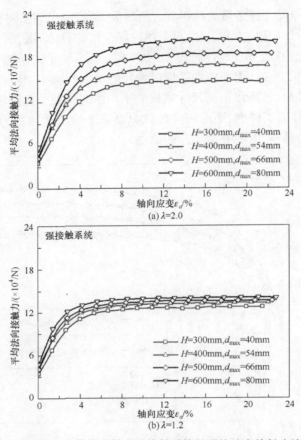

图 8.1.29　不同尺寸数值试样中强接触系统的平均法向接触力演化曲线

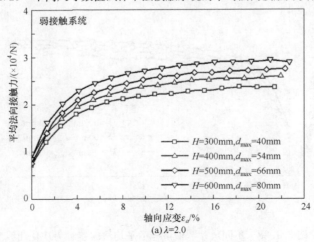

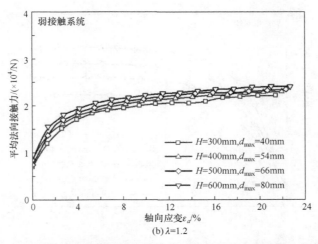

(b) λ=1.2

图 8.1.30　不同尺寸数值试样中弱接触系统的平均法向接触力演化曲线

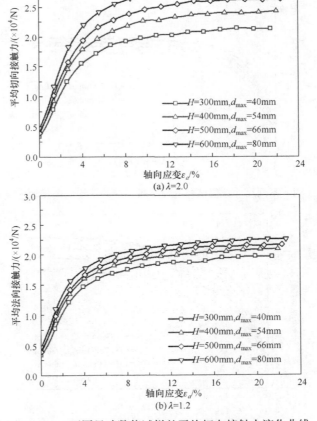

图 8.1.31　不同尺寸数值试样的平均切向接触力演化曲线

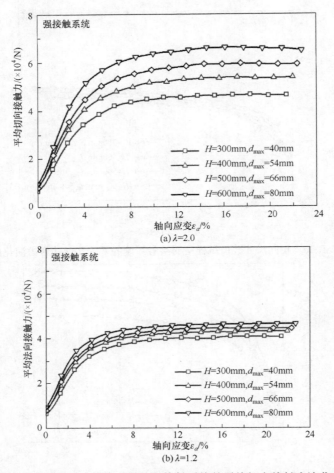

图 8.1.32　不同尺寸数值试样的强接触系统的平均切向接触力演化曲线

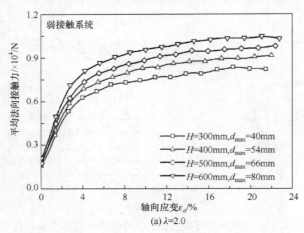

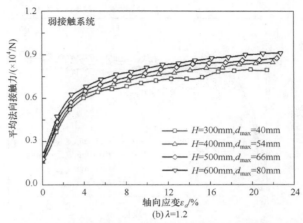

图 8.1.33　不同尺寸数值试样的弱接触系统的平均切向接触力演化曲线

定义颗粒接触处的摩擦激励程度为 $I_m = |f_t|/(\mu f_n)$，颗粒集合体中所有接触处摩擦激励程度的平均值为 I_M。剪切和摩擦是颗粒集合体宏观力学特性的两个重要细观机制，而摩擦激励程度反映了颗粒接触处所能激励出的剪切作用力。图 8.1.34～图 8.1.36 分别为整个颗粒集合体系统、强接触系统和弱接触系统中平均摩擦激励程度演化曲线。

① 摩擦激励程度与法向接触力、切向接触力的演化规律基本相似。

② 颗粒集合体中接触处的剪切作用并非被均匀的激励出来，虽然弱接触系统的平均法向接触力和平均切向接触力要比强接触接触系统的小得多，但其平均摩擦激励程度要高于强接触系统的。

③ 试样尺寸越大或是最大粒径 d_{max} 越大，摩擦激励程度越大，但其差异比较小。

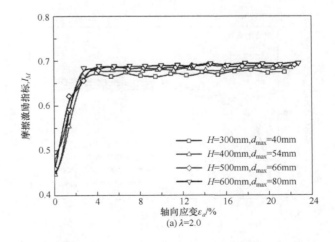

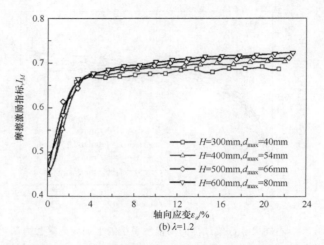

(b) $\lambda=1.2$

图 8.1.34　不同尺寸数值试样的平均摩擦激励程度演化曲线

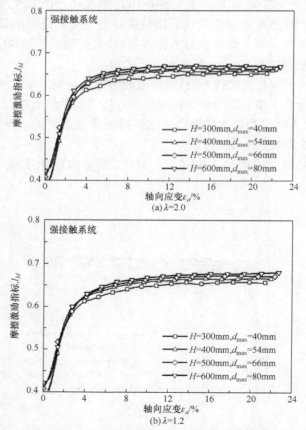

图 8.1.35　不同尺寸数值试样的强接触系统的平均摩擦激励程度演化曲线

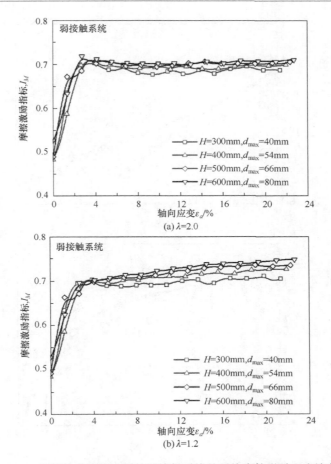

图 8.1.36　不同尺寸数值试样的弱接触系统的平均摩擦激励程度演化曲线

④ 对比 $\lambda=2.0$ 和 $\lambda=1.2$ 时,两个颗粒集合体的整体、强、弱三个系统的平均摩擦激励程度演化曲线,没有发现明显的区别。

除了采用平均值量化颗粒集合体的接触力演化特性外,还可以统计颗粒集合体加载至某时刻时接触力的概率分布特性。与归一化的法向接触力和切向接触力不同,这里为了反映不同尺寸试样的接触力大小的不同,统计的是法向和切向接触力的绝对值。考虑 $\lambda=2.0$ 和 $\lambda=1.2$ 这两种极端情况,统计加载结束时不同尺寸试样的法向和切向接触力概率密度分布。

图 8.1.37 为尺寸 600mm 的数值试样在 $\lambda=2.0$ 和 $\lambda=1.2$ 时的法向接触力概率密度分布曲线,分别绘制在对数-线性和双对数坐标系中。当 $\lambda=1.2$ 时,颗粒强度随粒径的增大而显著减小,接触处法向接触力较大的接触个数显著减小,反映了颗粒破碎和损伤对接触力分布特性的影响。图 8.1.38 为尺寸 600mm 的数值试样

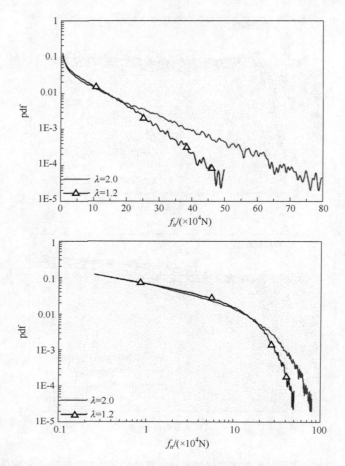

图 8.1.37   尺寸为 600mm 的数值试样的法向接触力概率密度分布

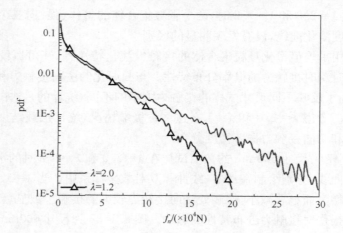

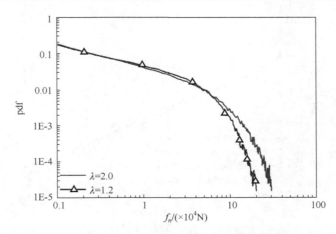

图 8.1.38　尺寸为 600mm 的数值试样的切向接触力概率密度分布

　　在 $\lambda=2.0$ 和 $\lambda=1.2$ 时的切向接触力概率密度分布曲线,同样绘制在对数-线性和双对数坐标系中,同样由于颗粒强度的尺寸效应导致的颗粒破碎和损伤,切向接触力较大的接触个数也显著减小。

　　图 8.1.39 为 $\lambda=2.0$ 和 $\lambda=1.2$ 时不同尺寸试样的法向接触力概率密度分布曲线,绘制在对数-线性坐标系中。当 $\lambda=2.0$ 时,不同尺寸试样的法向接触力概率密度曲线有明显差别,特别是当法向接触力大于 20×10^4N 时,差别越来越明显。当 $\lambda=2.0$ 时,不同尺寸试样的法向接触力概率密度分布曲线差别不大,这个现象与平均法向接触力的演化曲线所呈现的规律一致。图 8.1.40 为 $\lambda=2.0$ 和 $\lambda=1.2$ 时不同尺寸试样的切向接触力概率密度分布曲线,同样绘制在对数-线性坐标系中,其规律与法向接触力的概率密度分布相似。

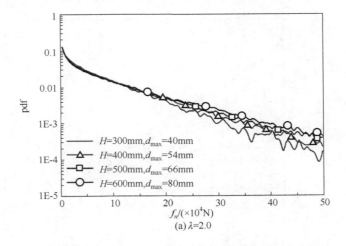

(a) $\lambda=2.0$

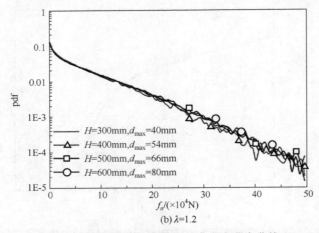

(b) $\lambda=1.2$

图 8.1.39　不同尺寸试样的法向接触力概率密度分布曲线（Log-Linear）

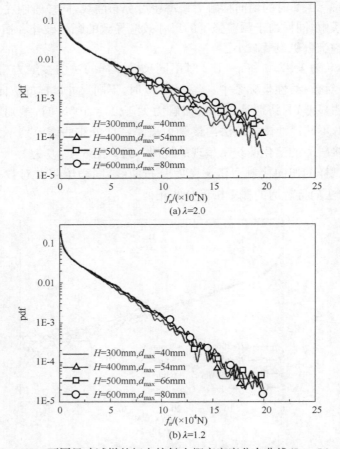

(a) $\lambda=2.0$

(b) $\lambda=1.2$

图 8.1.40　不同尺寸试样的切向接触力概率密度分布曲线（Log-Linear）

（2）各向异性

堆石体的各向异性可以分为组构各向异性和接触力各向异性。对于由大小不同且形状不规则的颗粒组成的集合体来说，其组构各向异性又可以分为枝向量各向异性和接触法向各向异性。这里采用四个标量参数 a_l、a_c、a_n 和 a_t 来描述堆石体的各向异性特性，其下标分别表示枝向量、接触法向、法向接触力和切向接触力。

采用 Stake 和 Oda 等提出的组构张量来定量地描述颗粒接触法向，即

$$\phi_{ij} = \int_{\Theta} E(\Theta) n_i n_j = \frac{1}{N_c} \sum_{c \in N_c} n_i n_j \qquad (8.1.21)$$

其中，Θ 描述了全局坐标系中单位矢量的法向；$E(\Theta)$ 是接触法向的概率密度函数。

在大多数情况下，可以采用二阶傅里叶级数展开拟合接触法向的概率密度函数 $E(\Theta)$，即

$$E(\Theta) = \frac{1}{4\pi} [1 + a_{ij}^c n_i n_j] \qquad (8.1.22)$$

其中，a_{ij}^c 是一个接触法向反映各向异性特性的二阶对称偏张量。

将式（8.1.22）代入式（8.1.21）并积分，可以得到下式，即

$$a_{ij}^c = \frac{15}{2} \phi_{ij}' \qquad (8.1.23)$$

其中，ϕ_{ij}' 是张量 ϕ_{ij} 的偏张量。

枝向量是组构各向异性的另一个重要组成部分，特别是当颗粒集合体是由大小不等的非圆颗粒组成时，其对总体各向异性的贡献将不可忽视。采用与组构张量相似的定义方法，定义枝向量张量为

$$\ell_{ij} = \frac{1}{4\pi} \int_{\Theta} \langle \ell \rangle(\Theta) n_i n_j \, \mathrm{d}\Theta = \frac{1}{N_c} \sum_{c \in N_c} \frac{\ell^c n_i n_j}{1 + a_{kl}^c n_k n_l}$$

$$\langle \ell \rangle(\Theta) = \langle \ell^0 \rangle [1 + a_{ij}^l n_i n_j]$$

$$a_{ij}^l = \frac{15}{2} \frac{\ell_{ij}'}{\ell^0} \qquad (8.1.24)$$

其中，a_{ij}^l 是反映枝向量各向异性特性的二阶对称偏张量；$\langle \ell^0 \rangle = \ell_{ii}$ 是积分域 Θ 上的平均枝向量长度，其不同于所有接触处枝向量长度的平均值 $\langle \ell \rangle$。

将颗粒接触处的接触力分解为法向接触力和切向接触力，其对应的各向异性张量分别为

$$\chi_{ij}^n = \frac{1}{4\pi} \int_\Theta \langle f_n \rangle (\Theta) n_i n_j \mathrm{d}\Theta = \frac{1}{N_c} \sum_{c \in N_c} \frac{f_n n_i n_j}{1 + a_{kl}^c n_k n_l}$$

$$\langle f_n \rangle (\Theta) = \langle f_n^0 \rangle [1 + a_{ij}^n n_i n_j] \tag{8.1.25}$$

$$a_{ij}^n = \frac{15}{2} \frac{\chi_{ij}^{n'}}{\langle f_n \rangle}$$

$$\chi_{ij}^t = \frac{1}{4\pi} \int_\Theta \langle f_t \rangle (\Theta) n_i n_j \mathrm{d}\Theta = \frac{1}{N_c} \sum_{c \in N_c} \frac{f_t t_i n_j}{1 + a_{kl}^c n_k n_l}$$

$$\langle f_t \rangle (\Theta) = \langle f_n^0 \rangle [a_{ik}^t n_k - (a_{ij}^t n_k n_l) n_i] \tag{8.1.26}$$

$$a_{ij}^t = \frac{15}{3} \frac{\chi_{ij}^t}{\langle f_t^0 \rangle}$$

与枝向量的情况类似，$\langle f_n^0 \rangle = \chi_{ii}^n$ 是积分 Θ 上法向接触力分布函数的平均值，与所有接触处法向接触力的平均值 $\langle f_n \rangle$ 不同。

如上定义的 4 个各向异性张量 a_{ij}^ℓ、a_{ij}^c、a_{ij}^n 和 a_{ij}^t 都是二阶对称偏张量，通过定义偏张量的不变量来反映其各向异性程度，即

$$a_* = \sqrt{\frac{3}{2} a_{ij}^* a_{ij}^*} \tag{8.1.27}$$

其中，上标和下标 $*$ 分别表示接触法向 c、枝向量 ℓ、法向接触力 n 和切向接触力 t。

分析不同尺寸试样的各向异性系数的规律。图 8.1.41 为 $\lambda = 2.0$ 和 $\lambda = 1.2$ 时，不同尺寸试样的接触法向各向异性系数演化曲线。由此可知，两种 λ 值在不同尺寸试样的接触法向各向异性系数比较接近，特别是当 $\lambda = 2.0$ 时，接触法向各向异性系数基本重合在一起。图 8.1.42 为 $\lambda = 2.0$ 和 $\lambda = 1.2$ 时，不同尺寸试样的法向接触力各向异性系数演化曲线。当 $\lambda = 1.2$ 时，不同尺寸试样的法向接触力各向异性系数演化曲线还是基本重合。当 $\lambda = 1.2$ 时，在加载的中间阶段，不同尺寸试样的法向接触力各向异性系数出现差别。具体来说，随着试样尺寸或是最大粒径的增加，法向接触力各向异性系数逐渐减小，但加载到残余阶段时，不同尺寸试样的法向接触力各向异性系数又逐渐重合。图 8.1.43 为 $\lambda = 2.0$ 和 $\lambda = 1.2$ 时，不同尺寸试样的切向接触力各向异性系数演化曲线。切向接触力的各向异性系数比较小，占综合各向异性系数 $(a_c + a_n + a_t)$ 的比例不超过 10%，因此不同尺寸试样的切向接触力各向异性系数的差异对整体的影响极小。综上分析，可以认为堆石料缩尺效应主要是由于不同尺寸试样的法向接触力各向异性程度不同造成的。

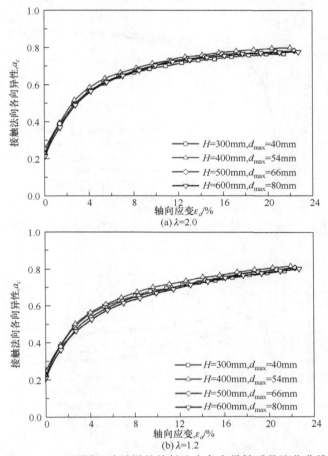

(a) λ=2.0

(b) λ=1.2

图 8.1.41　不同尺寸试样的接触法向各向异性系数演化曲线

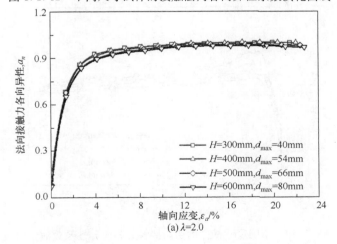

(a) λ=2.0

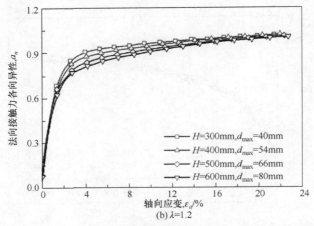

图 8.1.42　不同尺寸试样的法向接触力各向异性系数演化曲线

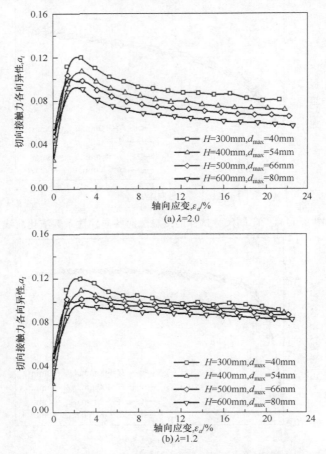

图8.1.43　不同尺寸试样的切向接触力各向异性系数演化曲线

8.2　堆石料数值剪切试验研究

以水布垭面板堆石坝主堆石料和次堆石料为研究对象,建立考虑颗粒破碎及颗粒强度的尺寸效应的随机散粒体的 SGDD 数值模型,进行堆石料数值剪切试验研究。在堆石料数值剪切试验中,不对缩尺方法及试样密度控制标准展开研究,重点分析颗粒强度的尺寸效应及试样的尺寸对堆石料力学特性的影响,分析缩尺后堆石料力学特性的变化规律。

8.2.1　细观参数率定

采用不规则多面体颗粒随机生成算法生成数值试样,进行常规三轴数值剪切试验,率定细观参数。试样尺寸为 300mm×600mm,最大粒径为 60mm,试验按规程采用混合法制备数值试样,试样级配曲线如图 8.2.1 所示,采用相对密度 Dr＝0.95 控制试样压实度。数值试样参数如表 8.2.1 所示。

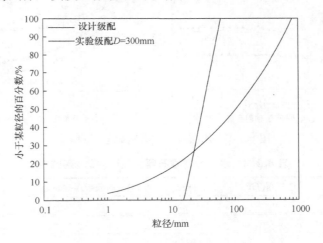

图 8.2.1　级配曲线

表 8.2.1　数值试样参数

试样	d_{max}/mm	e_{max}	e_{min}	相对密度	孔隙率	颗粒数	单元数	节点数
水布垭坝料	60	0.722	0.418	0.95	0.309	8 176	198 009	500 114

本节参数率定时参照长江科学院试验成果及长江勘测规划设计研究院建议的模型参数,通过调节细观参数使得数值试验得到的应力应变曲线、体积应变-轴向应变曲线与室内试验成果接近,如图 8.2.2 和图 8.2.3 所示。表 8.2.2 和表 8.2.3 为最终确定的细观参数。

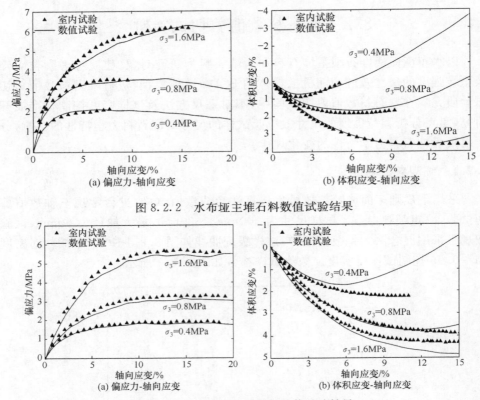

图 8.2.2　水布垭主堆石料数值试验结果

图 8.2.3　水布垭次堆石料数值试验结果

表 8.2.2　水布垭主堆石料数值试验的细观参数

密度/(kg/m³)	弹性模量/GPa	泊松比	颗粒-加载板摩擦系数	颗粒-橡皮膜摩擦系数
2790	30	0.25	0.1	0.1

摩擦系数	$K_n/(N/m^3)$	K_s/K_n		
0.325	20e9	0.5		

表 8.2.3　水布垭次堆石料数值试验的细观参数

密度/(kg/m³)	弹性模量/GPa	泊松比	颗粒-加载板摩擦系数	颗粒-橡皮膜摩擦系数
2790	30	0.25	0.1	0.1

摩擦系数	$K_n/(N/m^3)$	K_s/K_n		
0.3	15e9	0.67		

8.2.2　宏观力学特性分析

采用三维随机多面体生成算法生成数值试样,模拟设计级配试样的常规三轴剪切试验。试样尺寸为 4000mm×8000mm,最大粒径为 800mm,试样的最小粒径取 15mm, 试样级配曲线如图 8.2.4 所示。数值试样参数如表 8.2.4 所示。细观参数采用 8.2.1 节最终确定的计算参数。

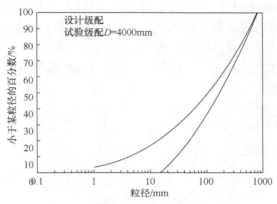

图 8.2.4 级配曲线

表 8.2.4 数值试样参数

试样	d_{max}/mm	e_{max}	e_{min}	相对密度	孔隙率	颗粒数	单元数	节点数
水布垭坝料	800	0.649	0.372	0.95	0.278	554 218	115 578 164	46 684 281

图 8.2.5 给出了水布垭主堆石料试样在不同围压下的常规三轴试验曲线。在加载初期,由颗粒间的接触力引起的颗粒内部应力状态还没达到损伤破碎准则,不同围压下的偏应力曲线相差较小。随着加载的进行,偏应力随着轴向应变的增加而增大,围压较低时,试样达到峰值偏应力后发生软化。随着围压的增大,应力-应变曲线由应变软化型逐渐变为应变硬化型,不出现明显的峰值强度;峰值偏应力随着围压的增加而增加。在加载初期,不同围压下的体积应变曲线相差较小。相同的轴向应变下,围压越高,剪缩体积应变越大,剪胀体积应变越小。水布垭次堆石料试样的试验曲线与主堆石料试样规律相同,此处不再列出。

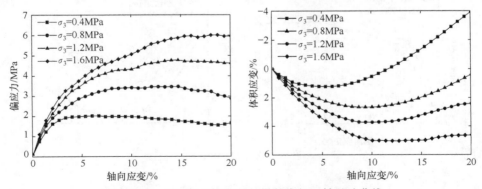

图 8.2.5 水布垭主堆石料试样的常规三轴试验曲线

　　分别绘制水布垭主堆石料不同尺寸的试样在相同围压下的三轴试验曲线，如图 8.2.6 所示。对于相同的坝料，不同尺寸试样的曲线初始段斜率存在差异，尺寸越小，初始段曲线越陡；峰值强度存在尺寸效应，在低围压时，原级配试样和试验级配试样的峰值强度差异较小，随着围压的增加，原级配试样的峰值强度明显低于试验级配试样的峰值强度。在相同的轴向应变下，尺寸越大，剪缩体积应变越大，剪胀体积应变越小。次堆石料试样所呈现的规律与主堆石料相同，此处不予列出。

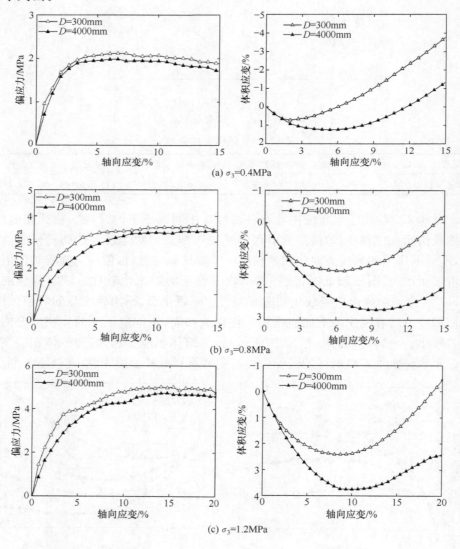

(a) $\sigma_3=0.4\text{MPa}$

(b) $\sigma_3=0.8\text{MPa}$

(c) $\sigma_3=1.2\text{MPa}$

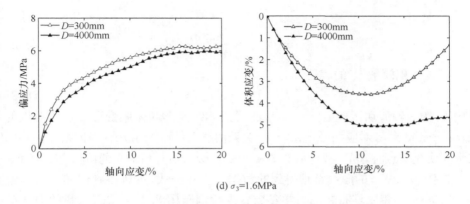

(d) σ_3=1.6MPa

图 8.2.6   水布垭主堆石料不同尺寸试样的三轴试验曲线

8.2.3   强度变形参数提取

为了定量地研究缩尺效应对堆石体力学特性的影响,根据数值剪切试验得到的结果计算试样的强度和变形参数。首先,整理出初始切线模量 E_i、切线体积模量 B_t。破坏点取峰值偏应力点或 15% 轴向应变对应的偏应力点。数值计算得到的应力-应变曲线存在一定的波动,不利于获取初始切线模量等参数,这里采用指数模型,如式(8.2.1)所示,拟合偏应力-轴向应变关系曲线,根据拟合得到的曲线整理试验成果。图 8.2.7 给出了 D=300mm 试样在不同围压下的拟合结果,可见指数模型能够很好地反映偏应力-轴向应变曲线的变化规律,即

$$\sigma_1 - \sigma_3 = a(1 - e^{-b\varepsilon_1}) + c(1 - e^{-d\varepsilon_1}) \tag{8.2.1}$$

其中,a、b、c、d 均为表达式参数。

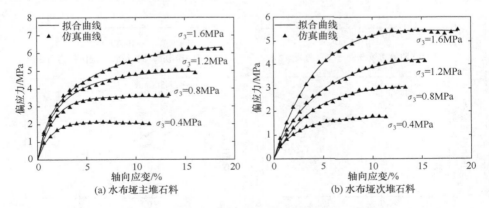

(a) 水布垭主堆石料

(b) 水布垭次堆石料

图 8.2.7 D=300mm 试样在四组围压下的偏应力-轴向应变曲线拟合成果

根据拟合得到的参数,初始切线模量 E_i 等的计算公式为

$$E_i = ac + bd \tag{8.2.2}$$

$$\sin(\varphi_f) = \frac{(\sigma_1 - \sigma_3)_f}{(\sigma_1 + \sigma_3)_f} \tag{8.2.3}$$

切线体积模量 B_t 的表达式为

$$B_t = (\sigma_1 - \sigma_3)_b / 3\varepsilon_v \tag{8.2.4}$$

其中，ε_v 为三轴剪切试验 $\varepsilon_v \sim \varepsilon_1$ 关系曲线上体缩变形和体胀变形交点所对应的 ε_v 值；$(\sigma_1 - \sigma_3)_b$ 为 ε_v 对应到 $(\sigma_1 - \sigma_3) \sim \varepsilon_1$ 关系曲线上的 $(\sigma_1 - \sigma_3)$ 值；当体缩变形和体胀变形无明显交点时，$(\sigma_1 - \sigma_3)_b$ 取 $0.7(\sigma_1 - \sigma_3)_f$，$(\sigma_1 - \sigma_3)_b$ 所对应的体积应变即为 ε_v。

根据 8.2.2 节的曲线整理得到的数据及上述公式，可以得到试样的力学参数（表 8.2.5），并将主堆石料的力学参数数据绘制于图 8.2.8，次堆石料的力学参数所呈现规律与主堆石料相同。从统计的数据可知，对于试验级配料和原级配料，随着围压的增加，初始切线模量 E_i、切线体积模量 B_t、峰值强度 $(\sigma_1 - \sigma_3)_f$ 逐渐提高，峰值内摩擦角 φ_f 降低。可以看出，随着尺寸的增加，初始切线模量 E_i 和切线体积模量 B_t 均下降。由于考虑了颗粒强度的尺寸效应，粒径越大的颗粒强度越低，颗粒破碎的可能性增加，颗粒间的咬合作用减弱，出现堆石料初始切线模量随着试样尺寸的增加而减小的现象。在不同围压下，原级配试样的峰值强度低于试验级配试样的峰值强度。峰值内摩擦角随试样尺寸的变化规律与峰值强度相同。

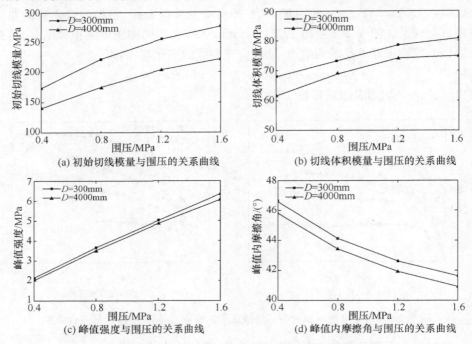

(a) 初始切线模量与围压的关系曲线　　　　(b) 切线体积模量与围压的关系曲线

(c) 峰值强度与围压的关系曲线　　　　　(d) 峰值内摩擦角与围压的关系曲线

图 8.2.8　水布垭主堆石料不同尺寸试样力学参数与围压关系曲线

　　绘制两组尺寸试样破坏时的莫尔圆和强度包络线如图 8.2.9 和图 8.2.10 所示，可以得到强度参数 c、φ；考虑堆石体内摩擦角随围压的变化，根据围压 0.4MPa、0.8MPa、1.2MPa、1.6MPa 下不同尺寸试样的 φ_f，采用式（8.2.5）拟合得到强度参数 φ_0 和 $\Delta\varphi$，得到的水布垭主堆石料和次堆石料不同尺寸试样的强度参数（表 8.2.6）为

表 8.2.5　水布垭坝料在不同围压下的力学参数

堆石料	试样尺寸	σ_3/MPa	E_i/MPa	B_t/MPa	$(\sigma_1-\sigma_3)_f$/MPa	φ_f/(°)
水布垭 主堆石料	$D=300\text{mm}$	$\sigma_3=0.4$	174.7	68.1	2.12	46.6
		$\sigma_3=0.8$	220.6	74.0	3.66	44.1
		$\sigma_3=1.2$	254.2	77.6	5.03	42.6
		$\sigma_3=1.6$	280.3	80.4	6.32	41.6
	$D=4000\text{mm}$	$\sigma_3=0.4$	142.4	62.7	2.03	45.8
		$\sigma_3=0.8$	176.5	69.1	3.51	43.4
		$\sigma_3=1.2$	200.2	73.1	4.83	41.9
		$\sigma_3=1.6$	218.9	76.1	6.07	40.9
水布垭 次堆石料	$D=300\text{mm}$	$\sigma_3=0.4$	116.9	41.5	1.90	44.8
		$\sigma_3=0.8$	139.0	43.3	3.29	42.3
		$\sigma_3=1.2$	153.8	44.4	4.53	40.8
		$\sigma_3=1.6$	165.7	45.1	5.69	39.8
	$D=4000\text{mm}$	$\sigma_3=0.4$	93.5	37.9	1.79	43.7
		$\sigma_3=0.8$	108.9	39.7	3.10	41.3
		$\sigma_3=1.2$	119.1	40.9	4.28	39.8
		$\sigma_3=1.6$	126.9	41.7	5.38	38.8

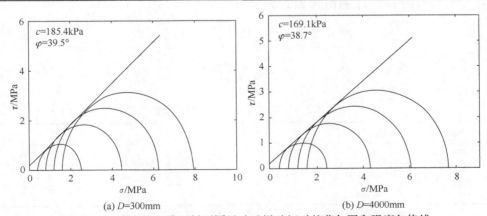

(a) $D=300\text{mm}$　　　　　　　　　　　(b) $D=4000\text{mm}$

图 8.2.9　水布垭主堆石料不同尺寸试样破坏时的莫尔圆和强度包络线

$$\varphi = \varphi_0 - \Delta\varphi \lg\left(\frac{\sigma_3}{p_a}\right) \tag{8.2.5}$$

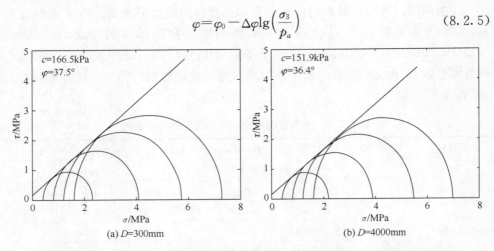

(a) $D=300\text{mm}$ (b) $D=4000\text{mm}$

图 8.2.10 水布垭次堆石料不同尺寸试样破坏时的莫尔圆和强度包络线

表 8.2.6 不同尺寸试件的强度参数

堆石料	试样尺寸	c/kPa	$\varphi/(°)$	$\varphi_0/(°)$	$\Delta\varphi/(°)$	R_f
水布垭 主堆石料	室内试验	194.1	39.6	52	8.5	0.72
	$D=300\text{mm}$	185.4	39.5	51.6	8.3	0.82
	$D=4000\text{mm}$	169.1	38.7	50.8	8.2	0.79
水布垭 次堆石料	室内试验	176.0	37.7	50	8.4	0.75
	$D=300\text{mm}$	166.5	37.5	49.7	8.2	0.77
	$D=4000\text{mm}$	151.9	36.4	48.6	8.1	0.73

根据围压 0.4MPa、0.8MPa、1.2MPa、1.6MPa 下不同尺寸试样的 E_t 和 B_t，采用经验关系式(8.2.6)和式(8.2.7)拟合得到不同尺寸试件的变形参数 k、n、k_b、m，如表 8.2.7，图 8.2.11 和图 8.2.12 所示，即

$$E_i = KP_a\left(\frac{\sigma_3}{P_a}\right)^n \tag{8.2.6}$$

$$B_t = K_b P_a\left(\frac{\sigma_3}{P_a}\right)^m \tag{8.2.7}$$

表 8.2.7 不同尺寸试件的变形参数

堆石料	试样尺寸	k	n	k_b	m
水布垭 主堆石料	室内试验	1100	0.35	600	0.1
	$D=300\text{mm}$	1092.0	0.34	576.4	0.12
	$D=4000\text{mm}$	926.7	0.31	516.5	0.14

续表

堆石料	试样尺寸	k	n	k_b	m
水布垭 次堆石料	室内试验	850	0.25	400	0.05
	$D=300\text{mm}$	826.7	0.25	382.3	0.06
	$D=4000\text{mm}$	689.4	0.22	343.8	0.07

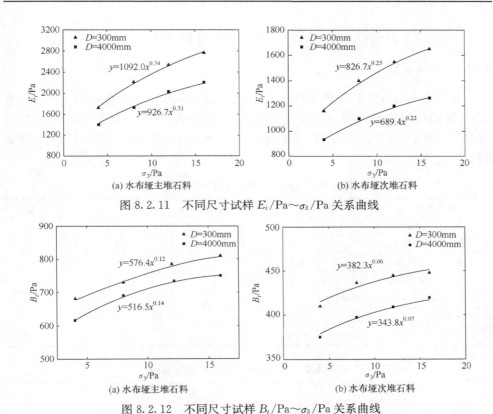

图 8.2.11　不同尺寸试样 $E_i/\text{Pa}\sim\sigma_3/\text{Pa}$ 关系曲线

图 8.2.12　不同尺寸试样 $B_t/\text{Pa}\sim\sigma_3/\text{Pa}$ 关系曲线

表 8.2.8 和表 8.2.9 给出了两个典型大坝分别依托室内试验曲线和监测资料反演分析得到的 E-B 模型参数。可以看出,对于 k 和 k_b 参数,模型参数反演值均小于室内试验值,与表 8.2.7 中相应参数随尺寸变化的规律一致。

表 8.2.8　糯扎渡反演 E-B 参数与试验 E-B 参数对比(清华大学)[24]

参数	堆石料 I				堆石料 II			
	k	n	k_b	m	k	n	k_b	m
室内试验值	1425	0.26	540	0.16	1400	0.17	620	0.05
模型参数反演值	1246	0.14	411	0.11	1188	0.145	393	0.043

表 8.2.9 天生桥反演 *E-B* 参数与试验 *E-B* 参数对比(清华大学)[25]

参数	主堆石料				次堆石料			
	k	n	k_b	m	k	n	k_b	m
室内试验值	940	0.35	340	0.18	720	0.3	800	−0.18
模型参数反演值	369	0.236	290	0.158	269	0.247	132	0.03

8.3 基于堆石料数值试验的面板坝应力变形分析

8.3.1 计算参数

堆石体采用邓肯 *E-B* 模型计算,采用室内试验和数值试验得到的水布垭主堆石料、次堆石料的 *E-B* 模型参数及流变试验参数(表 8.3.1),堆石体材料分区如图 8.3.1 所示。计算采用水布垭幂函数流变本构模型试验参数,具体参数如表 8.3.2 所示。

表 8.3.1 水布垭堆石料的 *E-B* 模型参数

材料类型		k	n	k_b	m	R_f	$\varphi_0/(°)$	$\Delta\varphi/(°)$
主堆	室内试验	1100	0.35	600	0.1	0.72	52	8.5
石料	数值试验	926.7	0.31	516.5	0.14	0.79	50.8	8.2
次堆	室内试验	850	0.25	400	0.05	0.75	50	8.4
石料	数值试验	689.4	0.22	343.8	0.07	0.73	48.6	8.1
下游堆石料		924	0.3	750	0.1	0.82	52	8.5
垫层料		1200	0.45	750	0.2	0.78	56	10.5
过渡料		1000	0.4	450	0.15	0.78	54	8.6

表 8.3.2 水布垭堆石料流变模型参数

c	d	η	m	c_α	d_α	c_β	d_β	λ_V
0.2892	0.8465	0.0831	0.3899	0.4445	2.0827	0.4360	1.6383	0.0678

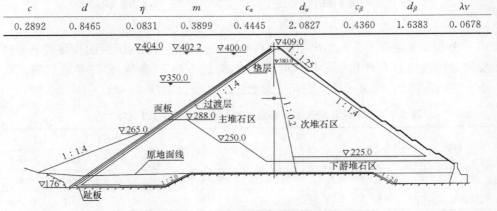

图 8.3.1 水布垭面板堆石坝材料分区图

8.3.2 计算模型

水布垭面板堆石坝有限元模型共离散为 11 958 个单元,13 405 个节点,主要采用 8 结点 6 面体单元,为适应边界过渡,采用了部分棱柱体单元,其三维有限元计算模型如图 8.3.2 所示。

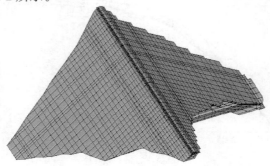

图 8.3.2　水布垭面板堆石坝三维有限元计算模型

8.3.3 计算结果及分析

采用 8.3.1 节和 8.3.2 节的计算参数及计算模型对水布垭面板堆石坝应力变形进行仿真分析,结果如表 8.3.3 所示。可以看出,基于数值试验的模型参数计算的最大沉降在竣工期、蓄水期及稳定期均大于基于室内试验参数的计算值,增量分别为 22.1cm、26.4cm 和 24.6cm。

表 8.3.4 给出了文献[26]中水布垭面板堆石坝堆石体最大沉降实测值。在稳定期,基于室内试验的模型参数计算的最大沉降与实测值相差 17.9cm,而基于数值试验的模型参数计算的最大沉降与实测值相差 6.9cm,与室内试验结果比更加接近。图 8.3.3 为坝轴线 235m、265m 和 300m 高程处的坝体最大断面测点沉降实测值与仿真分析计算值的对比图。可以看出,基于数值试验模型参数计算得到的监测点的沉降过程线与实测沉降过程线较为吻合,稍高于实测曲线,而基于室内试验模型参数计算的监测点的沉降过程线均低于实测曲线。

表 8.3.3　考虑流变效应的水布垭面板堆石坝坝体应力和变形极值

坝体分析计算方案		竣工期			蓄水期			稳定期		
		室内试验	数值试验	增量	室内试验	数值试验	增量	室内试验	数值试验	增量
坝体位移/cm	水平向上游	32.9	31.2	−1.7	8.6	12.7	4.1	8.3	12.7	4.4
	水平向下游	41.4	41.8	0.4	48.3	49.1	0.8	49.0	49.1	0.1
	铅直向下	219.5	241.6	22.1	235.4	261.8	26.4	237.6	262.2	24.6
坝体应力/MPa	第三主应力	2.92	4.72	1.8	3.57	4.66	1.09	3.61	4.66	1.05
	第一主应力	0.93	1.22	0.29	1.18	1.75	0.57	1.24	1.77	0.53

表 8.3.4　水布垭面板堆石坝堆石体最大沉降实测值[26]

时间	竣工期	蓄水期	稳定期
最大沉降值/cm	214.8	246.1	255.5

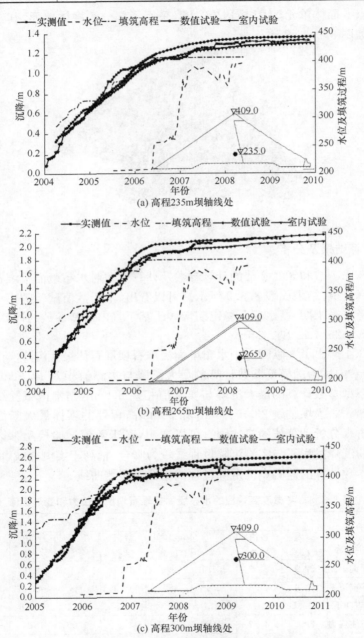

图 8.3.3　坝体最大断面测点沉降实测值与仿真计算值对比图

8.4 小　结

采用考虑颗粒破碎效应的随机颗粒不连续变形方法 SGDD 可以从颗粒强度的尺寸效应及试样尺寸等方面揭示堆石料缩尺效应的细观机理。研究表明,颗粒强度的尺寸效应越强,不同尺寸数值试样的宏观力学特性的差异逐渐明显;不同尺寸数值试样的宏观力学特性之间的差异随试样尺寸的增大而呈衰减的趋势;试样的体积模量随试样尺寸或是最大粒径的增大而减小。

采用考虑颗粒破碎以及颗粒强度尺寸效应的随机颗粒不连续变形方法模拟了水布垭典型堆石料三轴剪切试验。计算表明对于同一坝料,随着围压的增加,应力-应变曲线由应变软化型逐渐变为应变硬化型;相同的轴向应变下,剪缩体积应变越大,剪胀体积应变越小,初始切线模量、切线体积模量、峰值强度逐渐提高,峰值内摩擦角均降低;随着尺寸的增加,初始切线模量等力学参数均降低,试样的强度参数普遍下降,变形参数 k 和 k_b 均减小,与已建成的典型大坝的模型参数变化规律一致,即模型参数反演值小于室内试验值。

基于室内试验和数值试验得到的堆石料 E-B 模型参数及流变试验参数,对水布垭面板堆石坝应力变形进行仿真分析。计算表明基于数值试验的模型参数计算的最大沉降在竣工期、蓄水期,以及稳定期均大于基于室内试验参数的计算值,且与实测值更加接近,稳定期最大沉降与实测值相差 6.9cm;基于数值试验模型参数计算得到的监测点的沉降过程线与实测沉降过程线较为吻合,而基于室内试验模型参数计算的监测点的沉降过程线均低于实测曲线。可见,通过数值试验手段获得的堆石料模型参数可以更加真实地反映实际工程中原级配堆石体的力学特性。

堆石料的强度来自于颗粒间的摩擦、剪胀、破碎和重排列,如不考虑颗粒间摩擦,只考虑颗粒的剪胀、破碎和重排列这三种作用机制。堆石料力学性质的复杂性在于这三种作用机制是相互影响和转化的,如颗粒的破碎会弱化堆石料的剪胀效应,颗粒的重排列会破坏堆石料的原有结构,减小剪胀量,而这三种作用机制的相互作用又与颗粒形状、自身性质和试样的密实程度等因素有关。因此,堆石料强度的缩尺效应的深层次的原因应该是由于级配特征、密实程度、颗粒自身性质的变化,导致这三种作用机制的此消彼长关系发生变化。由于影响因素较多,每个因素都会触发这三种机制产生此消彼长或者此长彼消的变化,而最终的结果往往取决于哪种因素的哪种作用占了主导地位,这也解释了为什么已有的缩尺效应试验结果都不同。从这个意义上来说,我们只能针对某一特定堆石料展开试验研究,研究缩尺料力学特性的变化规律,建立与原型级配料的强度、变形特性的内在联系,提出外推原型筑坝堆石料强度和变形参数的模型,而试图将这个模型或认识应用到另一个工程的堆石料可能就不再适用。同时,研究减小堆石料缩尺效应的缩尺方法、压实度控制标准似乎更能为工程设计、施工提供实际指导意义。

参 考 文 献

[1] 朱俊高,翁厚洋,吴晓铭,等. 粗粒料级配缩尺后压实密度试验研究[J]. 岩土力学,2010,31(8):2394-2398.

[2] Marachi N D,Chan C K,Seed H B. Evaluation of properties of rockfill mechanicals[J]. Journal of Soil Mechanics and Foundation Engineering,1972,98(1):95-114.

[3] Marsal R J. Large scale testing of rockfill materials[J]. Journal of the Soil Mechanics and Foundations Division,1967,93(2):27-43.

[4] 郦能惠. 高混凝土面板堆石坝新技术[M]. 北京:中国水利水电出版社,2007.

[5] Lambe T W,Whitman R V. Soil Mechanics SI Version[M]. New York:John Wiley & Sons,2008.

[6] 董槐三,尹承瑶. 天生桥一级水电站面板堆石坝筑坝材料性质研究[J]. 红水河,1996,15(4):7-12.

[7] 翁厚洋,景卫华,李永红,等. 粗粒料缩尺效应影响因素分析[J]. 水资源与水工程学报,2009,20(3):25-28.

[8] 孟宪麒,史彦文. 石头河土石坝砂卵石抗剪强度[J]. 岩土工程学报,1983,24(2):92-103.

[9] 司洪洋. 堆石缩尺效应研究中的几个问题[C]//第六届全国土力学及基础工程学术会议论文集,1991.

[10] 郦能惠,朱铁,米占宽. 小浪底坝过渡料的强度与变形特性及缩尺效应[J]. 水电能源科学,2001,19(2):39-42.

[11] Hu W,Dano C,Hicher P Y,et al. Effect of sample size on the behavior of granular materials[J]. ASTM Geotechnical Testing Journal,2011,34(3):186-197.

[12] 李凤鸣,卞富宗. 两种粗粒土的比较试验[J]. 勘察科学技术,1991,2:27-31.

[13] 李翀,何昌荣,王琛,等. 粗粒料大型三轴试验的尺寸效应研究[J]. 岩土力学,2008,29(1):563-566.

[14] 凌华,殷宗泽,朱俊高,等. 堆石料强度的缩尺效应试验研究[J]. 河海大学学报(自然科学版),2011,39(5):540-544.

[15] 朱俊高,刘忠,翁厚洋,等. 试样尺寸对粗粒土强度及变形试验影响研究[J]. 四川大学学报(工程科学版),2012,44(6):92-96.

[16] Varadarajan A,Sharma K G,Venkatachalam K,et al. Testing and modeling two rockfill materials[J]. Journal of Geotechnical and Geoenvironmental Engineering,2003,129(3):206-218.

[17] 王继庄. 粗粒料的变形特性和缩尺效应[J]. 岩土工程学报,1994,16(4):89-95.

[18] 高莲士,蔡昌光,朱家启. 堆石料现场侧限压缩试验解耦 KG 模型参数分析方法及在面板坝中的应用[J]. 水力发电学报,2006,25(6):26-33.

[19] 花俊杰,周伟,常晓林,等. 堆石体应力变形的尺寸效应研究[J]. 岩石力学与工程学报,2010,29(2):328-335.

[20] 杨贵,刘汉龙,陈育民,等. 堆石料动力变形特性的尺寸效应研究[J]. 水力发电学报, 2009,28(5):121-126.

[21] Marsal R J. Large-scale testing of rockfill materials[J]. Journal of the Soil Mechanics and Foundation Engineering Division,1967,93 (SM2):27-44.

[22] Hu W,Dano C,Hicher P Y,et al. Effect of sample size on the behavior of granular materials [J]. ASTM Geotechnical Testing Journal,2011,34(3):186-197.

[23] 朱晟,王永明,翁厚洋. 粗粒筑坝材料密实度的缩尺效应研究[J]. 岩石力学与工程学报, 2011,30(2):348-356.

[24] 董威信,袁会娜,徐文杰,等. 糯扎渡高心墙堆石坝模型参数动态反演分析[J]. 水力发电学 报,2012,31(5):203-208.

[25] 单宏伟. 高面板堆石坝模型参数反演及应力变形分析[D]. 北京:清华大学博士学位论文, 2008.

[26] 张建银,李光勇. 水布垭面板堆石坝坝体沉降变形规律分析[J]. 水电能源科学,2013,5: 56-59.

[27] 周伟,常晓林,周创兵,等.堆石体应力变形细观模拟的随机散粒体不连续变形模型及其应 用[J]. 岩石力学与工程学报,2009,28(3):491-499.

[28] 花俊杰,周伟,常晓林,等.堆石体应力变形的尺寸效应研究[J]. 岩石力学与工程学报, 2010,29(2):328-335.

[29] 马刚,周伟,常晓林,等.堆石体三轴剪切试验的三维细观数值模拟[J]. 岩土工程学报, 2011,33(5):820-826.

[30] 马刚,周伟,常晓林,等.考虑颗粒破碎的堆石体三维随机多面体细观数值模拟[J]. 岩石力 学与工程学报,2011,30(8):935-941.

[31] 马刚,周伟,常晓林,等. 堆石料缩尺效应的细观机制研究[J]. 岩石力学与工程学报, 2012,31(12):1251-1267.

[32] 周伟,刘东,马刚,等.基于随机散粒体模型的堆石体真三轴数值试验研究[J]. 岩土工程学 报,2012,30(4):748-755.

[33] Zhou W,Ma G,Chang X L. Influence of particle shape on the behavior of rockfill using a three-dimensional deformable DEM[J]. Journal of Engineering Mechanics,2013,139(12): 1868-1873.